火星大气波动及数值模拟

盛峥　张杰　季倩倩　等 著

科 学 出 版 社

北　京

内 容 简 介

随着人们对火星大气波动现象日益关注，以及行星大气学科在火星上的深入发展，火星大气波动已经成为一个重要的研究领域。先进火星探测仪器的不断投入使用推动着火星大气波动的研究，而火星大气波动又极大地影响火星探测器的运行及精度。本书首先介绍了与火星大气科学领域相关的基础知识，然后基于探测资料、模式结果和再分析数据集，分别重点介绍了其中的小尺度湍流及重力波扰动特性、全球尺度潮汐波及全球尺度行星波的波动特性。此外，作者使用数值模拟方法对火星大气垂直相互作用（陆-气相互作用、大气层结间相互作用）进行了针对性探究，解决了具体的科学问题，并为未来的探火任务提供了理论支撑。

本书可供火星探测、行星大气探测、行星大气物理、行星大气动力学与大气数值模拟领域的相关研究人员及工程人员阅读。

图书在版编目(CIP)数据

火星大气波动及数值模拟 / 盛峥等著. —北京：科学出版社，2024.1

ISBN 978-7-03-077031-8

Ⅰ.①火… Ⅱ.①盛… Ⅲ.①火星—大气波动—数值模拟 Ⅳ.①P185.3

中国国家版本馆 CIP 数据核字(2023)第 212463 号

责任编辑：许 健 / 责任校对：谭宏宇
责任印制：黄晓鸣 / 封面设计：殷 靓

科学出版社 出版
北京东黄城根北街 16 号
邮政编码：100717
http：//www.sciencep.com

南京展望文化发展有限公司排版
苏州市越洋印刷有限公司印刷
科学出版社发行 各地新华书店经销

*

2024 年 1 月第 一 版 开本：B5(720×1000)
2024 年 1 月第一次印刷 印张：16 1/2
字数：280 000

定价：150.00 元

（如有印装质量问题，我社负责调换）

《火星大气波动及数值模拟》

编写人员名单

盛　峥　张　杰　季倩倩　何　阳

何泽锋　吴刚耀　廖麒翔　陈　彪

王　莹　张焕炜　范志强　田　天

赵笑然　常舒捷　王　雯　戴隆康

张挚蒙　宋雨洋　王泽瑞　管笙筌

周乐松　李金武　翁利斌　汪四成

牛　俊　梅　冰　孟　兴　罗　吉

前　言

火星大气是指火星周围的大气，既是火星探测的重要目标，也是未来行星战略应用的新空间。火星大气主要由二氧化碳、氮气和氩气组成，密度不到地球大气的百分之一。尽管火星大气非常稀薄，但仍然表现出复杂的气候和极端天气事件，包括全球性沙尘暴、极地增暖和环状极涡等。研究火星大气水汽、二氧化碳等大气成分和沙尘暴等大气现象对于探索火星的行星宜居性十分重要。火星大气的演变亦可作为地球大气相关研究的参考。此外，火星大气不仅显著影响在其内运行的探测器（如火星车、着陆器等），还直接决定了处在其外的探测手段（如轨道器、望远镜等）的精度，一场全球性沙尘暴甚至可以让外界对火星上大部分区域的对流层和地表观测精度大幅下降。因此，火星大气是人类研究火星的基础领域之一。

火星大气波动包括声波、重力波、声重力波（大气次声波）、行星波、开尔文波等。火星沙尘对太阳短波辐射的吸收所带来的热力学效应及由此产生的不稳定条件使其成为大气波动的重要激发源，不同空间尺度的沙尘活动可以激发产生包括重力波、行星波、潮汐波等在内的多尺度大气波动。其中，潮汐波及行星尺度波是大气中重要的全球尺度波动，而重力波本质上是区域尺度的扰动，两者均是火星大气波动的重要部分，对环流和气候产生重要影响。近年来，随着新型探测手段的进步和对火星大气研究的加深，了解火星大气波动已成为迫切的需求。

火星大气存在显著的垂直相互作用现象。垂直相互作用包括陆-气相互作用与大气层结之间的相互作用。陆-气相互作用是指陆地与大气之间通过一定的物理过程相互影响、相互作用，组成一个复杂的耦合系统。大气层结间相互作用是指大气层结间通过辐射、动力和化学过程进行的垂直相互作用。垂直相互作用可以显著影响大气环流，而被改变的大气环流又对沙尘发展产生反作用。此外，火星上的垂直相互作用极大影响了化学成分（如水、臭氧等）、热力结构（如极地增温）、中尺度云团（如水和二氧化碳）等大气要素的再分布。垂直相互作用的存在对火星大气环流具有重要影响，直接关系到模式预报精度及轨道探测器的正常飞行工作，因此成为当下火星大气研究的重中之重。

从火星大气研究的发展需求来看，火星大气波动及数值模拟一直是研究的前沿热点。火星大气波动本身就是重要的大气特征。同时，大气波动对于探测器在火星上的正常运行及工作精度影响甚大。而火星大气垂直相互作用则可以解释火星上包括极地增暖和环状极涡在内的多种重要大气现象。所以，研究火星大气波动和垂直相互作用对于开发火星大气具有重要意义。同时由于火星大气稀薄、探测距离远，一直以来人们对火星大气的了解较少，相关数据分析处理方法存在改进空间，亟需数值模拟方面的工作。鉴于此，作者以近年来在火星大气波动及垂直相互作用研究方面的实践及学术成果为基础，参考了国内外同行的部分成果，将火星大气探测及数值模拟的最新研究成果编辑成本书，一方面是对当前领域研究成果的凝练与总结，另一方面可作为行星大气探测、行星大气物理、行星大气动力学与大气数值模拟等相关学科的教科书，供相关研究人员和工程人员使用。

针对当前火星大气探测中存在的数据积累少、认知不够充分等问题，本书利用多种航天器探测资料开展了火星大气湍流及重力波扰动特性的观测研究，分析现有探测基础，探索新型探测技术，介绍基于观测的临近空间大气数据处理方法。同时，结合团队自身研究方向，重点介绍相关探测手段在大气扰动中的分析研究。在此基础上，结合数值模拟方法对火星大气波动及垂直相互作用进行研究。书中分别对火星大气独特性、探测手段、数值模拟方法进行了分析研究，并且围绕火星大气的大气波动（重力波、热力潮汐、行星波）和垂直相互作用（陆−气相互作用、大气层结间相互作用）进行有针对性的探究。

本书共 8 章，主要围绕火星大气波动及数值模拟这个主题，进行以下几个方面的工作：首先，对火星大气与环境变化的基本情况进行概括（第一章）；然后详细介绍火星上以热力潮汐和行星波为主的大尺度波以及以重力波占主导地位的中小尺度波的基本概念与研究现状（第二章），以美国、欧盟、中国和阿联酋等发射火星探测器的时间先后顺序展开火星大气探测历史叙述（第三章）；接着，基于火星大气波扰动数据集（Martian Atmospheric Waves Perturbation Datasets，MAWPD），对火星大气热力潮汐和行星波的季节尺度等特性进行了研究（第四章）；利用国内外最新的探测数据对火星中高层大气重力波的气候态特征以及热层重力波的波数谱特征进行探讨（第五章），其中，MAWPD 是我们基于多卫星联合观测资料自主构建的火星大气波动气候学数据集；此外，介绍了现有的主流火星大气模式以及相关数据集，并利用法国动力气象实验室（Laboratoire de Météorologie Dynamique，LMD）的火星行星气候模式（Mars Planetary Climate Model，Mars PCM）对火星潮汐波、行星波等大气波动和沙尘暴进行数值模拟（第六章）；同时，用数值模拟方法对火星陆-气相互作用、火星大气层结间相互作用过程及其原理做出详细解释（第七章）；最后，基于火星大气波动及数值模拟的研究结果进行总结与讨论（第八章）。

本书由盛峥教授、张杰博士、季倩倩博士、何阳博士、何泽锋硕士、吴刚耀硕士整理编写完成。第一章，由盛峥教授、张杰博士和季倩倩博士编写。第二章，大尺度波部分由张杰博士编写，中小尺度波部分由季倩倩博士编写。第三章，由季倩倩博士、何泽锋硕士编写。第四章，由盛峥教授、张杰博士、吴刚耀硕士编写。第五章，由季倩倩博士、何阳博士编写。第六章，由张杰博士、何泽锋硕士、吴刚耀硕士编写。第七章与第八章，由张杰博士、季倩倩博士编写。廖麒翔、陈彪、王莹 、张焕炜、范志强、田天、赵笑然、常舒捷、王雯、戴隆康、张挚蒙、宋雨洋、王泽瑞、管笙筌、周乐松、李金武、翁利斌、汪四成、牛俊、梅冰、孟兴、罗吉等为本书做了大量细致和烦琐的整理、修改及其他辅助工作。在此谨向为本书做出贡献的所有成员表示诚挚的感谢。

本书得到了国家自然科学基金（41875045、42275060）、湖南省杰出青年基金（2021JJ10048）、军队高层次科技创新人才工程配套科研项目的资助，同行专家给予了大力支持并提出宝贵意见，在此一并表示感谢。

由于作者学识有限，书中疏漏和不当之处在所难免，恳请读者批评指正。

著　者

2023 年 3 月于长沙

目　　录

前言

第一章　火星大气的独特性

1.1　火星大气概况

1.1.1　火星基本情况

火星是太阳系中的第四颗行星，位于地球外侧，作为地球最近的行星邻居，它的可居住性相对较高。金星的大气层具有腐蚀性且毒性很高，水星距离太阳太近且缺乏大气层，其他行星缺乏可居住的表面，因此火星成为人类探索并计划在未来登上的目标星球。火星半径大致是地球的一半，体积约是地球的 1/7。火星的地形地貌与地球非常相似，分布着平原、峡谷、火山和高原。火星表面干燥，尘沙飞扬，泥土中富含氧化铁，所以呈现出红色的外观。过去的火星更像地球，表面温暖潮湿，大气层更厚，但如今的火星是寒冷和干燥的，气象条件极端，大气层稀薄，氧气含量少。

火星在 40 亿年前因小行星的撞击而失去内源磁场，太阳风粒子可直接与火星高层大气相互作用，注入较低层的大气，或者通过溅射、碰撞电离等方式侵蚀火星大气并不断剥离大气外层的原子，导致火星大气非常稀薄，地表气压在 400~870 Pa 左右，密度仅为地球的 1%。火星大气的主要成分为 CO_2(96%)[1]，并含有少量的 N_2(1.93%)、Ar(1.89%)以及微量的 O_2 和 CO 等气体。由于大气稀薄且距太阳较远，火星地表温度很低，平均约-46℃。火星两极存在含有大量固态 CO_2 和一定量水冰的厚重极冠，其季节性变化促使形成了跨半球的大气循环。

与地球大气一样，太阳辐射对火星大气系统加热不均是火星大气产生大规模运动的根本原因，而火星大气在高低纬间的热量收支不平衡是产生和维持火星大气环流的直接原动力。加上火星大气和表面的其他热能过程，导致观测到的大气结构具有以下特点：① 在大多数纬度地区，特别是在热带地区，温度一般随着高度的增加而降低；② 在低层大气中，分日期间两个半球的温度有向两极降低的趋势，至日期间在夏季极区附近的温度达到最高，在冬季极区附近的温度达到最低;③ 在中层和高层大气的高纬度地区出现逆温和局地最高温度。要特别注意,与地球上 10~50 km 高度上不同,火星中层大气中没有平流层,这主要是因为在火星中间大气层中很少或没有可产生臭氧的分子氧,所以不存在光化学诱导的臭氧层。

1.1.2 火星上的季节划分

火星的季节变化通常用太阳经度(solar longitudes,Ls)来描述,即火星相对太阳的位置。如图 1-1 所示,火星绕太阳旋转 360°,就表示一个火星年结束。Ls=0°对应北半球春分点,Ls=90°、Ls=180°、Ls=270°依次代表北半球夏至、秋分、冬至。Ls=0~90°、90°~180°、180°~270°、270°~360°分别对应春夏秋冬四个季节。一个火星年也包含 12 个月,每个月跨越 30°的太阳经度。火星与太阳平均距离为 1.52 AU(天文单位,1 AU≈1.496×10^8 km),火星绕太阳公转轨道为

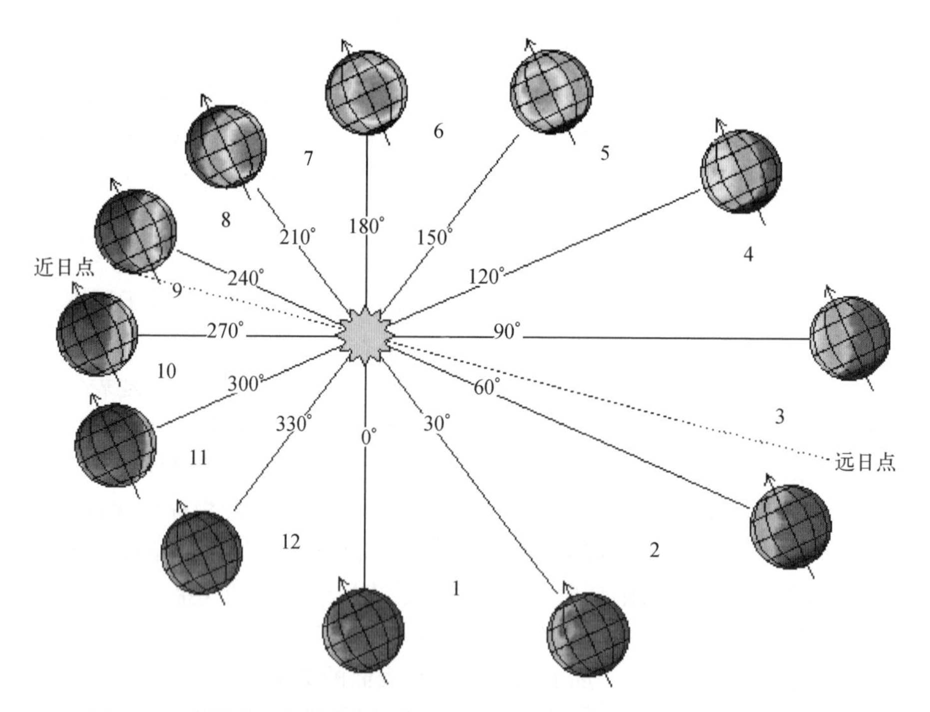

图 1-1 火星在一个完整火星年中的公转轨道示意图,对应 Ls=0°~360°,虚线表示火星的远日点(Ls=71°)和近日点(Ls=251°)的位置

注:图片引自 http://www-mars.lmd.jussieu.fr/mars/time/solar_longitude.new。

一个偏心率(0.093)很大的椭圆,公转周期约为地球公转周期的2倍(1.88地球年),即约687地球日,或668.6火星日(sol)。1火星日平均24小时39分35秒(1.027地球日)。近日点距离为2.07×10^8 km,远日点距离为2.49×10^8 km,这意味着在稳定太阳辐照下,火星在近日点(Ls=251°)接收到的太阳辐射是远日点(Ls=71°)的1.45倍。

由于火星轨道的偏心率很大,因此每个月对应的火星日数差异也很大,火星月的长度为46~67个火星日不等,如表1-1所示。北半球春季(1~3月)约有193个火星日,而秋季(7~9月)只有约143个火星日,北半球春夏季节明显比秋冬季节长。研究者将1955年4月11日定义为火星年第一年的开始,之后以此类推,现在已经进入了火星年第37年(开始于2022年12月26日)。

表1-1　太阳经度与火星日的转换

月份	起止太阳经度 Ls/(°)		起止火星日		持续时间(用火星日表示)	具体情况
1	0	30	0	61.2	61.2	Ls=0°,北半球春分
2	30	60	61.2	126.6	65.4	
3	60	90	126.6	193.3	66.7	Ls=71°,远日点(火-日距离最远)
4	90	120	193.3	257.8	64.5	Ls=90°,北半球夏至
5	120	150	257.8	317.5	59.7	
6	150	180	317.5	371.9	54.4	
7	180	210	371.9	421.6	49.7	Ls=180°,北半球秋分 沙尘暴季节开始
8	210	240	421.6	468.5	46.9	
9	240	270	468.5	514.6	46.1	Ls=251°,近日点(火-日距离最近)
10	270	300	514.6	562.0	47.4	Ls=270°,北半球冬至
11	300	330	562.0	612.9	50.9	
12	330	360	612.9	668.6	55.7	沙尘暴季节结束

由于火星具有较大的自转轴倾斜角以及轨道偏心率,其大气和尘暴活动显示出很强的季节性,CO_2会季节性地在两极的冰盖中凝华或者升华,尘暴活动会在火星距离太阳较近时发生得更加频繁;火星大气的季节变化往往同时包含日下点移动带来的照射角的变化以及火-日距离变化带来的辐照度差异影响。

1.1.3 火星大气垂直分层

火星大气十分稀薄,平均地表气压仅相当于地球海平面气压的1%左右。火星大气分层比较简单,从对流层直接过渡到中间层和热层(如图1-2左侧实心曲线所示),这使得火星低层大气与中高层大气之间的相互作用更为直接和显著。只有在全球尺度的沙尘暴事件中,火星才会出现类似地球的平流层,太阳对空气中尘埃的加热暂时产生近乎等温的区域或深层反转,可与地球上臭氧加热的效果相比。

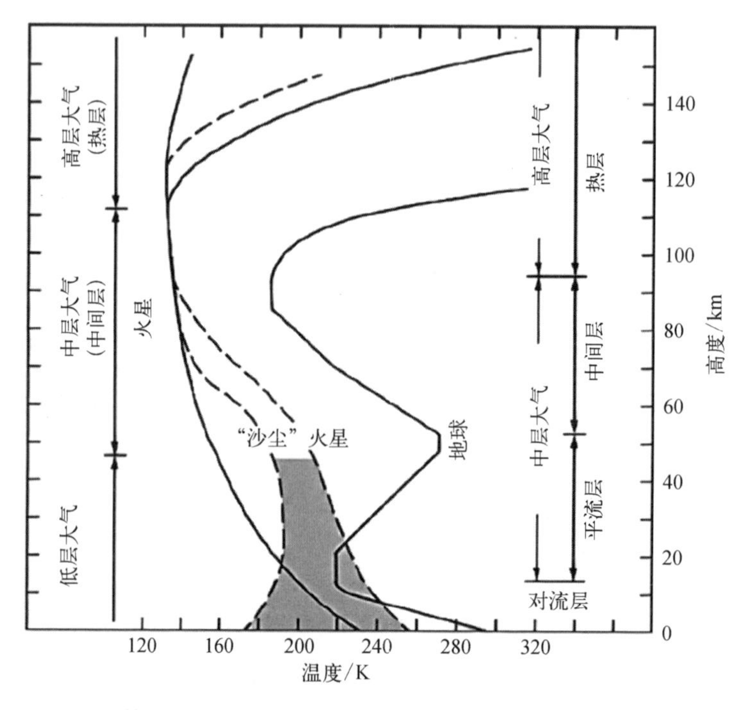

图1-2 基于海盗号着陆器进入火星大气探测公布的美国标准大气(左侧的实心曲线),带阴影的虚线反映了大型沙尘事件中气溶胶对温度的影响[2]

火星大气的垂直分层可以通过与地球上的垂直区域类比来定义。由于没有臭氧层或其他足够强的吸收剂,火星没有平流层。相反,我们定义一个低层(对流层)、中层(中间层)和高层(热层、电离层)大气。低层大气被定义为50 km以下的大气层(对应于约2 Pa的气压高度),那里的温度通常随着高度的增加而降低。中层大气被定义为 50~100 km 之间的大气层。在潮汐和波的影响下，中层大气的温度变化很大，而且对那里的温度观测比低层大气少。100 km 以上是高层大气（或称热层），因吸收太阳极端紫外线，那里的温度随高度增加而升高。

图 1－2 展示了基于海盗号的进入剖面获取的火星和地球“标准大气”的温度廓线，它与火星勘测轨道飞行器（Mars Reconnaissance Orbiter, MRO）上的火星气候探测器反演得到的数百万条温度廓线的平均值非常相似。当然，真实的温度廓线并不像图 1－2 所示那样随高度平滑变化，而是有明显的波结构，随时间变化。上层和下层大气的分界线（即中间层或热层的底部）位于两颗行星表面以上约 100 km 的高度。考虑到不同的表面气压，两颗行星上中间层顶附近气压的相似性值得注意：在地球上，6.1 hPa 出现在海拔约 40 km 的平流层，而这相当于火星的地表气压。在火星上，从流体静力学角度来说，重力越小，气压随高度的变化越小。

低层大气是火星地表至约 50 km 高空的大气，以 CO_2 为主的大气和沙尘直接吸收太阳辐射而使该层温度较高，与地球对流层性质接近，温度随着高度的升高而降低。在地表附近，存在一个行星边界层，由于地表的对流和辐射传输驱动，其厚度和稳定性在整个昼夜周期中变化强烈。对流层大气中常年悬浮着沙尘微粒，沙尘活动频繁，每年远日季节常有沙尘暴发生，有时甚至会发展成为全球尺度的沙尘暴。

中层大气也指中间层，距火星地表约 50~100 km，中间大气层的标志是一个近似等温的区域，温度随高度增加变化很小。同地球中间层大气一样，火星中层大气的能量收支也受上部太阳辐射、底部大气波动向上传播（上传）以及大尺度环流等多种机制的影响，在大气波动的作用下使温度剖面产生一系列扰动。

在中间层以上，由于对太阳极紫外辐射和软 X 射线的吸收，温度开始上升。高层大气指 100~220 km 的大气层，包含热层和电离层。这里的温度随高度增加而升高，大气分子和原子在光化学作用等过程下电离程度也更高。在 220 km 以上高空火星大气的逃逸过程逐渐增强，因此被称为逃逸层。

1.1.4　火星与地球的异同

火星是太阳系中最像地球的行星，作为当前深空探测的热点目标，也是除地球外观测资料最为丰富、研究深度较深的类地行星。首先，邻近地球使得探测难度相对较低，是探测地外行星的最佳选择。其次，未来进行开发的潜能更大,这是由于火星表面气候相对温和,这点优于金星的恶劣气候,且火星表面适宜软着陆,可以有效延长着陆器的寿命。最后,火星独特的气象条件,如巨型臭氧洞、与地球极为类似的古代环境、地下冰盖中大量的冻水等都对人类了解地球气候变化十分重要。研究火星大气环境意义重大,无论是对未来火星探测器科学任务的开展提供预测保障,还是揭示生命起源和预测地球环境变化,火星大气环境都具备足够的研究价值。

火星是太阳系中的第四颗行星,位于地球外侧,被称为地球的"姊妹星"。既与地球相似,也存在着其独有的特征。作为类地行星,火星同样具备核、幔、壳等内部构造;火星上地形地貌与地球非常相似,分布着平原、峡谷、火山和高原,最高峰奥林波斯山高达2万米左右,是地球最高峰珠穆朗玛峰的2倍多;火星的自转周期和自转轴倾角与地球相似,也有明显的四季划分,表面对于太阳辐射具有良好的吸收作用。

火星的大气层在气象和气候方面与地球有许多相似的地方。两颗行星上的温度结构在很大程度上是由太阳辐射、地面辐射和大气辐射造成的热量交换和转化决定的,大气的热力状况表现为气候的冷暖变化,由全球规模的大气环流系统中的热量和动量传输所调节。相似的自转周期和自转轴倾角也导致两颗行星上的全球尺度环流类型相似,在低纬度地区都以直接翻转运动为主,在高纬度地区以气旋-反气旋天气系统为主,一年中各半球之间的季节性变化模式相似。在火星地表和地下存在大量以冰或水汽形式存在的水,但其覆盖范围和数量仍需更多的观测来量化。此外,有证据表明,液态水或类似水的物质曾在火星地表大量流动并持续存在。

火星与地球的不同之处在于:① 火星的质量比地球小,半径大致是地球的一半,体积约是地球的1/7,火星的表面积与地球的陆地面积差不多。② 火星距离太阳更远,以椭圆轨道绕太阳公转,轨道周期约是地球的两倍(686.971天,1.88地球年)。③ 地球上因70%的液态水呈蓝色,而火星表面干燥没有液态水,仅存在古老的河谷、三角洲和湖床。④ 火星表面的重力约为地球表面的0.38,因小行星的撞击失去了内源磁场,火星壳的剩余磁场分布也非常不均匀,磁场强度只有地球的1%。⑤ 火星大气由96%的CO_2,少量的氩气、氮气,以及微量的氧气和水组成。由于大气稀薄且距太阳较远,火星地表温度很低,平均约-46℃。⑥ 火星距离太阳更远,体积更小,没有液态水,大气主要由CO_2组成且更稀薄,这些因素使火星的气候与地球相当不同。⑦ 火星大气分层因没有臭氧层存在而相对简单,从对流层直接过渡到中间层和热层。另外,由于火星大气稀薄且没有平流层,地面产生的对流活动可到达很高的高度。这就意味着,当前地球大气研究的诸多动力学过程可以应用于火星大气研究,而两者的物理过程却又极为不同。

1.2 火星大气与环境变化

当前火星大气与环境复杂多变,主要受到以沙尘循环、CO_2循环、水循环为主要过程的低层系统和上层过程及电离层圈和光化学为主要过程的高层系统的影响,各个循环之间相互耦合和影响,形成了复杂多变的火星大气与环境变化。其中,不同大气层之间的耦合由波驱动。早在21世纪初期在火星气候系统中观测到了耦合低层和中层大气的行星尺度相互作用,包括与经向环流耦合的极地变暖、与深对流耦合的沙尘暴期间水汽的垂直输送等。沙尘和CO_2循环是通过极地大气中沙尘的辐射效应、沙尘对进入极地地区的大气热传输的影响、对季节性CO_2冰盖特性的改变,以及大气总质量对沙尘抬升过程的影响而耦合的。冬季极地大气中的CO_2凝结可以通过增加辐射率和局部地区空气中的沙尘提供的凝结核而得到加强[3],尽管这一过程可能会被多尘大气导致的经向热传输的增加所抵消[4]。此外,在季节性冰盖形成期间,落在极地的沙尘,会影响CO_2冰盖的热属性(反照率和辐射率),从而影响CO_2的凝结和升华率。然后,沙尘对CO_2循环的影响可能会反馈到沙尘循环上,因为驱动大量沙尘上升的大气-表面动量交换(即表面风应力)与大气质量直接相关。

沙尘和水循环通过云的凝结过程耦合,悬浮的沙尘粒子被认为是为异质成核的水冰云提供种子核[5]。冰包裹的沙尘粒子与单个的沙尘粒子的下落速度不同,这取决于沙尘与冰的质量比例和每种物质的密度[6]。因此,云的形成可以改变大气中沙尘和水的垂直分布。与单个的沙尘颗粒相比,沙尘和水冰粒子的结合表现出复杂的辐射特性。因此,水冰云的辐射效应会影响大气的热力和动力状态,这反过来又会改变沙尘的提升、运输和沉积。

1.2.1 沙尘循环

火星是一个沙尘活动频繁发生的沙漠星球,包括从微尺度的尘卷风到大尺度甚至全球尺度的沙尘暴等。火星空气中沙尘无处不在,并在影响气候的许多方面发挥着关键作用,是火星大气气象学和气候学的主要驱动力之一。这与地球形成鲜明对比,在地球上,空气中的沙尘和气溶胶在地球气象学和大气辐射能量平衡中起着相对较小的作用,除非是在特定的局部地区,如沙漠和大规模的爆炸性火山爆发之后。火星表面基本上是一个全球性的沙漠,覆盖着各种巨石、沙子和灰尘,各种气象现象可以相对容易地抬升和沉积这种易碎的表面物质,导致可能发生大规模尘暴事件。在大面积地区扬起灰尘,甚至长期系统地移动这种物质,这种长期运动被称为火星沙尘输运循环,这里被认为是将沙尘粒子带入大气层、在星球上迁移并随后沉积回地表的过程和气象现象。

火星和地球上空气中的沙尘主要由硅酸盐矿物的小颗粒组成,典型的颗粒尺寸为 1.5~2 μm。这一尺度的沙尘会因为大气运动使其颗粒长时间悬浮在空气中,然后在重力作用下沉降,这些过程可能会受到近地表的气象条件影响。在火星表面,除了被冰覆盖的地方,几乎在任何地方的沙尘含量都受到近地表大气运动的影响而可能变化很大。一些典型的测量结果如图 1－3 所示,该图显示了欧洲空间局(ESA)火星快车任务上的 OMEGA 仪器获取的近红外光学深度的时间序列[7],以及美国国家航空航天局(NASA)火星探测任务勇气号和机遇号火星车的测量结果[8]。这显示了沙尘光学厚度变化的典型范围,可以看出,在北半球春季和夏季的 Ls＝45°~130°时沙尘活动处于相对静止期,沙尘光学厚度达到 0.2~0.4 左右的最小值,但在南半球夏季(Ls＝180°~300°),发生峰值≥1 的单个沙尘暴事件,此时处于近日点附近,太阳加热最强。然而,它们在此期间或多或少是随机发生的,其中大多数都是相对较小的区域性事件。然而,在图 1－3 所示的第二十八个火星年(MY28),有一个全球性尘暴事件开始于 Ls＝265°,产生了 4 左右的峰值,并持续了约 40 个太阳经度。在这种尘暴中,沙尘在大面积范围内持续上升,将物质输送到大规模环流中,从而将尘埃云输送到行星的广泛区域。

大气中的沙尘量取决于从地表抬升的沙尘和沉降到地表的沙尘之间的平衡。扬尘是由天气驱动的,在适当的情况下可以产生正反馈。沙尘引起的热量增加引发了一个更加剧烈的循环,然后带走更多的沙尘。在最极端的情况下,会导致厚厚的全球沙尘霾覆盖整个星球[9]。尘暴事件按照发生范围大小可分为环绕星球的全球性尘暴(通常发生在南半球)、区域性尘暴以及小型局地尘暴[10]。可见光成像(望远镜或轨道器)观测到的区域性和全球性尘暴每年都有很大变化。尘暴的数量、时间、大小和位置都显示出显著的变化,但是有更容易发生的时期和区域。例如,大多数大型区域性沙尘暴以及所有全球性沙尘暴发

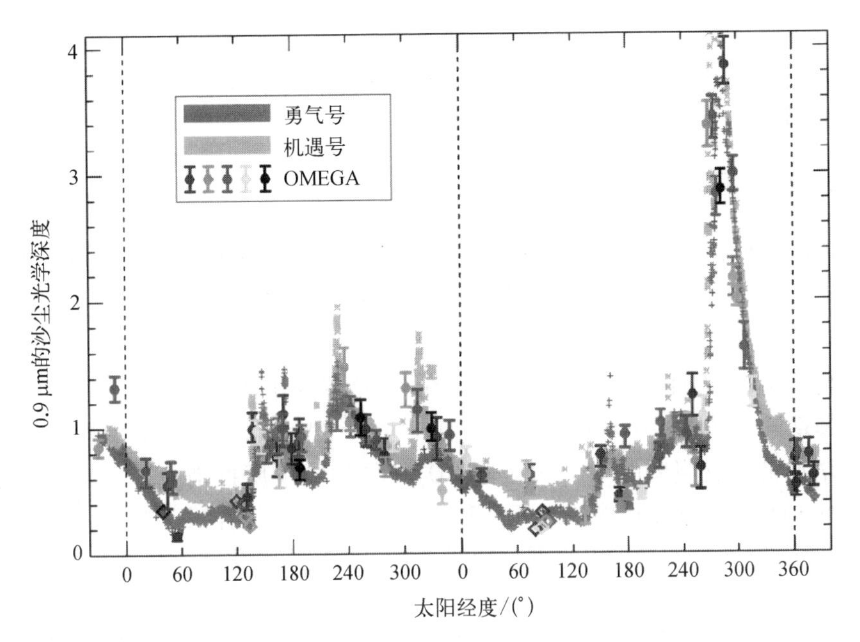

图 1-3　0.9 μm 的光学深度随时间(太阳经度 Ls)的变化,时间从 2004 年初到 2008 年初。星状标记显示了 OMEGA 对火星中纬度地区(40°N~40°S)深色地形的观测结果。深灰色和浅灰色线分别显示了勇气号和机遇号探测器在同一时期的测量[8]

生在南半球的春季和夏季。一般来说,火星尘暴循环具有明显的季节性特征,在北半球春夏季较为沉寂,秋冬季是尘暴活跃期。

悬浮沙尘的存在及其时间和空间变化是火星气候系统的重要组成部分。大气中的沙尘会导致温度发生巨大变化,尤其是在大型沙尘暴期间会影响到广泛的大气区域。空气中的沙尘在可见光波段可有效地吸收和散射辐射能量,导致沙尘本身和悬浮的大气被加热。在红外波段,它能有效地吸收 9 μm 硅酸盐波段,在 15 μm 处增加 CO_2 的辐射率,并根据环境条件局部冷却或加热大气。因此,沙尘颗粒对太阳短波辐射的吸收所带来的热力学效应可以显著改变大气中的密度、温度、风场等要素场[11, 12]。除了对大气的直接加热之外,沙尘还可以通过改变大气环流对中高层大气结构以及极涡产生影响[13-15]。此外,沙尘加热导致的大气膨胀以及大气环流的绝热加热或冷却还可以影响到火星低热层和电离层高度的大气密度及温度[16, 17]。研究发现火星尘暴会导致大气扩张,热层大气密度对于尘暴活动显示出强烈响应[18]。另外,火星尘暴循环在微物理尺度上与水汽循环相耦合，通过气溶胶或尘埃粒子与云和可冷凝物的相互作用，并将其从大气中清除。因此，沙尘循环对整个火星气候系统和大气变化有关键作用。

1.2.2 CO_2循环

CO_2气体在火星大气中占的比例高达96%[1]，在当前的气候循环中，CO_2的存储主要以极冠中冰的形式存在，每年大约有25%~30%的大气平均质量从季节性冰层中升华，并从春季极地移动到秋季极地，在那里重新冻结[19]。全球年际变化很小，地方性的年际变化确实存在，但这些变化往往会相互抵消。例如，沙尘暴期间表面反照率较高的希腊盆地（Hellas Basin）以西的西半球CO_2冰升华的增加被低反照率的东半球区域CO_2升华的减少所抵消[20]。形成季节性极冠的CO_2冰是通过直接的表面沉积和CO_2雪的积累而沉积的。一旦CO_2冰出现在表面，有效的颗粒大小就会通过各种过程发生变化。火星季节性冰盖的反照率和辐射率范围在空间和时间上都有变化，这些变化是由于有效颗粒大小和水冰以及沙尘浓度的变化。除了这些季节性极冠，目前还有少量的CO_2（相当于大气总质量百分之几的少量CO_2），仍然永久冻结在南极的残余极冠中。Jakosky和Haberle提出，南极残余极冠可能每年都不稳定，气候的微小扰动可能导致其在某些年份消失，而在其他年份重新出现[21]。

CO_2气相和固相（冰）之间的确切质量分布不仅随季节变化，而且在更长的时间范围内也有变化。倾斜度、近日点季节和其他轨道参数的变化影响到日照的纬度和季节分布，这反过来又影响到CO_2循环的各个方面，包括季节性冰的数量和范围[22]。高纬度地区CO_2的季节性凝结和升华控制着全球范围内的大气循环，因此是火星气候的一个重要方面[23]。

虽然CO_2循环是火星气候的主要驱动力，但气候也受到水循环和沙尘循环的影响，这两个循环相互作用，在区域和局部范围内改变了CO_2循环。在火星极地地区普遍存在地下水冰[24]，其特征像一个热容，在夏季储存热量，在秋冬季减少净CO_2冰的积累[25]。沙尘可以改变CO_2冰和雪的辐射率和反照率，从而改变冰升华的速度[26]。此外，地表地形通过产生大气重力波影响CO_2循环，可以改变CO_2冰沉积的类型和数量。这种情况既发生在局地范围，例如地形抬升导致火山口下风向的CO_2雪[23]，也发生在区域范围，例如南部塔尔西斯隆起（Tharsis Bulge）与希腊盆地和阿尔及尔平原（Argyre Planitia）的动力强迫在南极地区的东半球和西半球造成明显不同的气候[27]。

1.2.3 水循环

对火星上水的研究一直是火星探测的核心和持续的目标。多种探测方式对可能存在的水的逐步探索揭示了火星上水的季节性活动特征。液态形式的水是我们所知道的生命的基本成分,其在火星上仅以非常低的丰度存在。目前的估计表明,如果将火星全球水储存都凝结或融化以覆盖火星表面,可能产生一个 20~30 m 深的液态水层[28],远远小于地球上的千米深的海洋。尽管水很稀少,但它是当前火星气候的一个重要角色,在许多重要领域影响着火星气候。火星上脆弱而寒冷的 CO_2 大气层保持着低于水的三相点(6 mbar①,273 K)的平均热力学条件,这也解释了只观测到固态和气态水,目前的气候不利于液态水在火星表面的稳定性。

火星上水循环的存在首先是由海盗号火星大气水探测器(Viking Mars Atmospheric Water Detector, MAWD)的多年监测推断出来的,在连续两个火星年内呈现出相同的季节和空间模态[29]。之后,其他探测任务都证实了这一结论,包括火星环球勘测者(Mars Global Surveyor, MGS)、火星快车(Mars Express, MEX)和火星勘测轨道飞行器(Mars Reconnaissance Orbiter, MRO),水的季节性变化似乎是由各种形式水储存之间的交换控制,实现了一个年内稳定的状态,但有一些年际差异。

火星上最大的水储存以冰层的形式覆盖在地表,或者混合在岩浆中。地表冰储存中的水大约是大气中的 $10^6 \sim 10^7$ 倍。在地表储存中,北极冰盖起着关键的作用,它由厚度达几千米的水冰穹顶组成,不对称地延伸到 80°~85° N 以北的地区。数米厚永久的 CO_2 冰层阻止了底层的水冰与大气发生相互作用,当季节性 CO_2 冰盖升华后,残留的冰盖在春天暴露于阳光下时,为大气提供了水源。南极存在少量残留水冰[30]。因此,火星上水的季节性循环主要是由北极的季节性气候变化控制。此外,大量的水以冰的形式储存在地下。据估计,储存在极地地区的层状沉积物中的总水量深度在 10 m 左右[31]。中纬度地区也存在少量的次表层水冰[32]。这些地下水储存的分布保存着火星过去气候的信息,在目前的条件下,这些地下水储存很大程度上无法进入大气。

大气中水汽的主要来源是北极冰盖。在北极的春夏季节,覆盖的 CO_2 冰层

---

① 1 bar = 10^5 Pa, 1 mbar = 10^2 Pa。

首先升华，随着阳光温暖极地表面，大量的水从冰盖升华并注入大气。随后极夜开始并进一步发展进入极端干燥期，其间温度非常低。水分子在升华后离开北极冰盖被风带向赤道，随后进入翻转的北半球春夏哈得来环流，其将空气团和水分从北半球输送到南半球。火星的偏心轨道使南极春夏季节的温度明显升高（约 20 K），使水不容易以霜的形式常年在那里停留。因此，在接下来的北半球秋冬季节，水汽会通过哈得来环流（Hadley cell）返回北半球，最终被困于季节性冰盖中。

图 1－4 显示了由热辐射光谱仪（Thermal Emission Spectrometer，TES）反演的水汽丰度随时间的变化，揭示了水汽空间分布的年际变化。与年际变化显著的沙尘活动相比，这些变化相对温和。如图 1－4 所示，在春季或夏季的高纬度

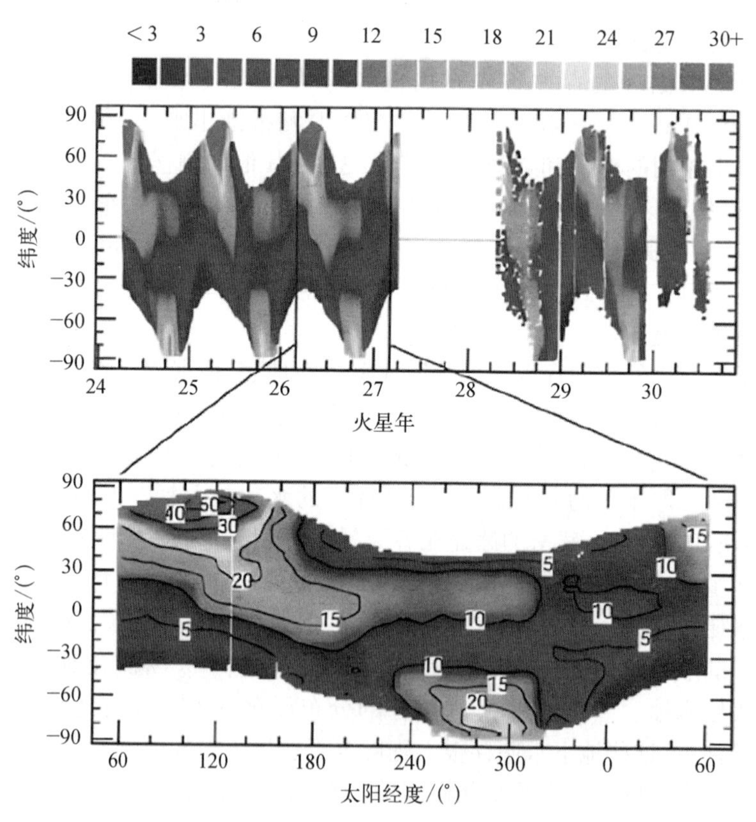

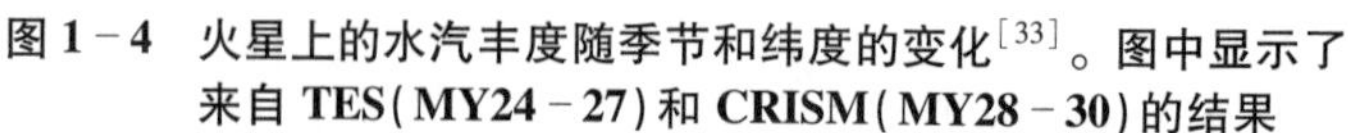
图 1－4　火星上的水汽丰度随季节和纬度的变化[33]。图中显示了来自 TES（MY24－27）和 CRISM（MY28－30）的结果

地区，水汽丰度更高。北半球夏季高纬度最高峰达到了大约 50 pr μm[①] 的柱状丰度，而相应的南半球夏季峰值则较弱，在各火星年之间变化较大。

尽管水汽丰度的年际变化不大，但每年都遵循相同的季节性趋势。一般在初夏（Ls = 110° ~ 120°）出现水汽丰度的最大值，在 70° N 的极地地区附近，季节性的极冠大部分升华之后出现峰值。此时，水汽丰度由北向南单调递减，极点附近的丰度大约为 50 pr μm，15°N 处的丰度为 20 pr μm，而南半球的丰度低于 5 pr μm。在 Ls = 130°之后北极地区的水汽丰度迅速下降，到 Ls = 170°时下降到 10 pr μm 以下。随着季节的发展，水汽向南移动相应增加，部分平衡了北半球的减少。在 Ls = 170°，赤道和 30°N 之间出现了一个水汽最大值，在北半球的秋季和冬季持续存在，直到下一年 Ls = 40°，整个北半球的水汽又开始迅速增加。

在南半球，随着水汽从北半球夏季的最大值向南输送，整个南半球春季（Ls = 180° ~ 270°）的水汽丰度逐渐上升。在南半球春季末期（Ls = 220°），随着南部季节性极冠的升华，南半球高纬度地区水汽增加。南半球水汽最大值出现在 Ls = 290°左右，其值一般是北半球夏季最大值的一半左右。在 Ls = 300°之后，南极附近的水汽丰度下降，而在 Ls = 330°之后，在整个星球范围的水汽都下降。在 Ls = 330°至次年 Ls = 40°是一年中最干燥的时期，火星上大部分地区的水汽丰度为 5 pr μm 或更少。在 Ls = 40°之后，北半球的水汽丰度再次开始显著增加，在 Ls = 120°时稳步攀升到峰值，而南半球的水汽丰度在南方春季之前基本保持在很低的水平。

1.2.4　火星大气中的波动

大气潮汐、行星波和重力波是行星大气中常见的动力学过程。在稀薄的火星大气中，这些波动对大气物质和能量传输的作用比在地球上更为显著，其与火星上广泛存在的沙尘和冰云活动存在着复杂的相互作用。热潮汐是由太阳加热产生的水平和垂直方向传播的波。根据潮汐相速度和日下点运动速度之间的相对速度，它们被进一步分为两类——迁移潮汐和非迁移潮汐。目前对地球上热潮汐在耦合中层大气中的重要性已开展了充分的研究。例如，潮汐风振荡可以调节重力波对热层的透射率和耗散，潮汐在热层底部沉积净动量和热量等。行星波是一种全球尺度的波，其控制着地球对流层和平流层以及火星低层

---

① H_2O 是火星大气中变化最剧烈的痕量气体，火星水汽柱含量在 0 ~ 100 μm 之间变动，为了与其反演通道的单位区分，水汽含量的单位表述为 pr μm。

大气中的行进天气系统。观测表明在火星低层大气中存在周期为2~25个火星日和波数为1~3的静止和行进行星波。重力波是一种广泛存在于行星大气中的小尺度大气浮力扰动,主要在低层大气中由于地形、对流和不稳定而产生。周期从几十分钟到几小时不等,水平尺度从几十千米到几百千米不等。当重力波向上传播时,其振幅呈指数增长,在中层和高层大气中达到较大的振幅和通量,然后被各种耗散过程衰减,会对火星的全球环流产生强烈影响。重力波产生的效应在火星中高层大气中特别显著,从而成为耦合低层和高层大气的主要动力机制。然而,由于火星大气稀薄,大部分太阳辐射都到达了地表,这导致火星上更显著的昼夜温差。因此,火星大气波动远远强于地球大气,波动引起的动力、热力和混合效应产生强烈的垂直耦合,即低、中和高层大气之间的相互作用,这对火星大气的动力过程有很重要的影响。

火星存在显著的垂直耦合现象。垂直耦合包括陆-气耦合与大气层结之间的耦合。由于重力较小,火星上地形尺度普遍较大,塔尔西斯隆起地区拥有太阳系最大的火山,希腊盆地则横跨7 000 km且深达8 km。同时,火星上的气压约为地球的1/120。如此巨大的地形尺度与稀薄的空气,造成了陆地对大气的显著影响。如塔尔西斯隆起通过热力强迫与机械阻塞对火星大气环流造成了显著影响。不同大气层结间的耦合作用则源于大气内部的辐射、动力、化学等过程,对火星大气有着重要影响[34, 35]。由于火星没有平流层,因此对流层与中间层的耦合(中对耦合)主导了中低层大气活动。中对耦合导致了包括极地增温[36]、准半年振荡[37]等重要的大气现象。对流层的沙尘暴活动通过强迫风场改变哈得来环流,最终可导致中间层和热层高度上的冬季半球极地下沉经向环流绝热加热[38],从而影响大气环流,而被改变的大气环流又对沙尘发展产生反作用。此外,火星上的垂直耦合极大影响了化学组成(如水、臭氧等)、热力结构(如极地增温)、中尺度云团(如水和二氧化碳)等大气要素的再分布。垂直耦合作用的存在对火星大气环流具有重要影响,直接关系到模式预报精度及轨道探测器的正常飞行工作,因此成为当下火星大气研究的重中之重。

火星大气波动的理论和模式研究对于火星探测任务有着非常重要的意义。高层大气的波动会显著影响火星低轨探测器的寿命以及着陆器在下降时的稳定性。同时,存在于高层大气中的电离层会对火星着陆器和轨道器之间的通信造成影响。以火星大气重力波为例,低层产生的重力波将携带能量和动量向上传播,引起密度、温度等大气状态参数的强烈变化,会对火星高层的大气环流和能量收支产生显著影响。火星大气重力波的发生表现出显著的季节性，且随地方时的变化也非常大。因此，在火星大气环流模式中必须使用重力波参数化的方法加入重力波的影响。利用各类观测方式获取的数据充分认识重力波时空分布特征和演变规律，是准确构建大气模式的前提条件。反过来，利用模型与观测的比较，可以从理论上揭示火星大气波动过程的动力机制，进而为改进模式提供参考。同时，由于目前人们对火星大气的探测数据总量不足，大气层之间由波驱动的耦合只能在数值模拟中探索。详细了解这些波动及耦合过程有助于理解物质输运、大气波动和沙尘对火星气候演变的影响，为大气模型提供新的约束。

1.3 本章小结

本章介绍了火星大气的独特性，包括火星大气的基本组成、季节划分和垂直分层；简要总结了火星与地球大气环境的异同点，火星大气稀薄，没有平流层，没有海洋，表面没有生物活性，这种相对简单的大气系统为测试地球传统大气理论提供了一个天然的实验室；介绍了当前火星大气中的沙尘循环、CO_2循环、水循环和大气波动，以及各个循环之间相互耦合形成的复杂多变的火星大气与环境变化。火星大气研究可以为相关的类地大气科学理论、气象现象的解释和应用提供有意义的认知。类地行星大气动力学过程与地球无本质的不同，但具有其独特的大气物理过程和边界条件。因此，行星大气研究（特别是类地行星大气研究）可为我们更好地理解地球大气的历史和未来演变提供借鉴。

火星相对简单的大气系统为传统地球大气理论和现象提供了一个良好的理论验证和应用平台。火星在一定程度上代表地球未来发展的可能性之一，对研究地球自然演变方向和地质气候条件具有重大意义。然而人们对火星环境的认知仍然存在诸多未知，包括重力波、行星波、潮汐波等多种尺度波动的时空分布特性以及大气波动与沙尘暴间的相互作用、大气垂直耦合机制等。随着新型探测手段的进步，对于火星大气研究的加深，了解火星大气波动已成为迫切热门的需求。因此，我们分别对火星大气独特性、探测手段、数值模拟方法进行了分析研究，并且围绕火星大气的大气波动（重力波、热力潮汐、行星波）和垂直相互作用（陆-气相互作用、大气层结间相互作用）进行了有针对性的探究。

参考文献

[1] MAHAFFY P R, BENNA M, ELROD M, et al. Structure and composition of the neutral upper atmosphere of Mars from the MAVEN NGIMS investigation [J]. Geophysical Research Letters, 2015, 42(21): 8951-8957.

[2] ZUREK R W. Comparative aspects of the climate of Mars: An introduction to the current atmosphere [Z]. Mars, 1992: 799-817.

[3] HU R, CAHOY K, ZUBER M T. Mars atmospheric CO_2 condensation above the north and south poles as revealed by radio occultation, climate sounder, and laser ranging observations [J]. Journal of Geophysical Research: Planets, 2012, 117(E7): E07002.

[4] POLLACK J B, HABERLE R M, SCHAEFFER J, et al. Simulations of the general circulation of the Martian atmosphere: 1. Polar processes [J]. Journal of Geophysical Research: Solid Earth, 1990, 95(B2): 1447-1473.

[5] MONTMESSIN F, RANNOU P, CABANE M. New InSights into Martian dust distribution and water-ice cloud microphysics [J]. Journal of Geophysical Research: Planets, 2002, 107(E6): 4-1-4-14.

[6] ROSSOW W B. Cloud microphysics: Analysis of the clouds of Earth, Venus, Mars and Jupiter [J]. Icarus, 1978, 36(1): 1-50.

[7] VINCENDON M, LANGEVIN Y, POULET F, et al. Yearly and seasonal variations of low albedo surfaces on Mars in the OMEGA/MEx dataset: Constraints on aerosols properties and dust deposits [J]. Icarus, 2009, 200(2): 395-405.

[8] LEMMON M, WOLFF M, SMITH M, et al. Atmospheric imaging results from the Mars Exploration Rovers: Spirit and Opportunity [J]. Science, 2004, 306: 1753-1756.

[9] ZUREK R W, MARTIN L J. Interannual variability of planet-encircling dust storms on Mars [J]. Journal of Geophysical Research: Planets, 1993, 98(E2): 3247-3259.

[10] CANTOR B A, JAMES P B, CAPLINGER M, et al. Martian dust storms: 1999 Mars Orbiter Camera observations [J]. Journal of Geophysical Research: Planets, 2001, 106 (E10): 23653-23687.

[11] ZHOU Y H, SALSTEIN D A, XU X Q, et al. Global dust storm signal in the meteorological excitation of Mars' rotation [J]. Journal of Geophysical Research: Planets, 2013, 118(5): 952-962.

[12] FORGET F, MILLOUR M. The Mars atmosphere: Modelling and observation [C]. Granada: 6th International Workshop on the Mars Atmosphere: Modelling and Observations, 2017.

[13] HEAVENS N, MCCLEESE D, RICHARDSON M, et al. Structure and dynamics of the Martian lower and middle atmosphere as observed by the Mars Climate Sounder: 2. Implications of the thermal structure and aerosol distributions for the mean meridional circulation [J]. Journal of Geophysical Research: Planets, 2011, 116(E1): E01010.
[14] HEAVENS N, RICHARDSON M, KLEINBÖHL A, et al. Vertical distribution of dust in the Martian atmosphere during northern spring and summer: High-altitude tropical dust maximum at northern summer solstice [J]. Journal of Geophysical Research: Planets, 2011, 116(E1): E01007.
[15] GUZEWICH S D, TOIGO A D, WAUGH D W. The effect of dust on the martian polar vortices [J]. Icarus, 2016, 278: 100 - 118.
[16] MEDVEDEV A S, YIǦIT E, KURODA T, et al. General circulation modeling of the Martian upper atmosphere during global dust storms [J]. Journal of Geophysical Research: Planets, 2013, 118(10): 2234 - 2246.
[17] QIN J F, ZOU H, YE Y G, et al. Effects of local dust storms on the upper atmosphere of Mars: Observations and simulations [J]. Journal of Geophysical Research: Planets, 2019, 124(2): 602 - 616.
[18] KEATING G M, BOUGHER S W, THERIOT M E, et al. Response of the Mars thermosphere to dynamical effects [C]. San Francisco: AGU Fall Meeting Abstracts, 2008: P31D-08.
[19] PIQUEUX S, KLEINBÖHL A, HAYNE P O, et al. Variability of the Martian seasonal CO_2 cap extent over eight Mars years [J]. Icarus, 2015, 251: 164 - 180.
[20] BONEV B P, JAMES P B, BJORKMAN J E, et al. Regression of the Mountains of Mitchel polar ice after the onset of a global dust storm on Mars [J]. Geophysical Research Letter, 2002, 29(21): 13 - 1 - 13 - 4.
[21] JAKOSKY B M, HABERLE R M. Year-to-year instability of the Mars south polar cap [J]. Journal of Geophysical Research: Solid Earth, 1990, 95(B2): 1359 - 1365.
[22] MISCHNA M A, RICHARDSON M I, WILSON R J, et al. On the orbital forcing of Martian water and CO_2 cycles: A general circulation model study with simplified volatile schemes [J]. Journal of Geophysical Research: Planets, 2003, 108(E6): 5062.
[23] FORGET F, HOURDIN F, TALAGRAND O. CO_2 snowfall on Mars: Simulation with a general circulation model [J]. Icarus, 1998, 131(2): 302 - 316.
[24] BANDFIELD J L, FELDMAN W C. Martian high latitude permafrost depth and surface cover thermal inertia distributions [J]. Journal of Geophysical Research: Planets, 2008, 113(E8): E08001.
[25] HABERLE R M, FORGET F, COLAPRETE A, et al. The effect of ground ice on the Martian seasonal CO_2 cycle [J]. Planetary Space Science, 2008, 56(2): 251 - 255.
[26] BONEV B P, HANSEN G B, GLENAR D A, et al. Albedo models for the residual south

polar cap on Mars: Implications for the stability of the cap under near-perihelion global dust storm conditions [J]. Planetary Space Science, 2008, 56(2): 181 - 193.

[27] COLAPRETE A, BARNES J R, HABERLE R M, et al. Albedo of the south pole on Mars determined by topographic forcing of atmosphere dynamics [J]. Nature, 2005, 435: 184 - 188.

[28] SMITH D E, ZUBER M T, SOLOMON S C, et al. The global topography of Mars and implications for surface evolution [J]. Science, 1999, 284(5419): 1495 - 1503.

[29] JAKOSKY B M, FARMER C B. The seasonal and global behavior of water vapor in the Mars atmosphere: Complete global results of the Viking atmospheric water detector experiment [J]. Journal of Geophysical Research: Solid Earth, 1982, 87(B4): 2999 - 3019.

[30] BIBRING J P, LANGEVIN Y, POULET F, et al. Perennial water ice identified in the south polar cap of Mars [J]. Nature, 2004, 428: 627 - 630.

[31] PHILLIPS R J, ZUBER M T, SOLOMON S C, et al. Ancient geodynamics and global-scale hydrology on Mars [J]. Science, 2001, 291(5513): 2587 - 2591.

[32] HOLT J W, SAFAEINILI A, PLAUT J J, et al. Radar sounding evidence for buried glaciers in the southern mid-latitudes of Mars [J]. Science, 2008, 322(5905): 1235 - 1238.

[33] MONTMESSIN F, SMITH M D, LANGEVIN Y, et al. The atmosphere climate of Mars: The water cycle [M]. Cambridge: Cambridge University Press, 2017.

[34] HABERLE R M, POLLACK J B, BARNES J R, et al. Mars atmospheric dynamics as simulated by the NASA Ames General Circulation Model: 1. The zonal-mean circulation [J]. Journal of Geophysical Research: Planets, 1993, 98(E2): 3093 - 3123.

[35] LEOVY C. Weather and climate on Mars [J]. Nature, 2001, 412(6843): 245 - 249.

[36] MEDVEDEV A S, HARTOGH P. Winter polar warmings and the meridional transport on Mars simulated with a general circulation model [J]. Icarus, 2007, 186(1): 97 - 110.

[37] KLEINBÖHL A, JOHN WILSON R, KASS D, et al. The semidiurnal tide in the middle atmosphere of Mars [J]. Geophysical Research Letters, 2013, 40(10): 1952 - 1959.

[38] JAIN S K, BOUGHER S W, DEIGHAN J, et al. Martian thermospheric warming associated with the planet encircling dust event of 2018 [J]. Geophysical Research Letters, 2020, 47(3): e2019GL085302.

第二章　火星大气波动介绍

2.1　引言

地球大气在重力、惯性力、科里奥利力或层结等因素作用下发生各种振荡，主要包括声波、重力波、惯性重力波、声重力波（大气次声波）、行星波、开尔文波等。同样，在火星等行星的层结大气中也存在这些波动。沙尘对大气环流会产生多种形式的重要影响，大气波动是其中一种。沙尘对太阳短波辐射的吸收所带来的热力学效应及由此产生的不稳定条件成为大气波动的重要激发源，不同空间尺度的沙尘活动可以激发产生重力波、行星波、潮汐波等多种尺度的波动。其中大气潮汐波及行星尺度波是大气中重要的全球尺度的波动，而重力波本质上是区域尺度的扰动，普遍存在于快速自转的行星大气中，如地球、火星、金星等的大气中。

随着观测数据的不断累积，火星大气波动已经有许多研究进展。自从水手9号首次测量火星大气温度以来，人们一直在研究火星大气中的波动。Pirraglia等[1]利用红外干涉仪观测的数据识别了振幅很大的热力潮汐。Conrath[2]在北部冬季中纬度地区发现了波状扰动，符合行进的斜压波，也符合波数为2的静止波特征。Banfield等[3]使用火星环球勘测者（Mars Global Surveyor，MGS）上热发射光谱仪（Thermal Emission Spectrometer，TES）观测到的大气温度数据，确定了火星大气中波模的振幅和相位，包括日潮和半日潮以及准定常行星波。Wilson[4]从该观测数据中观察到向东传播的日周期开尔文波，其纬向波数为1和2，这些波可以传播到很高的高度，并可能解释观测到的热层密度的纬向变化。Wu等[5]利用搭载于火星勘测轨道飞行器（Mars Reconnaissance Orbiter，MRO）上的火星气候探测仪（Mars Climate Sounder，MCS）所观测的大气温度数据，研究了火星80 km以下大气潮汐和行星波的纬向和季节变化特征，并发现了三种新的非迁移潮汐。Heavens等[6]也利用该数据集对低层大气重力波活动进行了最全面的总结，结果表明除了地形特征的作用外，对流过程对重力波的生成也有影响。热力潮汐不仅可以调制背景风场，还会影响重力波的上传，对低、中、高层大气之间的耦合具有重要作用。重力波也会强烈影响中间层和低热层的大尺度风、热平衡和密度[7, 8]。不同尺度的波之间也会相互影响，潮汐-重力波相互作用预计会发生在火星上[9]，波破碎还会释放动量和能量导致背景环流的动力强迫，对中高层大气结构具有深远的动力学和热力学影响。此外，全球性沙尘暴可激发全球尺度的热力潮汐，潮汐被沙尘暴的热力强迫激发后产生上升气流，影响大气环流，这反过来又加强了热力强迫，产生正反馈。所以，火星大气波动是沙尘影响大气内部热力学过程中的重要一环，研究大气波动有助于进一步了解火星大气环流及气候变化。

2.2 大尺度波

2.2.1 热力潮汐

热力潮汐是由太阳加热强迫的纬向和垂直传播的波。根据热力潮汐的位相速度与太阳直射点运动速度之间的相对速度，可将其进一步分为两类，即迁移潮汐和非迁移潮汐[10–12]。Lindzen 等提出的热力潮汐概念[13]，在地球上得到了很好的研究，目前已经发现了潮汐风振荡可以调节重力波对热层的透射率和耗散[14]，潮汐通过自身耗散在热层底部沉积净动量和热量[15]，潮汐动力与中性和电离组分密度之间存在相互作用[16]等。然而，由于大气稀薄，大量太阳辐射到达地表，导致火星温度日变化较地球而言更加显著，激发了更强的热力潮汐，其对火星中低层大气动力耦合过程有着不亚于行星波和重力波的影响[10–12]。此外，由于火星大气热力潮汐的激发源包括近地面 CO_2的红外辐射吸收和传输、沙尘和水冰云的辐射吸收以及 70 km 以上 CO_2的近红外辐射吸收，而这些过程强烈地受到地形、表面热性质和动力学过程的影响。因此，不同纬度、经度、当地时间(local time)和季节的火星大气热力潮汐都会有显著不同。因此，相比于地球大气层中的热力潮汐，火星热力潮汐由于其更强的强度和独特的影响因素而备受关注。

研究表明，迁移的热力潮汐和非迁移的热力潮汐在火星大气动力学中的地位都十分重要[12, 17]。由于垂直传播的特征和随高度增长的特性，热力潮汐将带着与火星低层大气激发源及其他扰动相关的信号传递到更高的高度[18, 19]，甚至是逸散层边缘。此外,热力潮汐在中间层中上部大约 80 km 的高度上沉积的净动量塑造了平均环流,进而重新分布多种化学成分(包括水汽)[20, 21]。

目前,卫星观测是火星大气热力潮汐探测的主要手段,包括轨道器(orbiter)的各类探测以及着陆器(lander)降落过程的加速度计数据。对于火星大气的探测目前主要依赖于天基观测数据反演的大气温度及气溶胶不透明度(aerosol opacity)信息。近年来,多种探测器都搭载了温度或气溶胶不透明度探测设备,其中包括以 MGS[22]、MRO[23, 24]、火星大气和波动演化探测器[25, 26](Mars Atmosphere and Volatile Evolution, MAVEN)等为代表的轨道器,以及以火星探路者[27](Mars Pathfinder, MP)、火星凤凰着陆器[28](Mars Phoenix Lander, MPL)、火星探测车[29](Mars Exploration Rover, MER)、火星快车[30-32](Mars Express, MEX)等为代表的着陆器。这些探测器获得多种温度及气溶胶不透明度探测数据,包括临边探测数据(limb viewing data)、天底探测数据(nadir viewing data)、无线电掩星数据(radio occultation data)、太阳掩星数据(solar occultation data)、恒星掩星数据(stellar occultation data)及加速度计数据(entry accelerometers data)[33, 34]。基于这些探测器的温度数据,研究者对火星大气中的热力潮汐进行了系统研究[5, 35-39]。MGS 上搭载的热发射光谱仪[40-42](Thermal Emission Spectrometer, TES)所获得的高时空分辨率数据,使得火星南半球的热力潮汐[3, 43]和第 25 火星年(Martian Years, MY)的全球性沙尘暴期间的热力潮汐变化[44]首次被全面提取和研究。Wilson 在 TES 观测资料中识别出纬向波数为 1 和 2 的东传非迁移潮汐[4]。Lee 等则利用 MRO 上搭载的 MCS 观测的大气温度资料研究了中层大气的迁移日潮[37]。然而由于局部时间分辨率有限,上述研究大多存在两个或多个潮汐分量被特定纬向波数表示的混叠问题[5, 38, 45]。因此,从 2010 年开始,MCS 采用了跨轨(cross-track)仪器观测策略,相对于在轨(in-track)观测,将单日地方时覆盖数据观测点数从 2 扩大到 6 以上[35]。多个高阶潮汐模态,如 SW2、SW1、DW2、DW3 等,已经在多个局部时间覆盖数据集中被确定[5, 35]。

地面观测数据也逐渐在火星大气热力潮汐探测中发挥重要作用。地面观测在连续性、精度和采样频率等方面都有一定优势。火星大气热力潮汐的地面观测目前已有较大发展,从 20 世纪 70 年代的海盗号着陆器到之后的洞察号着陆器和好奇号与毅力号等探测车[29, 46, 47],这些地面探测器数据揭示了新的大气现象,并扩展了我们对火星所有尺度气象学的理解。关于沙尘不透明度的数值模拟结果显示,海盗着陆器 1 号和 2 号着陆点的风场受到沙尘不透明度的严格约束[48]。好奇号探测器和洞察号着陆器的数据也发现了对全球和区域沙尘暴以及其他沙尘负荷变化的局部响应[49-51]。

2.2.2 行星波

行星波是我们最熟悉的另一种全球尺度波,它控制着地球以及火星大气中的天气系统[10, 11]。火星大气行星波中的行波大多被限制在中层大气以下,对高层大气的影响有限。然而,定常行星波却能向上传播并显著影响中高层大气的密度和温度结构[17]。基于 ExoMars 痕量气体轨道器(Trace Gas Orbiter, TGO)任务的加速度计数据和火星气候数据库(Mars Climate Database, MCD)的气候态数据,Forbes 等证明了由原位波-波相互作用激发的定常行星波在解释的密度结构方面起着重要作用[52]。此外,行星波也起到调制背景风场和重力波的作用[53]。不同纬向波数的行星波在不同季节的强度变化及影响也不同。Banfield 等发现纬向 1 波在冬至前后占主导,而纬向 2 和 3 波则在秋、春季最强[41]。冬至(Ls= 270)时向垂直方向延伸并占据主导的纬向 1 波与此时近地面涡活动的极小值相吻合,这种现象被称为至日停顿[54, 55](solsticial pause)。

地面观测目前已证实行星波与火星沙尘暴联系紧密,并可能在沙尘暴的预报中起到重要作用。海盗号 Lander 2 数据显示其任务的第二个火星年中,在沙尘较少且大气静态稳定性较低的条件下[56],存在大振幅的行星波,且波数正在向高波数发展[54]。同时,在一些沙尘暴活动之前也检测到了波幅的增加。数据显示斜压波动振幅和周期的较大变化与全球性沙尘暴的爆发有关,这与轨道器的观测结果吻合[57],研究者用斜压稳定度的变化来解释这一现象,即北半球斜压波以及与之相关的强地面风和沙尘抬升可能对一些沙尘暴的爆发至关重要[58, 59]。此外,好奇号和洞察号等也提供了大量行星波活动及其变化的数据[46, 47, 60]。

地面观测存在局限性,而 MGS 等轨道器的观测则较完善并佐证了着陆器和火星车对行星波的观测。MGS 和 MRO 的观测证实了火星低层大气中存在着周期为 2~25 sol、纬向波数为 1~4 的行星波[3, 41, 42, 61],其中周期在 2~7 sol 区间的波通常最为显著[54, 57]。MGS 搭载的热发射光谱仪数据发现行星波在北半球的振幅(最高可达 20 K)远大于南半球(最高可达 3.5 K)[41]。此外,MGS 还观测到一个独特的缓慢行波(周期平均为 20 sol,纬向波数为 1),它在火星北半球大气高层(约 0.5 mbar 及以上)有很大的温度振幅,而在地球上没有已知的对应波[57]。基于更高地方时分辨率的 MCS 数据集,研究者们还对火星中层大气中的定常波及其季节变化开展了进一步研究[5, 38, 62, 63]。近年来,Wang 在北半球高纬度地区的中层大气中发现了在重大沙尘暴期间向西传播的行星波,周期超过 30 sol[64]。Wang 和 Montabone 等基于火星分析校正数据同化(Mars Analysis Correction Data Assimilation, MACDA)再分析产品[65, 66],研究了周期1~60 sol 行波的涡旋动能演变及其与沙尘暴的联系。

2.3 中小尺度波

重力波作为扰动在稳定层结的大气中传播,以浮力作为恢复力,在地球、火星、木星和土卫六等行星的层结大气中普遍存在[67–69]。重力波本质上是区域尺度的现象,但当它们饱和并在高层大气破裂时会传递动量和能量,可以对全球大气状态产生显著的动力和热力强迫作用[70–72]。由于重力波的振幅随高度的升高呈指数增加,重力波从对流层向上传播到高层大气时会导致热层密度、温度和风的较大偏离[73, 74]。在地球上,重力波主要由低层大气中的气象过程产生,对中高层大气环流具有深远的动力和热力影响[75]。在火星上,起源于低层大气的重力波对高层大气发挥着同样重要的动力[76]和热力作用[77]。在低层大气中重力波振幅或通量相对较小,但对中间层和低热层的大尺度风[7]、热平衡[77]和密度[8]有重要影响,这与卫星观测结果一致。重力波引起的小尺度温度扰动甚至可以加速火星中间层和低热层中 CO_2冰云的形成[78, 79]。火星全球大气模式揭示了重力波对火星大尺度环流的直接影响,观测结果为了解各种重力波结构提供了重要的认识。研究火星大气是研究火星过去的关键,能帮助我们类比研究其他行星,如地球,并对未来探测器登陆火星甚至人类移居火星提供预测保障。

重力波在火星大气中无处不在,它实际上是轨道飞行器观测到的最早的大气现象之一[80]。像地球上一样,重力波可能是由火星低层大气中通过多种机制激发的,包括地形[81, 82]、对流[83, 84]或者是非地转演化中的急流和锋面,这些波源在低层大气中激发产生具有复杂的时空和频谱特征的重力波场。利用高分辨率火星大气环流模型(Martian General Circulation Model, MGCM)对其进行研究表明[85],除了从下向上传播的重力波属于内部波耦合过程外[86],来自上方的太阳风强迫是另一个可能引起热层扰动的重要物理机制[87]。在地球热层中,磁层能量沉积或低层的大气强迫产生了行进式大气扰动(traveling atmospheric disturbances, TAD)。磁层能量主要通过焦耳加热和粒子沉淀的形式沉积[88]，它在极地低热层中产生扰动，以与水平面稍微向上的角度远离源区传播。因此，它们将能量和动量从极地输送到中低纬度地区、从低热层传输到高热层[89]。火星由于缺少行星尺度的内源磁场且大气稀薄，太阳风强迫将以不同的方式出现。星际空间粒子与火星高层大气之间直接相互作用，引起了以拾起离子沉降为主要形式的能量沉积[90-93]。与地球上磁层能量沉积集中在极区的情况相反，火星上的拾起离子沉降则发生在热层的广阔区域。Fang 等[93]的模型研究预测，氧离子的沉降会在火星上热层的大范围内产生明显的扰动，但目前没有观测结果证实。

重力波的热力作用在确定火星中间层和低热层[7, 77]以及和上热层[94]中的温度剖面发挥着重要作用，这对于了解储层区域(reservoir region)的大气逃逸非常重要[95]。总体而言，重力波可以在高层大气中产生净热效应，表现为中间层和低热层的加热以及高层的冷却，在地球热层中超过 150 K/d[75]，火星热层中在纬向和时间平均意义上超过 150 K/sol[7, 77]。Medvedev 和 Yiğit[77]的工作表明了重力波动力和热力效应的重要性，他们已经证明在 GCM 中考虑动力和热力作用后可以重现由火星奥德赛 (Mars Odyssey, ODY)大气制动观测获得的纬向温度分布。但是，火星热层的具体热收支仍然存在很大的不确定性，包括低热层的主要冷却机制——CO_2 15 μm 波段的辐射冷却[95, 96]。Forbes 等[97]指出，火星热层温度对太阳 EUV 通量 27 天变率的响应是金星的 4~7 倍，这表明火星热层中 $CO_2$15 μm 的辐射冷却效果较差。

过去研究已经提出了与重力波的振幅以及波长有关的重要观测结果。MAVEN 上的 NGIMS(中性气体和离子质谱仪)[98]提供了高度在 130~300 km 之间的密度扰动测量数据，被认为是典型的重力波信号[79, 99]。MGS 的大气制动观测表明，在低热层 100~150 km 重力波的振幅较大(相对扰动与背景密度比，约 5%~50%)，且振幅随位置而显著变化，这可能表明较长周期大气波的滤波作用[67]或重力波耗散过程的影响[100]；此外，这些波的振幅响应于低层的大气沙尘活动而变化[101]；火星热层重力波具有范围较广的空间尺度，最常见的沿卫星轨道的主要波长范围为 20~200 km[67]或 100~300 km[102]，可以在单个轨道内观测到这些小尺度波的完整波列。相反，卫星对某地进行一次观测后须间隔很长时间才会对该地再次观测，难以对变化较快的现象进行连续观测，因此这些持续时间太短的小尺度波列无法在多个轨道上观测到。Moudden 和 Forbes[103]研究发现最大尺度的惯性重力波是全球规模的，并能持续数天，因此可以通过用多个轨道观测数据来确定其性质。

在上热层(约 150~200 km),Yiğit 等[79]研究结果表明重力波具有相似的振幅(相对密度扰动约为 20%~40%),呈现出明显的随地方时、纬度和高度变化,并用模式研究发现重力波可以从低层大气向上传播到热层。Terada 等[104]根据 NGIMS 测量结果,发现在火星热层外逸层底附近由 Ar 密度导出的重力波振幅与背景温度呈反相关关系,并通过考虑由上热层对流不稳定性引起的重力波饱和来证明这种反相关性;另外注意到,在相同的纬度和季节,扰动的平均振幅在夜侧要明显强于日侧。Ando 等[105]使用 MGS 数据研究了火星大气重力波的垂直波数谱。Zurek 等[106]的研究表明中性密度分布表现出季节性和太阳天顶角变化。随后,Siddle 等[107]进一步聚焦于 120~200 km 之间的 Ar 密度,观测到重力波振幅也随着太阳天顶角的增加而增强。Williamson 等[108]研究表明重力波的消散影响了外逸层大气的组成,并导致 O/CO_2 比率的增加。Creasey 等[102]使用 MGS 无线电掩星数据报告了火星大气中重力波活动的全球和季节性分布。

许多模式研究已经表明了重力波对大气影响的重要性[76, 77, 109]。重力波会携带大量的能量和动量向上传播,它们会减慢或逆转高层大气中的平均背景流。基于当地的大气条件,波能量的堆积有可能使大气变暖或变冷[77],因此改变火星能量收支[110],从而导致环流和输运过程发生变化。一种高分辨率火星大气环流模型研究指出重力波可直接传播到热层[111],有明显的证据表明在热层高度观测到的重力波有很大一部分起源于低层大气。目前尚无法直接观测到重力波从低层大气传播到热层的现象,但在低层大气[102, 112, 113]和中层大气[114, 115]中都已经观测到了重力波活动并对其进行了建模研究。Yiğit 等[79]通过考虑将背景大气的影响以及基于物理耗散过程对重力波从低层大气向高层大气传播的相关影响,能够重现上热层中重力波的一些观测特征。对低层大气重力波能量的模拟分布印证了赤道带重力波增强的观测结果[102, 105]。Heavens 等[6]对低层大气重力波活动进行了最全面的总结并表明除了地形特征的影响外,还提出了对流过程的影响。随着火星探测数据总量的积累,在未来的研究中有望阐明火星低层大气中重力波的波源与高层大气中波的特性之间的可能联系。

有较多模式分析了关于大气重力波对火星热层的影响。Medvedev 等[76, 111]利用 MGCM 中开发的扩展的非线性重力波参数化方案,证明了与重力波向上传播有关的动量可能会极大地影响火星热层的大气环流。随后,Medvedev 和 Yiğit[77]的大气环流模式中考虑了重力波的动力和热力效应,结果对解释火星奥德赛观测到的极地变暖做出重要贡献。Medvedev 等[7, 116]的工作更详细地研究了重力波对火星热层能量收支的贡献,证明了这些波会产生显著的加热和冷却作用,有时甚至可以与该地区的辐照度相当;并发现极地地区的较强冷却,低纬度地区的较弱加热。Parish 等[74]使用独立的一维全波模型和规定的背景大气计算了火星热层中大气重力波引起的加热和冷却,指出根据不同的输入波的特性,不同高度会有显著加热和冷却。Walterscheid 等[117]证明了大气重力波产生的加热可以通过金斯逃逸过程(Jeans escape process)促进大气逃逸。上述研究都强调了在热层高度上的重力波耗散引起的加热和冷却的重要性,但这些估算值均来自模式,目前还没有探测数据对这些加热和冷却速率进行评估。

在其他行星上的大气重力波的性质和加热速率已由用质谱仪在热层的原位观测确定。首次此类观测是在地球上用 AE - C 卫星进行的,对不同的大气成分(N_2、He、Ar 和 O)同时观测时识别出了小尺度波,每个成分波的相位和幅度存在差异[118-120]。这些变率可以用声波-重力波的线性模型来解释,该模型再现了与观测值相似的幅度和相位变化[121, 122]。先驱者金星轨道飞行器中性质谱仪(Pioneer Venus Orbiter Neutral Mass Spectrometer)对金星上热层的小尺度波进行了类似的观测,并探测到了 He、N、O、N_2和 CO_2中的波。利用卡西尼离子中性质谱仪(Ion Neutral Mass Spectrometer, INMS)在土卫六的热层中进行的观测表明,在 N_2、CH_4和次要成分中也存在类似的小尺度波[68, 123, 124]。Cui 等[124]利用线性双流体模型,寻找与卡西尼号观测到的波特征相匹配的最佳重力波特性。Snowden 和 Yelle[125]用这些估算得出了与观测到的波有关的加热和冷却速率。最近,Yiğit等[86]报告了使用 NGIMS 在火星上热层中观测到的小尺度波,这项研究使用扩展非线性重力波参数化方案模拟了波从低层大气到上热层的传播,并将其与观测的 CO_2中小尺度波进行了比较。

2.4 本章小结

本章主要介绍了火星大气中的热力潮汐、行星波重力波的研究结果,并探讨了它们对火星大气动力学过程的影响。热力潮汐是由太阳加热强迫的纬向和垂直传播的波,可分为迁移潮汐和非迁移潮汐。火星大气中的热力潮汐比地球更强,对中低层大气动力耦合过程影响巨大。行星波是另一种全球尺度波,控制着天气系统。火星大气行星波大多被限制在中层大气以下,但定常行星波能显著影响中高层大气的密度分布和温度结构。重力波是一种广泛存在于行星大气中的小尺度大气浮力扰动,主要在低层大气中由于地形、对流和不稳定而产生。重力波产生的影响在火星中高层大气中特别显著,是耦合火星低层和高层大气的主要动力机制。本章还介绍了火星大气热力潮汐、行星波和重力波的探测手段,包括卫星观测和地面观测,并详细介绍了各种探测器的探测数据以及最新的重力波数值模拟结果。地面观测和卫星观测都对火星大气热力潮汐、行星波和重力波进行了探测,观测结果揭示了新的大气现象,并扩展了对火星气象学的理解。同时,本章也指出了地面观测存在的局限性,介绍了轨道器观测的优势和研究进展。随着火星探测数据总量的积累,在未来的研究中有望阐明火星低层大气中重力波的波源与高层大气中波的特性之间的联系,以及火星大气中热力潮汐和行星波的精细化特征,以更好地理解火星大气的动力学过程和气候变化。

参考文献

[1] PIRRAGLIA J A, CONRATH B J. Martian tidal pressure and wind fields obtained from the Mariner 9 infrared spectroscopy experiment [J]. American Meteorological Society, 1973, 31(2): 318 - 329.

[2] CONRATH B J. Planetary-scale wave structure in the Martian atmosphere [J]. Icarus, 1981, 48(2): 246 - 255.

[3] BANFIELD D, CONRATH B, PEARL J C, et al. Thermal tides and stationary waves on Mars as revealed by Mars Global Surveyor Thermal Emission Spectrometer [J]. Journal of Geophysical Research: Planets, 2000, 105(E4): 9521 - 9537.

[4] WILSON R J. Evidence for diurnal period Kelvin waves in the Martian atmosphere from Mars Global Surveyor TES data [J]. Geophysical Research Letters, 2000, 27(23): 3889 - 3892.

[5] WU Z, LI T, DOU X. Seasonal variation of Martian middle atmosphere tides observed by the Mars Climate Sounder [J]. Journal of Geophysical Research: Planets, 2015, 120(12): 2206 - 2223.

[6] HEAVENS N G, KASS D M, KLEINBÖHL A, et al. A multiannual record of gravity wave activity in Mars's lower atmosphere from on-planet observations by the Mars Climate Sounder [J]. Icarus, 2020, 341: 113630.

[7] MEDVEDEV A S, GONZÁLEZ-GALINDO F, YIĞIT E, et al. Cooling of the Martian thermosphere by CO_2 radiation and gravity waves: An intercomparison study with two

general circulation models [J]. Journal of Geophysical Research: Planets, 2015, 120(5): 913 - 927.

[8] MEDVEDEV A S, NAKAGAWA H, MOCKEL C, et al. Comparison of the Martian thermospheric density and temperature from IUVS/MAVEN data and general circulation modeling [J]. Geophysical Research Letters, 2016, 43(7): 3095 - 3104.

[9] HEAVENS N, RICHARDSON M, LAWSON W, et al. Convective instability in the martian middle atmosphere [J]. Icarus, 2010, 208(2): 574 - 589.

[10] WU Z, LI T, HEAVENS N G, et al. Earth-like thermal and dynamical coupling processes in the Martian climate system [J]. Earth-Science Reviews, 2022, 229: 104023.

[11] FORBES J M. Tidal and planetary waves [M]. Washington: AGU, 1995.

[12] FORBES J M, ZHANG X, FORGET F, et al. Solar tides in the middle and upper atmosphere of Mars [J]. Journal of Geophysical Research: Space Physics, 2020, 125(9): e2020JA028140.

[13] LINDZEN R S, CHAPMAN S. Atmospheric tides [J]. Space Science Reviews, 1969, 10(1): 3 - 188.

[14] LINDZEN R S, HONG S-S. Effects of mean winds and horizontal temperature gradients on solar and lunar semidiurnal ttides in the atmosphere [J]. Journal of the Atmospheric Sciences, 1974, 31(5): 1421 - 1446.

[15] LINDZEN R S. Tides and gravity waves in the upper atmosphere [C]. Dordrecht: Springer Netherlands, 1971: 122 - 130.

[16] FORBES J M. Middle atmosphere tides and coupling between atmospheric regions [J]. Journal of Geomagnetism Geoelectricity, 1991, 43: 597 - 609.

[17] FORBES J M, BRIDGER A F C, BOUGHER S W, et al. Nonmigrating tides in the thermosphere of Mars [J]. Journal of Geophysical Research: Planets, 2002, 107(E11): 1 - 12.

[18] NAKAGAWA H, TERADA N, JAIN S K, et al. Vertical propagation of wave perturbations in the middle atmosphere on Mars by MAVEN/IUVS [J]. Journal of Geophysical Research: Planets, 2020, 125(9): 1 - 14.

[19] ENGLAND S L, LIU G, KUMAR A, et al. Atmospheric tides at high latitudes in the Martian upper atmosphere observed by MAVEN and MRO [J]. Journal of Geophysical Research: Space Physics, 2019, 124(4): 2943 - 2953.

[20] SHAPOSHNIKOV D S, MEDVEDEV A S, RODIN A V, et al. Seasonal water "pump" in the atmosphere of Mars: Vertical transport to the thermosphere [J]. Geophysical Research Letters, 2019, 46(8): 4161 - 4169.

[21] MOUDDEN Y, FORBES J M. Effects of vertically propagating thermal tides on the mean structure and dynamics of Mars' lower thermosphere [J]. Geophysical Research Letters,

2008, 35(23): 1 - 8.

[22] ALBEE A L, ARVIDSON R E, PALLUCONI F, et al. Overview of the Mars Global Surveyor mission [J]. Journal of Geophysical Research: Planets, 2001, 106(E10): 23291 - 23316.

[23] ZUREK R W, GRAF J E, MALIN M, et al. MRO: Taking Mars exploration to the next level [C]. Pasadena: AAS/Division for Planetary Sciences Meeting Abstracts, 2006.

[24] MCCLEESE D J, SCHOFIELD J T, TAYLOR F W, et al. Mars Climate Sounder: An investigation of thermal and water vapor structure, dust and condensate distributions in the atmosphere, and energy balance of the polar regions [J]. Journal of Geophysical Research Planets, 2007, 112(E5): 1 - 7.

[25] JAKOSKY B M. The 2013 Mars Atmosphere and Volatile EvolutioN (MAVEN) Mission to Mars[C]. San Francisco: AGU Fall Meeting, 2009.

[26] JAKOSKY B M, LIN R P, GREBOWSKY J M, et al. The Mars Atmosphere and Volatile Evolution (MAVEN) Mission [J]. Space Science Reviews, 2015, 195(1): 3 - 48.

[27] GOLOMBEK M P, COOK R A, ECONOMOU T, et al. Overview of the Mars Pathfinder Mission and assessment of landing site predictions [J]. Science, 1997, 278(5344): 1743 - 1748.

[28] KORNFELD R P, GARCIA M, CRAIG L E, et al. Entry, descent, and landing communications for the 2007 Phoenix Mars lander [J]. Journal of Spacecraft and Rockets, 2008, 45(3): 534 - 547.

[29] MAIMONE M W, JOHNSON A E, CHENG Y, et al. Autonomous navigation results from the Mars Exploration Rover (MER) Mission [M]. Berlin, Heidelberg: Springer Berlin Heidelberg, 2006.

[30] BERTAUX J-L, KORABLEV O, PERRIER S, et al. SPICAM on Mars Express: Observing modes and overview of UV spectrometer data and scientific results [J]. Journal of Geophysical Research: Planets, 2006, 111(E10): E10S90.

[31] BELLUCCI G, ALTIERI F, BIBRING J P, et al. OMEGA/Mars Express: Visual channel performances and data reduction techniques [J]. Planetary and Space Science, 2006, 54(7): 675 - 684.

[32] ODY A, POULET F, LANGEVIN Y, et al. Global maps of anhydrous minerals at the surface of Mars from OMEGA/MEx [J]. Journal of Geophysical Research: Planets, 2012, 117(E11): E00J14.

[33] ZHANG J, JI Q Q, SHENG Z. Data for: The Martian Atmospheric Waves Perturbation Datasets (MAWPD) version 2.0 [Z]. Dryad, 2022.

[34] ZHANG J, JI Q Q, SHENG Z, et al. Observation based climatology Martian Atmospheric Waves Perturbation Datasets [J]. Scientific Data, 2023, 10(1): 1 - 13.

[35] KLEINBÖHL A, JOHN WILSON R, KASS D, et al. The semidiurnal tide in the middle atmosphere of Mars [J]. Geophysical Research Letters, 2013, 40(10): 1952 - 1959.

[36] WANG H. Cyclones, tides, and the origin of a cross-equatorial dust storm on Mars [J]. Geophysical Research Letters, 2003, 30(9): 1488.

[37] LEE C, LAWSON W, RICHARDSON M, et al. Thermal tides in the Martian middle atmosphere as seen by the Mars Climate Sounder [J]. Journal of Geophysical Research: Planets, 2009, 114(E3): 1 - 6.

[38] WU Z, LI T, DOU X. What causes seasonal variation of migrating diurnal tide observed by the Mars Climate Sounder? [J]. Journal of Geophysical Research: Planets, 2017, 122(6): 1227 - 1242.

[39] MCLANDRESS C. The seasonal variation of the propagating diurnal tide in the mesosphere and lower thermosphere. Part II: The role of tidal heating and zonal mean winds [J]. Journal of the Atmospheric Sciences, 2002, 59(5): 907 - 922.

[40] CONRATH B, PEARL J, SMITH M, et al. Mars Global Surveyor TES results: Atmospheric thermal structure retrieved from limb measurements [C]. Bulletin of the American Astronomical Society, 1999: 1150.

[41] BANFIELD D, CONRATH B J, GIERASCH P J, et al. Traveling waves in the martian atmosphere from MGS TES Nadir data [J]. Icarus, 2004, 170(2): 365 - 403.

[42] BANFIELD D, CONRATH B J, SMITH M D, et al. Forced waves in the martian atmosphere from MGS TES nadir data [J]. Icarus, 2003, 161(2): 319 - 345.

[43] BANFIELD D, CONRATH B, PEARL J, et al. Thermal tides and stationary waves on Mars as revealed by Mars Global Surveyor Thermal Emission Spectrometer [J]. Journal of Geophysical Research: Planets, 2000, 105(E4): 9521 - 9537.

[44] GUZEWICH S D, WILSON R J, MCCONNOCHIE T H, et al. Thermal tides during the 2001 Martian global-scale dust storm [J]. Journal of Geophysical Research: Planets, 2014, 119(3): 506 - 519.

[45] SALBY M L. Sampling theory for asynoptic satellite observations. Part II: Fast fourier synoptic mapping [J]. Journal of Atmospheric Sciences, 1982, 39(11): 2601 - 2614.

[46] BANFIELD D, SPIGA A, NEWMAN C, et al. The atmosphere of Mars as observed by InSight [J]. Nature Geoscience, 2020, 13(3): 190 - 198.

[47] MARTÍNEZ G M, NEWMAN C N, DE VICENTE-RETORTILLO A, et al. The modern near-surface Martian climate: A review of in-situ meteorological data from Viking to Curiosity [J]. Space Science Reviews, 2017, 212(1 - 2): 295 - 338.

[48] WILSON R J, HAMILTON K. Comprehensive model simulation of thermal tides in the Martian atmosphere [J]. Journal of the Atmospheric Sciences, 1996, 53(9): 1290 - 1326.

[49] GUZEWICH S D, SMITH M D. Seasonal variation in Martian water ice cloud particle size [J]. Journal of Geophysical Research: Planets, 2019, 124(2): 636-643.

[50] GUZEWICH S D, TOIGO A D, WAUGH D W. The effect of dust on the martian polar vortices [J]. Icarus, 2016, 278: 100-118.

[51] GUZEWICH S D, NEWMAN C E, DE LA TORRE JUÁREZ M, et al. Atmospheric tides in Gale Crater, Mars [J]. Icarus, 2016, 268: 37-49.

[52] FORBES J M, BRUINSMA S, ZHANG X, et al. The wave origins of longitudinal structures in ExoMars Trace Gas Orbiter (TGO) aerobraking densities[J]. Journal of Geophysical Research: Space Physics, 2021, 126(2): e2020JA028769.

[53] GONZÁLEZ-GALINDO F, FORGET F, LÓPEZ-VALVERDE M A, et al. A ground-to-exosphere Martian general circulation model: 2. Atmosphere during solstice conditions—Thermospheric polar warming [J]. Journal of Geophysical Research: Planets, 2009, 114 (E8): E08004.

[54] BARNES J R. Time spectral analysis of midlatitude disturbances in the Martian atmosphere [J]. Journal of Atmospheric Sciences, 1980, 37(9): 2002-2015.

[55] WANG H. Relationship between frontal dust storms and transient eddy activity in the northern hemisphere of Mars as observed by Mars Global Surveyor [J]. Journal of Geophysical Research, 2005, 110(E7): 1-5.

[56] BRIGGS G A, BAUM W A, BARNES J. Viking Orbiter imaging observations of dust in the Martian atmosphere [J]. Journal of Geophysical Research, 1979, 84(B6): 2795-2820.

[57] LEWIS S R, MULHOLLAND D P, READ P L, et al. The solsticial pause on Mars: 1. A planetary wave reanalysis [J]. Icarus, 2016, 264: 456-464.

[58] KURODA T, MEDVEDEV A S, HARTOGH P, et al. Seasonal changes of the baroclinic wave activity in the northern hemisphere of Mars simulated with a GCM [J]. Geophysical Research Letters, 2007, 34(9): 1-6.

[59] LEOVY C B. The Martian lower atmosphere [J]. Nature, 1981, 294(5839): 310-311.

[60] HABERLE R M, JUÁREZ M D L T, KAHRE M A, et al. Detection of Northern Hemisphere transient eddies at Gale Crater Mars [J]. Icarus, 2018, 307: 150-160.

[61] HINSON D P. Stationary planetary waves in the atmosphere of Mars during southern winter [J]. Journal of Geophysical Research, 2003, 108(E1): 201-207.

[62] SCOTT D G, ELSAYED R T, DARRYN W W. Observations of planetary waves and nonmigrating tides by the Mars Climate Sounder [J]. Journal of Geophysical Research: Planets, 2012, 117(E3): E03010.

[63] WANG N, LI T, DOU X. Quasi-stationary planetary waves in the middle atmosphere of Mars [J]. Science China Earth Sciences, 2015, 58(2): 309-316.

[64] WANG H. Major dust storms and westward traveling waves on Mars [J]. Geophysical

Research Letters, 2017, 44(8): 3493-3501.

[65] BATTALIO M, WANG H. Eddy evolution during large dust storms [J]. Icarus, 2020, 338: 113507.

[66] MONTABONE L, MARSH K, LEWIS S R, et al. The Mars Analysis Correction Data Assimilation (MACDA) Dataset V1.0 [J]. Geoscience Data Journal, 2014, 1(2): 129-139.

[67] FRITTS D C, WANG L, TOLSON R H. Mean and gravity wave structures and variability in the Mars upper atmosphere inferred from Mars Global Surveyor and Mars Odyssey aerobraking densities [J]. Journal of Geophysical Research: Space Physics, 2006, 111(A12): A12304.

[68] MÜLLER-WODARG I, YELLE R V, BORGGREN N, et al. Waves and horizontal structures in Titan's thermosphere [J]. Journal of Geophysical Research: Space Physics, 2006, 111(A12): A12315.

[69] YOUNG L A, YELLE R V, YOUNG R, et al. Gravity waves in Jupiter's stratosphere, as measured by the Galileo ASI experiment [J]. Icarus, 2005, 173(1): 185-199.

[70] LINDZEN R S. Turbulence and stress owing to gravity wave and tidal breakdown [J]. Journal of Geophysical Research: Oceans, 1981, 86(C10): 9707-9714.

[71] PALMER T, SHUTTS G, SWINBANK R. Alleviation of a systematic westerly bias in general circulation and numerical weather prediction models through an orographic gravity wave drag parametrization [J]. Quarterly Journal of the Royal Meteorological Society, 1986, 112(474): 1001-1039.

[72] MCFARLANE N. The effect of orographically excited gravity wave drag on the general circulation of the lower stratosphere and troposphere [J]. Journal of Atmospheric Sciences, 1987, 44(14): 1775-1800.

[73] FRITTS D C, ALEXANDER M J. Gravity wave dynamics and effects in the middle atmosphere [J]. Reviews of Geophysics, 2003, 41(1): 1003.

[74] PARISH H F, SCHUBERT G, HICKEY M P, et al. Propagation of tropospheric gravity waves into the upper atmosphere of Mars [J]. Icarus, 2009, 203(1): 28-37.

[75] YIĞIT E, MEDVEDEV A S. Heating and cooling of the thermosphere by internal gravity waves [J]. Geophysical Research Letters, 2009, 36(14): L14807.

[76] MEDVEDEV A S, YIĞIT E, HARTOGH P. Estimates of gravity wave drag on Mars: Indication of a possible lower thermospheric wind reversal [J]. Icarus, 2011, 211(1): 909-912.

[77] MEDVEDEV A S, YIĞIT E. Thermal effects of internal gravity waves in the Martian upper atmosphere [J]. Geophysical Research Letters, 2012, 39(5): L05201.

[78] SPIGA A, GONZÁLEZ-GALINDO F, LÓPEZ-VALVERDE M Á, et al. Gravity waves, cold pockets and CO_2 clouds in the Martian mesosphere [J]. Geophysical Research

Letters, 2012, 39(2): L02201.

[79] YIĞIT E, MEDVEDEV A S, HARTOGH P. Gravity waves and high-altitude CO_2 ice cloud formation in the Martian atmosphere [J]. Geophysical Research Letters, 2015, 42(11): 4294 – 4300.

[80] BRIGGS G A, LEOVY C B. Mariner 9 observations of the Mars north polar hood [J]. Bulletin of the American Meteorological Society, 1974, 55(4): 278 – 296.

[81] PICKERSGILL A O, HUNT G E. The formation of Martian lee waves generated by a crater [J]. Journal of Geophysical Research: Solid Earth, 1979, 84(B14): 8317 – 8331.

[82] PICKERSGILL A O, HUNT G E. An examination of the formation of linear lee waves generated by giant Martian volcanoes [J]. Journal of Atmospheric Sciences, 1981, 38(1): 40 – 51.

[83] SPIGA A, FAURE J, MADELEINE J B, et al. Rocket dust storms and detached dust layers in the Martian atmosphere [J]. Journal of Geophysical Research: Planets, 2013, 118(4): 746 – 767.

[84] IMAMURA T, WATANABE A, MAEJIMA Y. Convective generation and vertical propagation of fast gravity waves on Mars: One-and two-dimensional modeling [J]. Icarus, 2016, 267: 51 – 63.

[85] KURODA T, MEDVEDEV A S, YIĞIT E, et al. Global distribution of gravity wave sources and fields in the Martian atmosphere during equinox and solstice inferred from a high-resolution general circulation model [J]. Journal of the Atmospheric Sciences, 2016, 73(12): 4895 – 4909.

[86] YIĞIT E, ENGLAND S L, LIU G, et al. High-altitude gravity waves in the Martian thermosphere observed by MAVEN/NGIMS and modeled by a gravity wave scheme [J]. Geophysical Research Letters, 2015, 42(21): 8993 – 9000.

[87] YIĞIT E, KNÍŽOVÁ P K, GEORGIEVA K, et al. A review of vertical coupling in the Atmosphere – Ionosphere system: Effects of waves, sudden stratospheric warmings, space weather, and of solar activity [J]. Journal of Atmospheric Solar-Terrestrial Physics, 2016, 141: 1 – 12.

[88] KNIPP D, TOBISKA W K, EMERY B. Direct and indirect thermospheric heating sources for solar cycles 21 – 23 [J]. Solar Physics, 2004, 224: 495 – 505.

[89] GARDNER L C, SCHUNK R W. Generation of traveling atmospheric disturbances during pulsating geomagnetic storms [J]. Journal of Geophysical Research: Space Physics, 2010, 115(A8): A08314.

[90] LUHMANN J, KOZYRA J. Dayside pickup oxygen ion precipitation at Venus and Mars: Spatial distributions, energy deposition and consequences [J]. Journal of Geophysical Research: Space Physics, 1991, 96(A4): 5457 – 5467.

[91] LEBLANC F, JOHNSON R E. Role of molecular species in pickup ion sputtering of the Martian atmosphere [J]. Journal of Geophysical Research: Planets, 2002, 107(E2): 5-1-5-6.

[92] CHAUFRAY J Y, MODOLO R, LEBLANC F, et al. Mars solar wind interaction: Formation of the Martian corona and atmospheric loss to space [J]. Journal of Geophysical Research: Planets, 2007, 112(E9): E09009.

[93] FANG X, BOUGHER S W, JOHNSON R E, et al. The importance of pickup oxygen ion precipitation to the Mars upper atmosphere under extreme solar wind conditions [J]. Geophysical Research Letters, 2013, 40(10): 1922-1927.

[94] ENGLAND S L, LIU G, WITHERS P, et al. Simultaneous observations of atmospheric tides from combined in situ and remote observations at Mars from the MAVEN spacecraft [J]. Journal of Geophysical Research: Planets, 2016, 121(4): 594-607.

[95] BOUGHER S W, PAWLOWSKI D, BELL J M, et al. Mars Global Ionosphere-Thermosphere Model: Solar cycle, seasonal, and diurnal variations of the Mars upper atmosphere [J]. Journal of Geophysical Research: Planets, 2015, 120(2): 311-342.

[96] TERADA K, TERADA N, SHINAGAWA H, et al. A full-particle Martian upper thermosphere-exosphere model using the DSMC method [J]. Journal of Geophysical Research: Planets, 2016, 121(8): 1429-1444.

[97] FORBES J M, BRUINSMA S, LEMOINE F G. Solar rotation effects on the thermospheres of Mars and Earth [J]. Science, 2006, 312(5778): 1366-1368.

[98] MAHAFFY P R, BENNA M, KING T, et al. The neutral gas and ion mass spectrometer on the Mars atmosphere and volatile evolution mission [J]. Space Science Reviews, 2015, 195(1): 49-73.

[99] ENGLAND S L, LIU G, YIĞIT E, et al. MAVEN NGIMS observations of atmospheric gravity waves in the Martian thermosphere [J]. Journal of Geophysical Research: Space Physics, 2017, 122(2): 2310-2335.

[100] YIĞIT E, AYLWARD A D, MEDVEDEV A S. Parameterization of the effects of vertically propagating gravity waves for thermosphere general circulation models: Sensitivity study [J]. Journal of Geophysical Research: Atmospheres, 2008, 113(D19): D19106.

[101] TOLSON R H, KEATING G M, ZUREK R W, et al. Application of acclerometer data to atmospheric modeling during Mars aerobraking operations [J]. Journal of Spacecraft Rockets, 2007, 44(6): 1172-1179.

[102] CREASEY J E, FORBES J M, HINSON D P. Global and seasonal distribution of gravity wave activity in Mars' lower atmosphere derived from MGS radio occultation data [J]. Geophysical Research Letters, 2006, 33(1): L01803.

[103] MOUDDEN Y, FORBES J. A new interpretation of Mars aerobraking variability: Planetary

wave-tide interactions [J]. Journal of Geophysical Research: Planets, 2010, 115(E9): E09005.

[104] TERADA N, LEBLANC F, NAKAGAWA H, et al. Global distribution and parameter dependences of gravity wave activity in the Martian upper thermosphere derived from MAVEN/NGIMS observations [J]. Journal of Geophysical Research: Space Physics, 2017, 122(2): 2374-2397.

[105] ANDO H, IMAMURA T, TSUDA T. Vertical wavenumber spectra of gravity waves in the Martian atmosphere obtained from Mars Global Surveyor radio occultation data [J]. Journal of the Atmospheric Sciences, 2012, 69(9): 2906-2912.

[106] ZUREK R W, TOLSON R H, BOUGHER S W, et al. Mars thermosphere as seen in MAVEN Accelerometer data [J]. Journal of Geophysical Research: Space Physics, 2017, 122(3): 3798-3814.

[107] SIDDLE A, MUELLER-WODARG I, STONE S, et al. Global characteristics of gravity waves in the upper atmosphere of Mars as measured by MAVEN/NGIMS [J]. Icarus, 2019, 333: 12-21.

[108] WILLIAMSON H N, JOHNSON R E, LECLERCQ L, et al. Large amplitude perturbations in the Martian exosphere seen in MAVEN NGIMS data [J]. Icarus, 2019, 331: 110-115.

[109] FORGET F, HOURDIN F, FOURNIER R, et al. Improved general circulation models of the Martian atmosphere from the surface to above 80 km [J]. Journal of Geophysical Research: Planets, 1999, 104(E10): 24155-24175.

[110] KURODA T, MEDVEDEV A S, YIĞIT E, et al. A global view of gravity waves in the Martian atmosphere inferred from a high-resolution general circulation model [J]. Geophysical Research Letters, 2015, 42(21): 9213-9222.

[111] MEDVEDEV A, YIĞIT E, HARTOGH P, et al. Influence of gravity waves on the Martian atmosphere: General circulation modeling [J]. Journal of Geophysical Research: Planets, 2011, 116(10): E10004.

[112] PETTENGILL G H, FORD P G. Winter clouds over the north Martian polar cap [J]. Geophysical Research Letters, 2000, 27(5): 609-612.

[113] ALTIERI F, SPIGA A, ZASOVA L, et al. Gravity waves mapped by the OMEGA/MEX instrument through O_2 dayglow at 1.27 μm: Data analysis and atmospheric modeling [J]. Journal of Geophysical Research: Planets, 2012, 117(E11): E00J08.

[114] WRIGHT C J. A one-year seasonal analysis of martian gravity waves using MCS data [J]. Icarus, 2012, 219(1): 274-282.

[115] MELO S M, CHIU O, GARCIA-MUNOZ A, et al. Using airglow measurements to observe gravity waves in the Martian atmosphere [J]. Advances in Space Research, 2006,

38(4): 730 - 738.

[116] MEDVEDEV A S, YIĞIT E, KURODA T, et al. General circulation modeling of the Martian upper atmosphere during global dust storms [J]. Journal of Geophysical Research: Planets, 2013, 118(10): 2234 - 2246.

[117] WALTERSCHEID R, HICKEY M, SCHUBERT G. Wave heating and Jeans escape in the Martian upper atmosphere [J]. Journal of Geophysical Research: Planets, 2013, 118(11): 2413 - 2422.

[118] REBER C, HEDIN A, PELZ D, et al. Phase and amplitude relationships of wave structure observed in the lower thermosphere [J]. Journal of Geophysical Research, 1975, 80(34): 4576 - 4580.

[119] POTTER W, KAYSER D, MAUERSBERGER K. Direct measurements of neutral wave characteristics in the thermosphere [J]. Journal of Geophysical Research, 1976, 81(28): 5002 - 5012.

[120] HEDIN A, MAYR H. Characteristics of wavelike fluctuations in Dynamics Explorer neutral composition data [J]. Journal of Geophysical Research: Space Physics, 1987, 92(A10): 11159 - 11172.

[121] DEL GENIO A D, STRAUS J M, SCHUBERT G. Effects of wave-induced diffusion on thermospheric acoustic-gravity waves [J]. Geophysical Research Letters, 1978, 5(4): 265 - 267.

[122] DEL GENIO A D, SCHUBERT G, STRAUS J M. Characteristics of acoustic-gravity waves in a diffusively separated atmosphere [J]. Journal of Geophysical Research: Space Physics, 1979, 84(A5): 1865 - 1879.

[123] CUI J, LIAN Y, MÜLLER-WODARG I. Compositional effects in Titan's thermospheric gravity waves [J]. Geophysical Research Letters, 2013, 40(1): 43 - 47.

[124] CUI J, YELLE R, LI T, et al. Density waves in Titan's upper atmosphere [J]. Journal of Geophysical Research: Space Physics, 2014, 119(1): 490 - 518.

[125] SNOWDEN D, YELLE R. The thermal structure of Titan's upper atmosphere, II: Energetics [J]. Icarus, 2014, 228: 64 - 77.

第三章　火星大气探测历史

3.1　引言

人们最早于 18 世纪末推测火星存在大气，威廉·赫歇尔（William Herschel）通过望远镜观测首次提出火星有云层，这是火星大气研究的开端[1]。在首次火星探测任务之前，天文学家对火星大气研究做出许多重大贡献。他们观测了火星大气中的沙尘和凝结云，确定了季节性极地循环，描述了环绕行星的尘暴，并揭示了其演变过程[2, 3]。首次在火星大气的光谱中确定了 CO_2[4]、CO_2柱密度和火星表面压力[5]以及火星大气中的水[6]。目前主要的火星大气探测手段有大气制动观测、原位观测、光谱学观测以及无线电掩星观测等，人们对火星大气的观测无论在时间还是空间覆盖上都不理想，缺乏季节跨度长、时间跨度长以及纬度覆盖宽的数据，尤其缺乏对高纬度地区的高层大气观测。为了方便讨论，我们按照时间先后将火星探测任务划分为四个阶段，前两个阶段的数次探测开启了人类的火星大气探测之旅，从第三阶段开始进入了火星大气的连续探测历程。

3.2　火星大气探测的开端

第一阶段在 1964~1975 年，其间有几个航天器访问了火星。比如，1964 年水手 4 号的无线电掩星测量确定火星大气的平均表面气压为 6 mbar，并得出火星的季节性极冠由冷凝的 CO_2组成[7]。1971 年，水手 9 号成为第一个环绕火星的探测器，观测发现火星表面正在发生一次处在减弱阶段的环绕行星的沙尘暴[8]，还有许多局地的沙尘活动和冷凝云[9]。其携带的红外干涉仪/光谱仪（Infrared Interferometer/Spectrometer, IRIS）对大气温度的测量首次确定了全日热力潮汐的定量特征[10]，这些观测数据也是确定沙尘颗粒半径的基础，并发现了水冰云的存在[11]。在此期间，苏联发射了多颗探测器但多以失败告终，仅苏联火星6号(Soviet Mars 6)任务的下降舱在1974年返回了火星大气垂直结构的首次原位测量结果[12]。

第二阶段的探测任务开始于20世纪70年代，也是真正的火星在轨观测的开端。1975年，海盗1号(Viking 1)在火星克莱斯平原(Chryse Planitia)以西(22.27°N，312.05°E)降落，海盗2号(Viking 2)则在火星北部的乌托邦平原(Utopia Planitia)(47.64°N，134.29°E)着陆。两个探测器先后传回了丰富的火星大气探测数据[13]，这是美国也是人类首次成功将航天器安全降落在火星表面并传回火星图像。这些珍贵的早期探测数据推动了对火星大气组成、季节变化、CO_2循环、尘暴以及大气环流等问题的研究，在此之后的20年内都未再有较大规模的火星探测任务进行。海盗2号轨道器在火星南半球的观测为MY12期间发生的两个环绕行星的尘暴以及局部沙尘暴的发展提供了全面的综合观察视角[14]。其携带的红外热成像仪(Infrared Thermal Mapper, IRTM)使用三个红外通道探测了火星表面、大气和极地冰层，获取了大气温度、沙尘和水冰云的分布[15, 16]，还确定了残余极冠的组成：北半球是水冰[17]，南半球是CO_2冰[18]。搭载的火星大气水检测器(Mars Atmospheric Water Detector, MAWD)首次详细检测了火星大气水柱丰度[19]，并发现每年都有从南半球向北半球的水汽净输送，在北半球极地地区沉积的冰厚度约为几毫克每平方厘米[20]。此外，海盗号登陆器的原位测量确定了火星大气的主要成分，N_2和^{40}Ar分别占火星大气的2.7%和1.6%[21]，还探测到浓度小得多的惰性气体$^{36,38}Ar$、Ne、Kr和Xe，以及高层大气成分(如NO和O^+)。海盗号任务期间发生的两次重大沙尘事件中的大气压力测量为了解火星上的热力潮汐提供了重要数据基础[22]。

从1980年海盗1号轨道器因姿态控制气体耗尽而失败，到1998年火星环球勘测者(Mars Global Surveyor, MGS)空气制动观测开始之前，其间只有失败的火卫一任务提供了对火星的有限观测。在中断期间，哈勃太空望远镜(Hubble Space Telescope, HST)进行了几组不连续的同步观测，包括在同一天相隔120°经度的火星图像，从而提供了地理上的全球覆盖。由于HST图像的同步质量和光谱分辨率，HST图像对研究云层很有价值。在1995年远日点附近(Ls = 60°)的观测中，发现了一条环绕行星的远日点云带[23]。云在火星的季节性气候循环中具有重要作用[24]。

3.3 火星大气的连续探测

第三阶段以 MGS 为标志,开启了较为完整的火星大气观测,特别是对于火星热层有了较深的认识。MGS 是 20 世纪 90 年代唯一成功的火星探测发射任务;包括俄罗斯的 Mars 96、日本的 Nozomi 和美国的火星气候轨道器的三个轨道器都未能进入预定轨道。在接下来的 2000~2010 年,欧洲空间局的火星快车以及美国国家航空航天局的火星奥德赛和火星勘测轨道飞行器,这三次尝试绕行的航天器都获得了成功。在回顾了早期的火星大气探测之后,我们将从三个部分来讲述火星大气的连续探测,分别是地基光谱观测、轨道遥感观测(相关任务见表 3-1)以及来自登陆器和漫游器的原位观测(相关任务见表 3-2)。

3.3.1 地基光谱观测

相比于火星航天器测量,地基观测对同位素比率和 O_2、CH_4等痕量成分的测量一直很重要。截至目前,火星航天器上还没有搭载过相关测量所需灵敏度的光谱平台。火星大气中的痕量成分主要与 CO_2、水汽和 N_2的解离产物有关。地基对光化学产物的探测包括 O_2、CO、O_3、H_2和 H_2O_2等。在地基高分辨光谱仪的各种观测波长中获得了这些微量成分的首次探测,Kaplan 等[25]利用 2.4 μm 的高分辨率光谱,首次获得了火星 CO 的测量结果。在 Belton 和 Hunten[26]首次探测到 O_2之后,Barker[27]采用 0.76 μm 的光谱测量明确了 O_2的丰度,作为 CO_2光解产物,它与 CO 的丰度直接相关。

在最初的水手 9 号观测之后[28],火星上 O_3已经被哈勃太空望远镜[29]、地基观测[30, 31]和火星飞船等各类观测所描述。天基观测通过测量臭氧哈特利(Hartley)波段的紫外吸收,而地基红外观测则采用了非常高的光谱分辨率、外差分光谱技术。O_3的测量结果被解释为可变的大气水柱[28]、水汽饱和廓线[32]以及水冰云上潜在的异质活动[33]。地球轨道上的 HST 观测站已经提供了上层大气 H_2丰度的紫外光谱测量[34],但他们的研究更多针对大气中的水逃逸,而不是低层大气的光化学作用。

对火星大气微量成分解释仍有争议的点是可能存在的甲烷。高分辨率地基光谱仪在 3.3 μm 的吸收光谱表明火星大气中存在甲烷且其丰度在空间和时间上显著变化[35]。但后续研究对这一结论提出了质疑,Zahnle 等认为可能存在地球甲烷线污染[36],而且其变化特征无法与可能的甲烷损失机制相一致。火星科学实验室(MSL)火星样品分析(SAM)实验表明,盖尔火山口的甲烷丰度水平较低,在季节性时间尺度上有明显变化[37]。

3.3.2 轨道遥感观测

3.3.2.1 火星环球勘测者

1996 年,火星环球勘测者升空,围绕一个近圆形、近极地的太阳同步轨道运行,周期约为两小时。携带的有效载荷包括火星轨道器相机(Mars Orbiter Camera, MOC)、热辐射光谱仪(Thermal Emission Spectrometer, TES)和火星轨道器激光测高仪(Mars Orbiter Laser Altimeter, MOLA)等(表 3-1)。

MOC 的广角相机在四个多火星年的运行时间里每天都会传回这些每日全球地图,人类首次获取了火星全球地形的高清影像数据,并依靠该数据集来研究季节性依赖。例如,Cantor 等利用第一年观测的 MOC 数据确定了一类区域风暴,被称为“冲洗风暴”(flushing storms)[38],接着使用窄角图像和全分辨率的广角图像来研究火星尘暴的特性和分布,报告了第二年秋分时开始的一个重大沙尘事件的详细演变[39]。Wang 和 Ingersoll 讨论了远日点云带的季节性变化[40]。MOC 数据还被用来确定与塔尔西斯(Tharsis)火山和埃律西昂(Elysium)火山相关的云的季节性依赖及其年际变化[41],并且在 MOC 和 TES 的临边观测中发现了赤道中层云[42]。

TES 是一个傅里叶变换干涉光谱仪,从 1997 年 9 月到 2006 年 11 月收集了十年的数据[43]。TES 的科学目标集中在火星表面构成,因此具有 3 km×5 km 的较高空间分辨率。TES 首次全面描述了全球热力结构和水汽、沙尘和冰柱随着火星季节和年份的变化[44-46],通过数十年积累的观测和建模,研究明确了火星大气气候特征。在三个火星年的 TES 数据中,观测到几次区域性和环绕行星的沙尘暴的生命周期,发现这些沙尘暴对大气热力结构有重大影响,在几个标高上将温度提高了 15 K,并加强哈得来环流和对面半球的快速加热[47]。哈得来环流从春分时近似对称的双圈结构变化到至日的跨赤道单圈环流。冬季半球急剧的温度梯度产生了强烈的极地涡旋风,风速达到 160 m/s。水冰云的出现与大气温度和沙尘含量密切相关,沙尘暴会将水冰从大气中广泛清除。水冰云在远日点(北半球夏季)期间,在 10°S~30°N 之间形成一个独特的、可重复的云带。多年的 TES 观测显示,沙尘和水汽循环都有明显的年际变化[48]。远日点

表 3-1　火星轨道飞行器任务及其载荷

任　务	发射时间	研发机构	携带有效载荷	对应载荷英文名
火星环球勘测者 Mars Global Surveyor, MGS	1996/11/7	美国国家航空航天局	火星轨道器相机 热辐射光谱仪 火星轨道器激光测高仪 无线电科学 加速度计 电子反射仪	Mars Orbiter Camera, MOC Thermal Emission Spectrometer, TES Mars Orbiter Laser Altimeter, MOLA Radio Science, RS Accelerometer, ACC Electron Reflectometer, ER
火星奥德赛 Mars Odyssey, ODY	2001/4/7	美国国家航空航天局	热辐射成像系统 伽马射线光谱仪 中子光谱仪 无线电科学 加速度计	Thermal Emission Imaging System, THEMIS Gamma Ray Spectrometer, GRS Neutron Spectrometer, NS Radio Science, RS Accelerometer, ACC
火星快车 Mars Express, MEX	2003/6/2	欧洲空间局	高分辨率立体相机 OMEGA 可见光/近红外成像光谱仪 行星傅里叶光谱仪 大气特征调查光谱仪 无线电科学	High Resolution Stereo Camera, HRSC OMEGA Vis/NIR Imaging Spectrometer Planetary Fourier Spectrometer, PFS Spectroscopy for the Investigation of the Characteristics of the Atmosphere, SPICAM Radio Science, RS
火星勘测轨道飞行器 Mars Reconnaissance Orbiter, MRO	2005/8/12	美国国家航空航天局	火星彩色成像仪 火星气候探测仪 火星紧致勘探影像光谱仪	Mars Color Imager, MARCI Mars Climate Sounder, MCS Compact Reconnaissance Imaging Spectrometer for Mars, CRISM

续 表

任 务	发射时间	研发机构	携带有效载荷	对应载荷英文名
火星勘测轨道飞行器 Mars Reconnaissance Orbiter，MRO	2005/8/12	美国国家航空航天局	高分影像科学实验	High Resolution Imaging Science Experiment，HiRISE
			细节影像仪	Context Imager，CTX
			浅层雷达	Shallow Radar，SHARAD
			重力场科学	Gravity Science，GS
			加速度计	Accelerometer，ACC
火星轨道任务 Mars Orbiter Mission，MOM	2013/11/5	印度空间研究组织	火星彩色相机	Mars Color Camera，MCC
			热红外光栅光谱仪	Thermal Infrared Grating Spectrometer，TIS
			火星外大气层中性成分分析仪	Mars Exospheric Neutral Composition Analyzer，MENCA
			火星甲烷传感器	Methane Sensor for Mars，MSM
			莱曼阿尔法光度计	Lyman Alpha Photometer，LAP
火星大气与挥发物演化 Mars Atmosphere and Volatile Evolution，MAVEN	2013/11/19	美国国家航空航天局	太阳风电子分析仪	Solar Wind Electron Analyzer，SWEA
			太阳风离子分析仪	Solar Wind Ion Analyzer，SWIA
			太阳活泼离子仪	Solar Energetic Particle Instrument，SEP
			超热和热离子成分仪	Suparthermal and Thermal Ion Composition Instrument，STATIC
			朗缪尔探测与波	Langmuir Probe and Waves，LPW
			磁强计	Magnetometer，MAG
			紫外成像光谱仪	Imaging Ultraviolet Spectrometer，IUVS
			中性气体和离子质谱仪	Neutral Gas and Ion Mass Spectrometer，NGIMS
			加速度计	Accelerometer，ACC

续 表

任　务	发射时间	研发机构	携带有效载荷	对应载荷英文名
痕量气体轨道器（ExoMars 2016）Trace Gas Orbitor Mission，TGO	2016/3/14	欧洲空间局	掩星与天底光谱仪	Nadir and Occultation for Mars Discovery，NOMAD
		俄罗斯联邦航天局	大气化学套件	Atmospheric Chemistry Suite，ACS
			地表彩色立体成像系统	Colour and Stereo Surface Imaging System，CaSSIS
			精细分辨率超热中子探测器	Fine Resolution Epithermal Neutron Detector，FREND
阿联酋火星任务 Emirates Mars Mission，EMM	2020/7/19	阿联酋空间局	阿联酋火星红外光谱仪	Emirates Mars Infrared Spectrometer，EMIRS
			阿联酋探索成像仪	Emirates Exploration Imager，EXI
			阿联酋火星紫外光谱仪	Emirates Mars Ultraviolet Spectrometer，EMUS
天问一号	2020/7/23	中国国家航天局	中分辨率相机	Moderate Resolution Imaging Camera，MoRIC
			高分辨率相机	High Resolution Imaging Camera，HiRIC
			火星环绕器次表层探测雷达	Mars Orbiter Scientific Investigation Radar，MOSIR
			火星矿物光谱分析仪	Mars Mineralogical Spectrometer，MMS
			火星磁强计	Mars Orbiter Magnetometer，MOMAG
			火星离子和中性粒子分析仪	Mars Ion and Neutral Particle Analyzer，MINPA
			火星能量粒子分析仪	Mars Energetic Particles Analyzer，MEPA
			火星表面成分探测仪	Mars Surface Composition Detector，MarSCoDe
			多光谱相机	Multispectral Camera，MSCam
			导航地形相机	Navigation and Terrain Camera，NaTeCam
			火星车次表层探测雷达	Mars Rover Penetrating Radar，RoPeR
			火星表面磁场探测仪	Mars Rover Magnetometer，RoMAG
			火星气象测量仪	Mars Climate Station，MCS

季节(Ls=0°~180°)相对凉爽,多云,没有沙尘,年际变化较小。相比之下,近日点季节(Ls=180°~360°)相对温暖,多尘,没有水冰云,且沙尘光学深度和大气温度显示出较大的年际变化。

MOLA 的主要数据集包括地形高程,这对于大气物理建模是不可或缺的[47]。研究人员通过 MOLA 观测确定了极夜中的云,并表明了它们的许多特性[49]。

MGS 的无线电科学(Radio Science)也测量了上层大气密度,但其近点高度高于空气制动时的高度[50]。火星低层大气中(<50 km)小尺度波动的大部分信息通过无线电掩星技术获得[51, 52],该方法作为一种有效的大气观测手段,被广泛用于大多数的火星探测器上。Creasey 等利用 MGS 的无线电掩星探测数据发现在火星低层大气 10~30 km 的热带和塔里西斯地区上空有显著的重力波活动[53]。然而,该数据集的空间和时间覆盖有限。它的主要发现是轨道与轨道之间的变化在 50%左右,以及热层对遥远的区域性尘暴的强烈反应。

MGS 的加速度计(Accelerometer, ACC)利用密度和测量的空气动力加速度之间的阻力关系测量了大气密度[54, 55]。在任务的空气制动阶段,只要航天器的近点低于 160 km,就会获得一系列延伸到 100 km 以下的密度测量。该数据集的主要优点是对热层的原位取样,而热层无法进行遥感观测。但是,由于轨道限制该数据集的空间和当地时间覆盖有限,且缺乏相关的气压和温度的测量。ACC 的主要发现是火星表面潮汐造成巨大的热层密度变化,以及热层对、区域尘暴的强烈响应,还推断出了纬向风[56]。高层大气观测主要来自 MGS、MRO 以及 ODY 的大气制动观测,通过加速度计收集到的 CO_2密度测量数据表明,在火星上层大气中存在不同种类的大气波,包括行星尺度的罗斯贝波[57]的热力潮汐[58],以及几十到几百千米的空间尺度的重力波;火星热层 90~130 km 之间存在持续的重力波活动[59-61],且重力波振幅随季节、地方时、经度和纬度变化明显。

MGS 的电子反射仪(Electron Reflectometer, ER)也提供了对 180 km 周围大气密度的间接测量[62, 63]。该数据集扩展了之前测量的空间和时间覆盖,但单个测量值的不确定性很大。它的主要发现是外逸层底附近的季节性趋势,以及外逸层底密度对大气沙尘和太阳周期的依赖性特征。

3.3.2.2 火星奥德赛

2002 年 2 月,火星奥德赛到达类似 MGS 的近极、近圆轨道,在下午 4:30~5:00

时与太阳同步[64]。热辐射成像系统(Thermal Emission Imaging System, THEMIS)用6~14 μm的红外波段来测量冰和沙尘气溶胶,以及一个以15 μm的CO_2吸收波段为中心的1 μm宽波段。THEMIS监测大气层中大约0.5 mbar高度的温度,并显示火星大气的情况由尘埃负荷的年际变化引起。对THEMIS和TES测量的远日点云带的水冰光学深度的比较表明,云层可能存在地方时变化[65]。THEMIS实验已经获得了对极地云和局地沙尘暴中的羽流结构的重要观测[66],获取了火星表面温度变化图,为凤凰号着陆提供了地形和着陆点选择依据。

火星奥德赛号上的伽马射线光谱仪(Gamma Ray Spectrometer, GRS)的中子光谱仪(Neutron Spectrometer, NS)组件通过测量火星地下水含量为火星大气研究做出了贡献[67]。伽马射线观测为确定极冠中固体CO_2的数量提供证据[68],还揭示了冬季极地上空氩气和其他非冷凝气体的季节性增强[69]。

火星奥德赛有效载荷包括一个空气制动加速度计(Accelerometer, ACC),其操作及优点和缺点与MGS加速度计相似[70, 71],也包括无线电科学。无线电追踪产生了400 km处的大气密度,估计了外逸层的标高和温度[72]。它的主要发现是400 km处的密度对太阳EUV辐照度的变化的敏感性,但该数据集不确定性大,空间和时间分辨率有限。

3.3.2.3 火星快车

2003年,欧洲空间局发射火星快车(Mars Express, MEX)航天器,一直以近极轨围绕火星运行,近点高度250 km,远点高度11 500 km,非太阳同步轨道的一个明显优势是全面地方时覆盖。OMEGA可见光/近红外成像光谱仪提供了0.35~5.1 mm的火星大气和表面的覆盖[73],水平分辨率依赖于航天器的高度从400 m至5 km变化。2 μm的CO_2吸收带可用于测量地表压力,使用MOLA数据对高度进行校正后,可用于研究水平气压梯度、大气振荡和地形引起的气压变化。Encrenaz等利用OMEGA数据研究了希腊盆地大气中CO和H_2O的季节变化[74]。OMEGA也适用于研究极地地区表面凝结物的组成和物理状态,包括CO_2、水和与沙尘的混合物。该任务发现火星极冠有85%的干冰和15%的水冰,并在火星大气层内发现甲烷和氨[75]。

火星快车上的行星傅里叶光谱仪(Planetary Fourier Spectrometer, PFS)以1.3 cm^{-1}的光谱分辨率,在两个独立的通道中收集1.2~45 μm的数据[76]。PFS发现水汽的季节和纬度特征与以前的观测一致[77]。水分布在塔尔西斯(Tharsis)和阿拉伯(Arabia)的低纬度地区显示出局部最大值。与以前的实验一样,在北半球季节性极冠边缘观察到水汽的增加。

MEX 上搭载的大气特征调查光谱仪(Spectroscopy for the Investigation of the Characteristics of the Atmosphere, SPICAM)由不同的紫外和近红外光谱仪组成,它们可以在天底、临边观察和太阳/恒星掩星模式下运行[78]。SPICAM 紫外光谱仪已经观测了 400 多次恒星掩星,其中 130~190 nm 波长的 CO_2 吸收支持 50~120 km 高度的 CO_2 密度垂直剖面测量,温度也可根据流体静力平衡方程估计得到[79]。通过搭载在 MEX 上的火星大气成分研究光谱仪(SPICAM)测量获得的 60~130 km 火星大气温度剖面数据,众多学者对火星中高层大气进行了广泛的研究[80-83],这些研究揭示了火星中间层和低热层的密度和热结构,并加深了我们对火星上层大气的理解。从 SPICAM 的太阳掩星红外测量中反演的水汽剖面,发现在 25 km 以上的高度存在着水汽的过饱和度条件[84, 85],加深了我们对火星大气中水垂直分布的认识[86]。Withers 等[87]利用 SPICAM 数据,对大尺度波特性进行了研究,然而在这个高度范围内的小尺度扰动还没有得到详细的研究。这种光谱学观测可以覆盖中层到高层大气区域,能够有效反映火星中高层大气中的主要成分,但是观测数据在地方时、季节上覆盖不足。

3.3.2.4 火星勘测轨道飞行器

2006 年 9 月,火星勘测轨道飞行器(MRO)通过空气制动到达其近圆、近极地的太阳同步轨道。MRO 携带了几个成像仪器,为大气和极地研究提供数据。火星彩色成像仪(Mars Color Imager, MARCI)是一个 180°视场的推框相机,有五个可见光色带和两个紫外线色带[88]。MARCI 实验最初包括在火星气候轨道器(Mars Climate Orbiter, MCO)的有效载荷中,但在 1999 年火星轨道进入大气时由于导航错误而丢失。Malin 等对 MARCI 在大气和极地研究方面的能力做了很好的介绍[89]。

MRO 上的火星气候探测仪(Mars Climate Sounder, MCS)是专门用于火星大气监测的红外辐射计。MCS 探测大气信息时主要采用临边探测,观测垂直分辨率为 5 km,这种滤波辐射计观测得到了连续的高垂直分辨率临边剖面,可以提供白天和夜晚的大气数据以及水汽和沙尘的垂直分布[90],监测全球的大气循环和气候的日变化、季节变化和年际变化。该数据结果与 MGS 无线电科学和 TES 温度之间显示出非常好的一致性[91]。Kleinböhl 等描述了用于从 MCS 临边测量中反演大气廓线的算法[92]。用 MCS 对火星中层大气的首次系统观测显示了与周日潮汐有关的昼夜热变化[93]。MCS 的极地观测显示,冬季南极地区上空的中层大气强烈变暖,表明极地上空的哈得来环流可能比预期强盛[90, 93]。MCS 对沙尘垂直分布的测定表明地形对尘埃提升的中尺度影响可能很重要[94]。

MCS 的热红外剖面描述了极地冬季大气中 CO_2 云的空间/季节分布、颗粒大小、辐射效应[95]。

MRO 的有效载荷包括空气制动加速度计（ACC），其操作及优势和弱点与 MGS 加速器相似，还包括一个无线电科学调查。根据该无线电掩星数据集确定 250 km 处的大气密度[96]，并推断出存在由大气潮汐引起的外逸层大气变化。

3.3.2.5　火星轨道任务

2013 年 11 月 5 日，印度在该国东海岸的斯里哈里科塔岛（Shriharikota）航天发射场发射首颗火星探测器曼加里安号（Mangalyaan，印地语意为火星飞船）。这次火星轨道任务（Mars Orbiter Mission，MOM）轨道器重 1 350 kg，将绕火星飞行至少 6 个月，距火星表面的近点是 500 km，最远点为 80 000 km。选择这样一个高椭圆的轨道，既有利于以较高的空间分辨率进行局部观测，也有利于以大范围、高辐射和时间分辨率进行观测。通过 5 个太阳能仪器收集科学数据，帮助解释火星天气系统，火星上曾有的大量的水到哪去了，并研究火星上的甲烷，甲烷是地球生命进程中的一个重要化学物质。

火星彩色相机（Mars Color Camera，MCC）是一个图像传感器，用于提供火星的彩色图像。2015 年 7 月，该相机拍摄到火星一处巨大峡谷的 3D 图像，揭示火星表面侵蚀力形成的沟壑。MOM 探测器拍摄的图像是奥斐峡谷（Ophin Chasma），位于火星赤道附近，该图像呈现山丘、小碰撞坑和山体滑坡形成的沟壑。该峡谷是连接水手峡谷最北端的山谷，长约4 000 km，图中可见的悬崖很可能是由于山体滑坡造成，断层随着时间的推移而不断地崩塌。除此之外，该相机还拍摄了火星一些区域，如盖勒陨坑以及火星最大火山蒂勒赫纳斯蒙斯火山。此外，MOM 探测器还成功拍摄到火卫一彩色照片。

热红外光栅光谱仪（Thermal Infrared Grating Spectrometer，TIS）使用未冷却的微测辐射器阵列作为探测器，在红外光谱区（7～13 μm）工作，适用于中等到粗略的空间和光谱分辨率。TIS 被设计用来探测火星环境的热红外辐射，用于估计火星地表温度，并绘制其表面组成。TIS 仪器是一个基于光栅的光谱仪，在近点的空间分辨率为 258 m。对特定光谱特征的精确探测，可以估计行星的表面成分和大气参数（气溶胶光学厚度）。火星甲烷传感器（Methane Sensor for Mars，MSM）是一个基于法布里-珀罗标准具（Fabry-Perot Etalon）过滤器的差分辐射计，在 SWIR 光谱区的两个通道中测量反射太阳辐射度。

火星外大气层中性成分分析仪（Mars Exospheric Neutral Composition Analyzer，MENCA）是一个基于四极的中性质谱仪，用于原位测量火星外大气层的中性成分和分布。MENCA 对 CO_2、N_2和 CO 三种主要成分进行了明确的探测,还探测了一些次要的成分。利用这些观测结果得出的傍晚时分的平均外大气层温度为 271±5 K,这是对火星傍晚时分的第一次观测,将有助于为热逃逸模型提供约束[97]。MENCA 在 2018 年全球行星环绕尘暴事件期间对火星上层大气成分进行了原位测量,结果表明在沙尘暴期间,观察到 CO_2和 28 amu①(N_2+CO)这些成分的数密度有明显的提高,还发现 CO_2和 28 amu 的温度比模型预测结果高[98]。

3.3.2.6 火星大气与挥发物演化

火星大气探测的第四阶段以 MAVEN 的发射为标志,从此开展专门的系统性火星大气观测活动。2013 年 11 月 19 日,美国 MAVEN 航天器发射,并于 2014 年 9 月 22 日进入高椭圆轨道(周期 4.5 h,倾角 75°,近点高度 150 km,远点高度 6 200 km)。MAVEN 的科学目标是进行火星高层大气/电离层研究,其核心是有助于研究火星大气长期演变的大气逃逸过程[99]。MAVEN 上的中性气体和离子质谱仪(Neutral Gas and Ion Mass Spectrometer, NGIMS)的大气制动观测以及太阳风离子分析仪(Solar Wind Ion Analyzer, SWIA)的原位观测获取了低至 135 km 大气主要中性成分和离子成分的廓线数据。由于轨道倾角的限制,大气制动观测只能覆盖一部分纬度区域,且每一次轨道制动计划的持续时间较短,在时间、空间上缺乏连续性。MAVEN 上搭载的加速度计、紫外成像光谱仪(Imaging Ultraviolet Spectrometer, IUVS)和 NGIMS 还在持续产生大气制动数据、光谱学观测数据和原位观测数据,其中 NGIMS 的观测区域与加速度计大气制动的观测区域一致,主要集中在 130 km 高度以上,且因为轨道原因主要集中在中低纬度地区,IUVS 的观测区域同样集中在中低纬度地区。

自 2014 年以来,MAVEN 任务对火星上层大气进行了全面探测[99]。联合 MAVEN、MGS、MRO 和 ODY 四个探测器加速度计密度数据,拟合出了火星热层密度周日变化结构,发现了春季夜间密度异常现象,特别是在秋冬季尘暴冲击的影响下,日夜密度产生较大分离。NGIMS 对上层大气 130~300 km 的观测表明,波动扰动普遍存在于上热层的离子和中性物质中[100, 101]。Liu 等利用 NGIMS 数据测量的 CO_2、N_2、O、CO 和 Ar 数密度进一步确认了火星热层大气变化的调谐结构。除了 O 明显受太阳作用控制外,其他主要成分均受尘暴和太

---

① amu(atomic mass unit),原子质量单位,是用来衡量原子或分子质量的单位,被定义为^{12}C 原子质量的 1/12。

阳的综合控制,并且该机制至少延伸至外层 240 km 高度。在 240 km 验证了内部大气重力波和尘暴耦合效应的外层延伸效应,证明尘暴可以是内部大气重力波的激发源。此外,他们首次发现了冬季赤道密度异常升高现象,利用数值滤波技术获得了四季定常行星波和开尔文波的全球分布,并解释和揭示了赤道定常行星波的地形激发机制[102]。紫外成像光谱仪(IUVS)也在高度 20~140 km 处进行遥感探测到了波扰动[103, 104],这些 IUVS 的测量为研究火星对流层和热层波之间的可能联系提供了机会。

3.3.2.7 ExoMars 2016

为了确定火星上是否曾有生命存在,欧洲空间局(European Space Agency, ESA)建立了 ExoMars 计划,以调查火星环境并展示新技术,为后续火星样本返回任务铺平道路。ExoMars 计划包括两项任务:一项由痕量气体轨道器(Trace Gas Orbitor Mission, TGO)和一个进入(entry)、下降(descent)和着陆(landing)演示模块组成,被称为 Schiaparelli,于 2016 年 3 月 14 日发射;另一项是原计划 2022 年发射的漫游器,这两项任务都是与俄罗斯航天局合作进行的。

2016 年 3 月,该项计划的第一个任务 ExoMars 2016 包括的轨道器和 Schiaparelli 由质子火箭一起发射,以复合配置飞往火星。于 2016 年 10 月到达围绕火星的椭圆轨道, 2018 年 4 月开始执行火星科学任务,持续近两年,是火星大气含量研究的重要传感器。TGO 的首要任务是追踪火星大气痕量气体,特别是甲烷等能揭示火星生物和地质过程的气体;并测试关键技术,为欧空局对后续火星任务的贡献做准备。TGO 上搭载了四个科学仪器,其中掩星与天底光谱仪(Nadir and Occultation for Mars Discovery, NOMAD)设计来研究火星大气成分,是目前最精细的痕量气体探测仪器,对微量气体很敏感,远超过目前其他大气探测仪器对痕量气体的敏感度。NOMAD 结合了三个光谱仪、两个红外和一个紫外分光仪,通过太阳掩星和光天底观测,对大气成分进行高灵敏度的轨道识别,包括甲烷和许多其他成分。NOMAD 不仅可以探测低层火星大气成分含量,还可以探测火星中层大气成分和它们的垂直分布情况,目前数据中并未发现甲烷的存在。Aoki 等[105]介绍了火星上水汽的垂直分布,远日点和近日点期间水汽显示出强烈对比,在远日点时,从北半球极冠升华的水汽被限制在非常低的高度,而在近日点期间,从南极盖升华的水汽直接到达南半球高纬度地区的高空(>80 km),这表明经向环流的传输更加有效且没有凝结。他们认为近日点期间的加热、零星的全球沙尘暴以及每年发生在 Ls = 330°附近的区域沙尘暴是向 70 km 以上的高层大气供应水汽的主要事件。

大气化学套件（Atmospheric Chemistry Suite，ACS）包含三个分开的红外光谱仪：近红外（near-infrared，NIR）、中红外（middle infrared，MIR）和热红外（thermal infrared，TIRVIM），这套三个红外仪器将帮助科学家研究火星大气的化学和结构。ACS 是对 NOMAD 的补充，它扩大了红外波长的覆盖范围，并拍摄太阳的图像以更好地分析太阳掩星数据。地表彩色立体成像系统（Colour and Stereo Surface Imaging System，CaSSIS）是一台高分辨率的相机（每像素 5 m），能够在大范围内获得彩色和立体图像。CaSSIS 为 NOMAD 和 ACS 探测到的微量气体的来源或汇提供地质和动力学背景。精细分辨率超热中子探测器（Fine Resolution Epithermal Neutron Detector，FREND）可以绘制深达一米的地表氢气图，揭示出地表附近的水冰沉积。FREND 对浅层地下水冰的测绘将比现有的测量结果好 10 倍以上。

3.3.2.8 阿联酋火星任务

2020 年，阿联酋火星任务希望号发射，其科学目标主要集中在火星大气层。该探测器处于高轨道，近点高度 19 970 km，远点高度 42 650 km，低倾角 25°，这使得它能够从轨道的任何位置对火星进行全球范围的观察。

阿联酋火星红外光谱仪（Emirates Mars Infrared Spectrometer，EMIRS）是搭载在 EMM 上的一个傅里叶变换红外光谱仪，自 2021 年 5 月 24 日科学阶段开始以来（MY36，Ls=49°）几乎连续运行。除了扩展现有的、连续数十年的火星大气层航天器观测记录的价值外，EMIRS 仪器还利用了 EMM 独特的高海拔轨道，这使得在不到 2 周的亚季节性时间尺度内，可以对广泛的纬度和经度的所有地方时进行采样，这种空间分辨率与全球环流模型相当，足以提供当前气候状态的详细全球视图。它涵盖了 100～1 600 cm^{-1} 的光谱范围，可选择的光谱分辨率为 5 cm^{-1} 或 10 cm^{-1}，大多数观测是在 10 cm^{-1} 时进行的，但两种光谱分辨率都有使用。Smith 等[106]概述了用于从 EMIRS 光谱中获得大气温度、尘埃和水冰柱光学深度以及水汽柱丰度的反演算法，同时描述了在 EMM 任务科学阶段的第一个地球年（火星的北半球春季和夏季）白天观测的结果。结果显示了广泛存在的水冰云是远日点季节的典型特征，预期的北极夏季最大值和随后的水汽赤道输送都有发现，还观察到异常强烈的早期区域沙尘暴及其相关的热反应。Atwood 等[107]对水冰云进行了探索，Fan 等[108]对热力潮汐进行了研究，波模式分解表明主导的日潮和重要的半日潮的最大振幅分别为 6 K 和 2 K，以及存在约 0.5 K 的昼夜潮，该结果与火星气候模型的预测非常吻合。通过将 EMIRS 的观测与火星气候数据库模型的估计、好奇号漫游车环境监测站（REMS）套件和毅力号漫游车上的火星环境动力学分析仪套件获取的温度数据比较表明,各次任务中温度变化的总体趋势非常一致,但 EMIRS 的测量结果在夜间系统性地偏低[109]。

阿联酋探索成像仪(Emirates Exploration Imager, EXI)为研究火星大气提供了区域和全球成像能力,用于捕捉红色星球的高分辨率数字彩色图像,以测量低层大气中的冰和平流层臭氧。EXI 是一个取景相机,其视场可以很容易地捕捉到 EMM 科学轨道近点处的火星盘。EXI 提供 6 个带通,以 220 nm、260 nm、320 nm、437 nm、546 nm、635 nm 为中心,使用两个带有独立光学器件和探测器的望远镜[紫外(UV)和可见(VIS)]。全盘的图像是以每像素 2~4 km 的分辨率获取的,其中的变化分别由轨道的近点和远点驱动。通过将一个轨道内的多次观测与行星自转相结合,EXI 能够对行星的大部分地区提供 10 天规模的昼夜采样。因此,EXI 数据集在研究大气成分(如水冰云和臭氧)的特征中能够区分出昼夜和季节时间尺度。

阿联酋火星紫外光谱仪 (EMUS)用于研究地球热层中的氧气和一氧化碳水平,以及高层大气中氢气和氧气的存在。

3.3.2.9　天问一号

2020 年 7 月,我国执行首次探测火星的飞行任务天问一号,探测器由环绕器和着陆巡视器组成,着陆巡视器又包括祝融号火星车及进入舱。轨道器负责对火星进行小规模或全球观测,揭示有关大山和大峡谷的线索,而漫游器主要侧重于区域性的观测。此外,轨道器还为火星车提供中继通信连接,同时进行自己的科学观测。2021 年 2 月 10 日,天问一号环绕器成功实施制动捕获,随后进入环绕火星轨道,主要扮演通信器、探测器两大角色。2021 年 5 月 15 日,火星环绕器将着陆巡视器准确送入落火轨道,着陆巡视器在靠近火星北半球低地和南半球高地边界的乌托邦平原(Utopia Planitia)(109.925° E, 25.066° N)成功着陆,实现了我国首次地外行星着陆。5 月 22 日,祝融号火星车成功驶离着陆平台,中国人的足迹首次踏足这颗红色星球,中国成为世界上第二个实现火星巡视的国家。火星环绕器为祝融号提供了近半年的中继通信后,圆满完成通信器的角色任务。2021 年 11 月,火星环绕器实施轨道控制,进入遥感轨道开始探测器的角色。通过携带的 7 台有效载荷,环绕器对火星开展了全球遥感科学探测。火星环绕器已于 2022 年 6 月获取了覆盖火星全球的中分辨率影像数据,各科学载荷均实现了火星全球探测,实现全部既定科学探测任务目标,进入拓展任务阶段。

截至2022年12月,火星环绕器成功环火687天,完成了一个火星年的环火飞行与探测,环绕器圆满完成探测器的角色任务。祝融号火星车累计巡视探测1 921 m,天问一号轨道器和火星车累计获取原始科学数据约1 600 GB。科学研究团队利用我国获取的一手科学探测数据,形成了一批原创性成果,发现了晚西方纪(距今约30亿年)以来着陆区发生的风沙活动、水活动的新证据。天问一号在国际上首次通过一次飞行任务实现火星"环绕、着陆、巡视"的三步跨越,这使国内行星科学大气探测研究取得显著进步,成功开启了我国行星大气探测的新征程。

天问一号环绕器在国外探测器探测目标的基础上,着眼于火星全球性和综合性探测,配置7台有效载荷,可对火星形貌与地质构造特征、火星表面土壤特征与水冰分布、火星表面物质组成、火星大气电离层及表面气候与环境特征、火星的电磁场和重力场以及内部结构等方面进行探测。有效载荷包括中分辨率相机(Moderate Resolution Imaging Camera, MoRIC)用于绘制火星全球遥感影像图,进行火星地形地貌及其变化的探测,包括火星表面成像、火星地质构造和地形地貌研究。高分辨率相机(High Resolution Imaging Camera, HiRIC)用于获取火星表面重点区域精细观测图像,开展火星表面地形地貌和地质构造研究,探测精度可达200 m/像素,近火点地面分辨率与国际最高分辨率的美国HiRISE相机量级相当,达到世界领先水平。火星环绕器次表层探测雷达(Mars Orbiter Scientific Investigation Radar, MOSIR)用于开展火星次表层结构和地下水冰的探测,火星表面地形研究以及行星际甚低频射电频谱研究。火星矿物光谱分析仪(Mars Mineralogical Spectrometer, MMS)用于获取火星表面可见和红外高分辨率反射光谱,分析火星矿物组成与资源分布,研究火星整体化学成分与化学演化历史。火星磁强计(Mars Orbiter Magnetometer, MOMAG)用于探测火星空间磁场环境,研究火星电离层及磁鞘与太阳风磁场相互作用机制。火星离子和中性粒子分析仪(Mars Ion and Neutral Particle Analyzer, MINPA)用于对火星等离子体中的粒子特性进行研究,了解火星大气的逃逸,研究太阳风和火星大气相互作用、火星激波附近中性粒子加速机制。火星能量粒子分析仪(Mars Energetic Particles Analyzer, MEPA)用于研究近火星空间环境和地火转移轨道能量粒子的能谱、元素成分和通量的特征及其变化规律,绘制火星全球和地火转移轨道不同种类能量粒子辐射的空间分布。火星表面成分探测仪(Mars Surface Composition Detector, MarSCoDe)包括激光诱导击穿光谱仪(LIBS)、短波红外光谱显微成像仪(SWIR)和微成像相机。LIBS(240~850 nm)用于元素组成分析,SWIR(850~2 400 nm)用于矿物和岩石的分析和识别,微成像相机(900~1 000 nm)可以获得探测目标的高空间分辨率图像。多光谱相机(Multispectral Camera, MSCam)用于获取着陆区及巡视区多光谱图像、火星表面物质类型分布。导航地形相机(Navigation and Terrain Camera, NaTeCam)用于获取火星地形数据,包括坡度、起伏度、粗糙度等特征。火星车次表层探测雷达(Mars Rover Penetrating Radar, RoPeR)用于获取火星地表和次表层超宽带全极化回波数据,探测巡视区次表层结构,获取次表层地质结构数据。火星表面磁场探测仪(Mars Rover Magnetometer, RoMAG)用于检测火星表面磁场、火星磁场指数以及火星电离层中的电流,并可与环绕器配合,探测火星空间磁场,反演火星电离层发电机电流,研究火星电离层电导率等特性。火星气象测量仪(Mars Climate Station, MCS)是天问一号的主要科学有效载荷之一,由四个测量传感器组成,收集火星表面环境特征,如温度、压力、风和声音。MCS 是未来火星表面地球物理气象站网络的一个良好原型。

火星环绕器获取了覆盖火星全球的中分辨率影像数据。利用这些影像数据,我国的科研人员目前正在绘制国际先进的高分辨率火星彩色全球影像图。在环火扩展任务期间,火星环绕器实施了火卫一成像探测,获取了中国首幅火卫一图像。2021 年 9 月下旬至 10 月中旬,太阳位于火星与地球之间,火星环绕器经历了“日凌”期考验,环绕器与地球之间的无线电通信受到太阳的干扰而失去联系。科学研究者利用火星日凌期间的通信信号工程数据,获得了太阳临日空间日冕等离子体抛射速度、冕流波等细节结构和初生高速太阳风流等研究成果。Jiang 等[110]用祝融号在乌托邦平原南端的前半年的气象采样数据介绍了初步结果,是在这一地区的首次原位气候测量,MCS 数据为火星表面的温度、气压和风场提供了直接的证据。在 Ls = 50° ~ 208°的任务期间,地表气压有一个显著的季节性趋势,它在观测开始时达到峰值 848.25 Pa,而在 Ls = 150°时达到最小 677.70 Pa,对应第 213 个火星日。祝融号着陆点的平均地表气压的演变表现出与 NASA 的洞察号(InSight)任务相似的趋势。对于不同季节的气压变化,祝融号记录的结果与毅力号相似,但比 InSight 9 号的气压低约 40 Pa,这可能是由于祝融号和毅力号有相似的纬度,而洞察号则降落在赤道附近的地方,纬度和压力范围之间是有关联的。就温度的分布来看,大气温度在 Ls = 160°和 Ls = 200°之间波动,在 Ls = 160°和 Ls = 180°时下降,温度波动很可能是因为沙尘暴的发生而引起的。根据好奇号漫游车收集的 1 600 个火星日的结果,温度在 Ls = 180°左右达到高峰,这与基于 MCS 的研究结果有差异。另外,空气温度的测量受到不同因素的影响,当风和对流强烈时,向传感器传递的平流热量占主导地位。相反,当风速较低时,辐射效应起着更重要的作用,这些扰动可能高达 10~15 K。通过对风场的分析，得出了一个季节性风向变化的结论：即在北半球春季和夏季晨间的大部分时间以南风为主。北半球夏至前后的风很强，新月形地貌的形成与风有一定的关联。

迄今为止，祝融号探测器仍在执行其持续的任务，不断收集环境数据并提供观察的细节。这不可避免地拓宽了我们的火星知识，有助于发现人类探索的更多可能性。我们期待着祝融号的持续高质量观测，通过它来完成更多的科学设想。

3.3.2.10 ExoMars 2022

欧俄联合开展的 ExoMars 2022 火星探测器原计划于 2022 年 9 月发射升空，受俄乌冲突等因素的影响，2022 年 7 月，欧洲航天局宣布正式终止与俄罗斯合作该项任务。由于需要更换俄罗斯制造的着陆平台，目前来看，火星探测器发射升空可能要推迟到 2028 年。ExoMars 原计划的第二个任务将把一个欧洲漫游者 Rosalind Franklin 和一个俄罗斯地面平台 Kazachok 送到火星表面。将使用质子号火箭发射该任务，经过九个月的旅程后到达火星。ExoMars 探测器将穿越火星表面，旨在寻找火星表面 2 m 以下的生命迹象。它将用一个钻头收集样本，并用下一代仪器对其进行分析。ExoMars 将是第一个结合穿越火星表面和深入研究火星的能力的任务。

由欧空局开发的 ExoMars 漫游者提供了关键的任务能力：表面移动性、地下钻探和自动样品收集、处理和分配给仪器。它承载了一套专门用于火星天体生物学发现和地球化学研究的分析仪器——巴斯德有效载荷。Rosalind Franklin 的地下取样装置将自主地钻到所需的深度（最大 2 m），同时调查井壁矿物学，并收集少量样品。这个样品将被送到位于飞行器中心的分析实验室。实验室里有四个不同的仪器和几个支持机制。样品将被粉碎成细小的粉末。通过一个计量站，粉末将被提交给其他仪器，进行详细的化学、物理和光谱分析。

该任务计划携带的仪器包括：全景相机（Panoramic Camera, PanCam），进行火星的数字地形测绘；ExoMars 红外光谱仪（Infrared Spectrometer for ExoMars, ISEM），评估表面目标的矿物学组成；火星上的水冰和地表下的沉积物观察（Water Ice and Subsurface Deposit Observation on Mars, WISDOM），来描述火星车下的地层特征；阿德隆（Adron），寻找地下水和水合矿物。WISDOM 将与阿德隆一起使用，它可以提供关于地下水含量的信息，寻找合适的区域进行钻探和样品采集。用于地表下研究的火星多光谱成像器（Mars Multispectral Imager for Subsurface Studies, MaMISS）位于钻头内部，将有助于研究火星矿物学和岩石形成。MicrOmega 影像系统是用于火星样本矿物学研究的可见光加红外成像光谱仪。拉曼光谱仪(Raman Spectrometer, RS)用于确定矿物学成分和识别有机颜料。火星有机分子分析器(Mars Organic Molecule Analyser, MOMA),将以生物标志物为目标,回答与火星上生命的潜在起源、进化和分布有关的问题。

3.3.3 登陆器和漫游器

20 世纪 90 年代,人类首次尝试登陆火星取得了巨大成功。火星探路者号在阿瑞斯谷(Ares Vallis)成功着陆,其使用充气气囊来缓冲航天器撞击。这种方法后来被用于 2004 年火星探险漫游者的着陆。2008 年,凤凰号在火星极地地区成功登陆。欧空局在 2003 年底首次尝试在火星上着陆,但以失败告终。表 3 - 2 列出了欧美国家近年来成功发射的火星登陆器和漫游器。

表 3 - 2 火星登陆器和漫游器

任 务	类 型	发射时间	研 发 机 构
火星探路者 Mars Pathfinder, MPF	着陆器	1996/12/4	美国国家航空航天局
火星探测漫游者 Mars Exploration Rovers, MER 勇气号,Spirit 机遇号,Opportunity	巡视器	2003/6/10 2003/7/8	美国国家航空航天局
火星凤凰号着陆器 Mars Phoenix Lander, MPL	着陆器	2007/8/4	美国国家航空航天局
火星科学实验室 Mars Science Laboratory, MSL	巡视器	2011/11/26	美国国家航空航天局
洞察号,InSight	着陆器	2018/5/5	美国国家航空航天局
毅力号,Perseverance	巡视器	2020/7/30	美国国家航空航天局

3.3.3.1 火星探路者(Mars Pathfinder, MPF)

1997 年,火星探路者在火星表面着陆,对火星表面进行了影像和化学成分调查。由于没有运行的轨道器作为中继,数据返回受到限制。火星探路者的成像器(Imager for Mars Pathfinder, IMP)是一个立体摄像系统,其分辨率与海盗号着陆器相似,但信噪比更高。Johnson 等从天空成像数据中推断了沙尘特性[111],地表气压数据显示了全日、半日潮汐特征[112],尘暴通过气压、风和温度特征[112]和一些图像[113]来识别。Landis 和 Jenkins 测量了沙尘在太阳能电池板上的沉积率[114]。沙尘沉降速率小于尘暴源速率,表明该地区是沙尘的净源[115]。

3.3.3.2 火星探测漫游者(Mars Exploration Rovers, MER)

2004年1月,火星探测漫游者任务的勇气号(Spirit)和机遇号(Opportunity)火星车成功着陆。其气象学目标是提供边界层的高垂直分辨率温度曲线,测量灰尘和冰气溶胶的光学深度,并通过成像确定气溶胶的特性。勇气号首先在古谢夫(Gusev Crater)陨石坑着陆,运行了2 209个火星日。机遇号在子午线平原(Meridiani Planum)着陆,在第五个火星年的Ls=180°仍在运行,测量数据覆盖了4 000多个太阳日,因此获得了足够的大气不透明度的数据,并首次测量了火星表面的空气温度。两台火星探测车的Mini-TES仪器收集了火星表面的光谱数据。Mini-TES成功地测量了低边界层的大气温度廓线,其垂直分辨率从不足100 m到约1 km[48]。湍流对流发生在整个最低层,地表以上约1 m处的温度波动为15~20 K, 100 m处的温度波动为5 K。湍流对流一直持续到下午,此时地表温度比近地表大气低,对流停止,近地标温度梯度翻转。逆温层在整个夜间增长,达到至少1 km的深度,然后在早晨再次迅速逆转[116]。

3.3.3.3 凤凰号(Phoenix)

2008年5月,火星凤凰号着陆器(Mars Phoenix Lander, MPL)在火星68.2°N, 234.3°E的北极地区成功着陆,从Ls=77°运行至Ls=148°,其中一个重要的目标是研究火星北极地区的天气。凤凰号携带了一个气象站来测量不同高度的空气温度、压力和风。这是人类历史上第一次关于气候演变的火星极地探测。凤凰号上的表面立体成像仪(Surface Stereo Imager, SSI)与火星探路者的成像器非常相似。通过成像和其压力特征检测到沙尘暴,并确定了着陆点附近的水冰云的特征[117]。在任务后期,还看到了霜[118]和雾[117]。SSI观测到的地表霜与从轨道上观测到的着陆点附近冰的出现有季节性关联[119]。

凤凰号上的光探测和测距仪(Light Detection and Ranging, LIDAR)提供了对火星边界层内云的观测数据。激光雷达观测到沙尘在大气层底部4 km处混合良好,并在夏至附近达到高峰。在夏至之后,激光雷达显示出有规律的昼夜模式,云在午夜左右形成,在中午之前消散。最早的云层很薄,发生在10 km以上的高度。到Ls=113°时,在行星边界层内已经建立云的形成和消散的规律模式。在任务的后半段,云层的形成时间没有变化,如果水含量的减少仅限于行星边界层,这与预期的大气冷却是一致的。

凤凰号任务使用Barocap传感器测量了Ls=80°~151°的局部气压。Haberle和Kahre对来自海盗号和凤凰号的气压数据进行了海程和动力学方面的修正[120]，并发现大气中的 CO_2在两次任务之间似乎有所增加，这与南半球残余极盖的质量正在减少的结果一致[121]。凤凰号配备了一个机械臂，可以在土壤中挖掘到水冰层[122]。冰层深度与大气中的平均水汽扩散平衡一致[123]。在土壤中发现的高氯酸盐[124]可能是通过氯气挥发物的气相氧化产生的[125]。

3.3.3.4　火星科学实验室(Mars Science Laboratory, MSL)

2011 年 11 月 26 日，以核动力为动力的火星科学实验室(Mars Science Laboratory, MSL)好奇号发射，携带了更复杂和更有能力的科学有效载荷，并于 2012 年 8 月 6 日在火星的盖尔(Gale)环形山(4.5°S，137.4°E)着陆 。实现了人类首次对火星大气的近距离测量研究，其上携带了嵌入式大气数据传感系统，即火星进入大气数据系统，开启了好奇号漫游车持续至今的火星探索之路，研究火星大气环境及长期演变，并确定水和 CO_2循环的现状，是这项任务的主要目标。根据在盖尔环形山附近的测量，提出了全面的昼夜和季节性地表风特征，并提出火星表面风的特征与一天中的时间和季节的关系，增加了对火星表面条件的了解，并协助规划未来任务。

火星样品分析仪(Sample Analysis at Mars, SAM)套件包括一个四极杆质谱仪、一个可调谐激光光谱仪和一个六柱气相色谱仪，提供样品的补充信息。对非放射性氩同位素比例的精确测量为火星陨石的火星起源提供了强有力的支持，并表明自形成以来大气的大量流失[126]。SAM 质谱仪测量的氩和氮丰度[127]与海盗号测量的不同。由于氩和氮的惰性，没有提出可以解释这种变化的明显的气候机制。SAM 还提供了对局地 CO、O_2以及 Ar 和 N_2丰度的精确测量结果[128]。

在 MSL 任务的第一个火星年里，SAM 可调谐激光光谱仪已经被用来获得甲烷浓度的测量。测量到的 0.7 ppb($1\ ppb = 10^{-9}$)的背景水平与光化学模型结果一致。然而，在 60 个火星日的周期里，甲烷的浓度明显增加到 7 ppb，这表明存在额外的局部和间歇性的甲烷来源[37]。

漫游者环境监测站(Rover Environmental Monitoring Station, REMS)对局地相对湿度和地表压力进行了测量。湿度测量表明，相对于周围地区，盖尔环形山内的大气条件比较干燥[129]，地表压力变化表明火山口地形对热力潮汐的影响[130]。大气层成像研究也监测了盖尔火山口内独特的云和沙尘特征[131]。在一年的大部分时间里，大气层与外界的沙尘几乎没有混合，这表明盖尔环形山是一个沙尘汇[132]。正如中尺度模型所预测的那样，在 Ls = 270° ~ 290°之间确实会发生混合。这些观察结果与 REMS 的测量结果一致，即边界层被限制在火山口边缘深度以下[133]。

3.3.3.5 洞察号(InSight)

2018 年 5 月 5 日,美国发射洞察号火星无人着陆探测器,于 11 月在火星成功着陆,是首个研究火星内部的探测任务。其利用地震调查、大地测量和热传输进行火星内部探索,旨在了解火星内核大小、成分和物理状态、地质构造以及火星内部温度、地震活动等情况。以前所未有的连续性、准确性和采样频率测量了火星的大气,对大规模的大气现象、昼夜变化和湍流研究进行了详细分析[134]。结果显示,在洞察号工作的 220 个火星日期间,压力传感器检测到了与对流涡旋相对应的气压下降为千分之一。对获取的数据研究发现,火星地壳,至少在洞察号的近赤道着陆点,由两个不同的层组成:一个约 10 km 厚的顶层,还有一个约 40 km 厚的深层。此外,洞察号发现火星的核心比科学家预期的要大得多,这一发现也意味着核心包含比科学家想象的更多的轻质元素,特别是更多的硫,也许多达 15% 到 20%。由于火星尘埃的持续积聚,太阳能电池板的发电量一直在减少,NASA 在 2022 年 12 月 21 日宣布,洞察号在对火星进行长达 4 年多的科学探测之后,任务正式终结。

3.3.3.6 毅力号(Perseverance)

2020 年 7 月 30 日,美国国家航空航天局的火星 2020 任务发射,在近 7 个月的火星旅行后,毅力号火星车于 2021 年 2 月 19 日成功降落在火星表面杰泽罗陨石坑(77.5° E, 18.4° N)。漫游车被设计用来在火星表面行驶并收集表面材料的样本,以便在后续任务中可能返回地球。过去美国已经在火星上成功着陆过探测车机遇号、好奇号,机遇号因为沙尘暴遮挡了太阳光,缺少能量来源而失联,为此从好奇号起,NASA 就启用了核能。毅力号跟好奇号一样,是由 10.6 lb(约 4.81 kg)的放射性元素钚提供动力,其衰变产生的热量将为探测车的锂电池充电,以此确保电能的持续供应。

桅杆相机变焦(Mast Camera Zoom, Mastcam-Z)是毅力号上的一个多光谱、立体调查载荷。由一对可调焦、4∶1 变焦的相机组成,提供宽带红/绿/蓝和窄带 400~1 000 nm 的彩色成像,视场从 25.6°×19.2°到 6.2°×4.6°。这些相机可以在 2 m 处分辨出约 0.7 mm 的特征,在 100 m 处分辨出约 3.3 cm 的特征。Mastcam-Z 沿着火星耶泽罗陨击坑(Jezero Crater)的漫游路线提供了高分辨率的立体和多光谱图像,具有独特的空间分辨率。Bell 等报告了 Mastcam-Z 在运行的第一个地球年进行的地质观测,图像显示了与火成岩(包括火山和火山碎屑岩)或撞击岩的起源一致的岩石,包括具有风化涂层的多边形断裂的岩石,由黑硅酸盐、铁氧化物和/或含铁变质矿物组成的大量巨石形成的基岩,以及以橄榄石为主的粗大层状露头[135]。太阳和大气成像观测显示了尘埃光学深度和水冰云的显著变化。高分辨率的立体成像也为漫游车的运行、其他仪器的观测以及样品的选择、定性和确认提供了地质学背景。毅力号火星车配备了新一代工程相机成像系统(Next-generation Engineering Camera Imaging System),共由16台相机组成,与以前的火星车任务相比有了升级。这些升级将提高火星车的操作能力,重点是驱动计划、机械臂操作、仪器操作、样品缓存活动,以及记录进入、下降和着陆期间的关键事件。

3.4　本章小结

本章简要介绍了火星大气探测历史,我们按照时间线将火星探测任务划分为四个阶段,前两阶段的数次探测开启了人类的火星大气探测之旅,从第三阶段开始进入了火星大气的连续探测历程。具体来说,第一阶段在1964~1975年,其间有几个航天器访问了火星;第二阶段的探测任务开始于20世纪70年代,也是真正的火星在轨观测的开端;第三阶段以火星环球勘测者为标志,开启了较为完整的火星大气观测;火星大气探测的第四阶段以2014年发射的MAVEN号为标志,从此开展专门的系统性火星大气观测活动。我们从三个方面讲述了火星大气的连续探测,分别是地基光谱观测、轨道遥感观测以及来自登陆器和漫游器的原位观测。

18世纪天文望远镜被用于探索火星之后,人类开始用科学仪器对火星进行观测研究,开始逐渐了解火星的大气变化和地貌等特征。20世纪90年代开始进入较为完整的火星大气连续探测阶段,特别是对于火星热层有了较深的认识。在过去的几十年里,在了解火星大气方面取得了长足的进步,但在数据方面仍然存在着差距。目前的观测无论在时间还是空间覆盖上都不理想,缺乏季节跨度长、时间跨度长以及纬度覆盖宽的数据,尤其缺乏对高纬度地区的高层大气观测,需要新一代的遥感仪器来填补。近年来,各国相继发布火星探测任务,掀起了火星探测的新高潮,火星成为深空探测的主要目标。2020年7月,我国首次火星探测任务天问一号由长征五号运载火箭发射升空,分步完成“环绕、着陆、巡视”三大任务,对火星表面重点地区进行巡视勘查,获取火星探测科学数据。2021年2月5日,在距离火星约220万km处获取的首幅火星图像;10日,天问一号火星探测器顺利实施近火制动,完成火星捕获,正式踏入环火轨道。2021 年 2 月,阿联酋的首个火星探测器希望号进入火星轨道,采用环绕方式探测火星大气和环境。2020 年 7 月美国毅力号探测器发射,并于 2021 年 2 月着陆火星,用来探测杰泽罗陨石坑附近的火星表面。这些火星探测任务的相继实施,将会为人们研究火星提供更加连续、更加精细以及覆盖范围更全面的探测数据,对于提高人们对火星的认识有重大意义。

参考文献

[1] HERSCHEL W. On the remarkable appearances at the polar regions of the planet Mars, and its spheroidical figure; with a few hints relating to its real diameter and atmosphere [J]. Philosophical Transactions of the Royal Society of London, 1784, 1784(74): 233-273.

[2] MARTIN L J. 1973 dust storm on Mars: Maps from hourly photographs [J]. Icarus, 1976, 29(3): 363-380.

[3] KUIPER G P. Visual observations of Mars, 1956 [J]. The Astrophysical Journal, 1957, 125: 307.

[4] KUIPER G P. The atmospheres of the earth and planets [J]. The Journal of Geology, 1952, 58(1): 87-88.

[5] KAPLAN L D, MÜNCH G, SPINRAD H. An analysis of the spectrum of Mars [J]. The Astrophysical Journal, 1964, 139(1): 1-15.

[6] SPINRAD H, MÜNCH G, KAPLAN L D. The detection of water vapor on Mars [J]. The Astrophysical Journal, 1963, 137: 1319-1321.

[7] FJELDBO G, FJELDBO W C, ESHLEMAN V R J. Models for the atmosphere of Mars based on the Mariner 4 occultation experiment [J]. Journal of Geophysical Research, 1966, 71(9): 2307-2316.

[8] KLIORE A J, CAIN D L, FJELDBO G, et al. The atmosphere of Mars from Mariner 9 radio occultation measurements [J]. Icarus, 1972, 17(2): 484-516.

[9] LEOVY C, BRIGGS G, YOUNG A, et al. The Martian atmosphere: Mariner 9 television experiment progress report [J]. Icarus, 1972, 17(2): 373-393.

[10] PIRRAGLIA J A, CONRATH B J. Martian tidal pressure and wind fields obtained from the Mariner 9 infrared spectroscopy experiment [J]. Journal of Atmospheric Sciences, 1973, 31(2): 318-329.

[11] CURRAN R J, CONRATH B J, HANEL R A, et al. Mars: Mariner 9 spectroscopic evidence for H_2O ice clouds [J]. Science, 1973, 182(4110): 381-383.

[12] AVDUEVSKII V, AKIM É, ALESHIN V, et al. Martian atmosphere in the vicinity of the

landing site of thedescent vehicle Mars-6 (preliminary results) [J]. Cosmic Research, 1975, 13(1): 18-27.

[13] WITHERS P. A review of observed variability in the dayside ionosphere of Mars [J]. Advances in Space Research, 2009, 44(3): 277-307.

[14] BRIGGS G, BAUM W, BARNES J. Viking Orbiter imaging observations of dust in the Martian atmosphere [J]. Journal of Geophysical Research: Solid Earth, 1979, 84(B6): 2795-2820.

[15] KIEFFER H H, MARTIN T, PETERFREUND A R, et al. Thermal and albedo mapping of Mars during the Viking primary mission [J]. Journal of Geophysical Research, 1977, 82(28): 4249-4291.

[16] CHRISTENSEN P R, ZUREK R W. Martian north polar hazes and surface ice: Results from the Viking survey/completion mission [J]. Journal of Geophysical Research: Solid Earth, 1984, 89(B6): 4587-4596.

[17] KIEFFER H H, CHASE JR S C, MARTIN T Z, et al. Martian north pole summer temperatures: Dirty water ice [J]. Science, 1976, 194(4271): 1341-1344.

[18] KIEFFER H H. Mars south polar spring and summer temperatures: A residual CO_2 frost [J]. Journal of Geophysical Research: Solid Earth, 1979, 84(B14): 8263-8288.

[19] JAKOSKY B M, FARMER C B. The seasonal and global behavior of water vapor in the Mars atmosphere: Complete global results of the Viking atmospheric water detector experiment [J]. Journal of Geophysical Research: Solid Earth, 1982, 87(B4): 2999-3019.

[20] FARMER C, DOMS P. Global seasonal variation of water vapor on Mars and the implications for permafrost [J]. Journal of Geophysical Research: Solid Earth, 1979, 84(B6): 2881-2888.

[21] OWEN T, BIEMANN K. Composition of the atmosphere at the surface of Mars: Detection of argon-36 and preliminary analysis [J]. Science, 1976, 193(4255): 801-803.

[22] ZUREK R, LEOVY C. Thermal tides in the dusty Martian atmosphere: A verification of theory [J]. Science, 1981, 213(4506): 437-439.

[23] JAMES P B, BELL III J F, CLANCY R T, et al. Global imaging of Mars by Hubble Space Telescope during the 1995 opposition [J]. Journal of Geophysical Research: Planets, 1996, 101(E8): 18883-18890.

[24] CLANCY R, GROSSMAN A, WOLFF M, et al. Water vapor saturation at low altitudes around Mars aphelion: A key to Mars climate? [J]. Icarus, 1996, 122(1): 36-62.

[25] KAPLAN L D, CONNES J, CONNES P. Carbon monoxide in the Martian atmosphere [J]. The Astrophysical Journal, 1969, 157: 187-189.

[26] BELTON M J, HUNTEN D M. A search for O_2 on Mars and Venus: A possible detection of oxygen in the atmosphere of Mars [J]. The Astrophysical Journal, 1968, 153: 963.

[27] BARKER E S. Detection of molecular oxygen in the Martian atmosphere [J]. Nature, 1972, 238(5365): 447 - 448.

[28] BARTH C A, HORD C W, STEWART A I, et al. Mariner 9 ultraviolet spectrometer experiment: Seasonal variation of ozone on Mars [J]. Science, 1973, 179(4075): 795 - 796.

[29] CLANCY R T, WOLFF M J, JAMES P B. Minimal aerosol loading and global increases in atmospheric ozone during the 1996 - 1997 Martian northern spring season [J]. Icarus, 1999, 138(1): 49 - 63.

[30] ESPENAK F, MUMMA M J, KOSTIUK T, et al. Ground-based infrared measurements of the global distribution of ozone in the atmosphere of Mars [J]. Icarus, 1991, 92(2): 252 - 262.

[31] FAST K, KOSTIUK T, ESPENAK F, et al. Ozone abundance on Mars from infrared heterodyne spectra: I. Acquisition, retrieval, and anticorrelation with water vapor [J]. Icarus, 2006, 181(2): 419 - 431.

[32] CLANCY R, NAIR H. Annual (perihelion-aphelion) cycles in the photochemical behavior of the global Mars atmosphere [J]. Journal of Geophysical Research: Planets, 1996, 101 (E5): 12785 - 12790.

[33] LEFÈVRE F, BERTAUX J-L, CLANCY R T, et al. Heterogeneous chemistry in the atmosphere of Mars [J]. Nature, 2008, 454(7207): 971 - 975.

[34] KRASNOPOLSKY V A, FELDMAN P D. Detection of molecular hydrogen in the atmosphere of Mars [J]. Science, 2001, 294(5548): 1914 - 1917.

[35] MUMMA M J, VILLANUEVA G L, NOVAK R E, et al. Strong release of methane on Mars in northern summer 2003 [J]. Science, 2009, 323(5917): 1041 - 1045.

[36] ZAHNLE K, FREEDMAN R S, CATLING D C. Is there methane on Mars? [J]. Icarus, 2011, 212(2): 493 - 503.

[37] WEBSTER C R, MAHAFFY P R, ATREYA S K, et al. Mars methane detection and variability at Gale crater [J]. Science, 2015, 347(6220): 415 - 417.

[38] CANTOR B, JAMES P, CAPLINGER M, et al. Martian dust storms: 1999 MOC observations [C].Reykjavik: Second International Conference on Mars Polar Science and Exploration, 2000.

[39] CANTOR B A. MOC observations of the 2001 Mars planet-encircling dust storm [J]. Icarus, 2007, 186(1): 60 - 96.

[40] WANG H, INGERSOLL A P. Martian clouds observed by Mars global surveyor Mars Orbiter Camera [J]. Journal of Geophysical Research: Planets, 2002, 107(E10): 8 - 1 - 8 - 16.

[41] BENSON J L, JAMES P B, CANTOR B A, et al. Interannual variability of water ice clouds over major Martian volcanoes observed by MOC [J]. Icarus, 2006, 184(2): 365 - 371.

[42] CLANCY R T, WOLFF M J, WHITNEY B A, et al. Mars equatorial mesospheric clouds: Global occurrence and physical properties from Mars Global Surveyor Thermal Emission Spectrometer and Mars Orbiter Camera limb observations [J]. Journal of Geophysical Research: Planets, 2007, 112(E4): E04004.

[43] CHRISTENSEN P R, ANDERSON D L, CHASE S C, et al. Thermal Emission Spectrometer experiment: Mars Observer mission [J]. Journal of Geophysical Research: Planets, 1992, 97(E5): 7719 - 7734.

[44] PEARL J C, SMITH M D, CONRATH B J, et al. Observations of martian ice clouds by the Mars Global Surveyor Thermal Emission Spectrometer: The first martian year [J]. Journal of Geophysical Research: Planets, 2001, 106(E6): 12325 - 12338.

[45] SMITH D, EACK K, HARLIN J, et al. The Los Alamos Sferic Array: A research tool for lightning investigations [J]. Journal of Geophysical Research: Atmospheres, 2002, 107 (D13): ACL 5 - 1 - ACL 5 - 14.

[46] SMITH M D. Spacecraft observations of the Martian atmosphere [J]. Annual Review of Earth and Planetary Sciences, 2008, 36: 191 - 219.

[47] SMITH D E, ZUBER M T, FREY H V, et al. Mars Orbiter Laser Altimeter: Experiment summary after the first year of global mapping of Mars [J]. Journal of Geophysical Research: Planets, 2001, 106(E10): 23689 - 23722.

[48] SMITH M D. Interannual variability in TES atmospheric observations of Mars during 1999 - 2003 [J]. Icarus, 2004, 167(1): 148 - 165.

[49] NEUMANN G A, SMITH D E, ZUBER M T. Two Mars years of clouds detected by the Mars Orbiter Laser Altimeter [J]. Journal of Geophysical Research: Planets, 2003, 108 (E4): 5023.

[50] TRACADAS P W, ZUBER M T, SMITH D E, et al. Density structure of the upper thermosphere of Mars from measurements of air drag on the Mars Global Surveyor spacecraft [J]. Journal of Geophysical Research: Planets, 2001, 106(E10): 23349 - 23357.

[51] ANDO H, IMAMURA T, TSUDA T. Vertical wavenumber spectra of gravity waves in the Martian atmosphere obtained from Mars Global Surveyor radio occultation data [J]. Journal of the Atmospheric Sciences, 2012, 69(9): 2906 - 2912.

[52] TELLMANN S, PÄTZOLD M, HÄUSLER B, et al. The structure of Mars lower atmosphere from Mars Express Radio Science (MaRS) occultation measurements [J]. Journal of Geophysical Research: Planets, 2013, 118(2): 306 - 320.

[53] CREASEY J E, FORBES J M, HINSON D P. Global and seasonal distribution of gravity wave activity in Mars' lower atmosphere derived from MGS radio occultation data [J]. Geophysical Research Letters, 2006, 33(1): L01803.

[54] TOLSON R H, KEATING G M, CANCRO G, et al. Application of Accelerometer data to

Mars Global Surveyor aerobraking operations [J]. Journal of Spacecraft Rockets, 1999, 36(3): 323-329.

[55] WITHERS P, BOUGHER S W, KEATING G M. The effects of topographically-controlled thermal tides in the Martian upper atmosphere as seen by the MGS Accelerometer [J]. Icarus, 2003, 164(1): 14-32.

[56] BAIRD D T, TOLSON R H, BOUGHER S W, et al. Zonal wind calculations from Mars Global Surveyor Accelerometer and rate data [J]. Journal of Spacecraft Rockets, 2007, 44(6): 1180-1187.

[57] MOUDDEN Y, FORBES J. A new interpretation of Mars aerobraking variability: Planetary wave-tide interactions [J]. Journal of Geophysical Research: Planets, 2010, 115(E9): E09005.

[58] ENGLAND S L, LIU G, WITHERS P, et al. Simultaneous observations of atmospheric tides from combined in situ and remote observations at Mars from the MAVEN spacecraft [J]. Journal of Geophysical Research: Planets, 2016, 121(4): 594-607.

[59] FRITTS D C, WANG L, TOLSON R H. Mean and gravity wave structures and variability in the Mars upper atmosphere inferred from Mars Global Surveyor and Mars Odyssey aerobraking densities [J]. Journal of Geophysical Research: Space Physics, 2006, 111 (A12): A12304.

[60] CREASEY J E, FORBES J M, KEATING G M. Density variability at scales typical of gravity waves observed in Mars' thermosphere by the MGS Accelerometer [J]. Geophysical Research Letters, 2006a, 33(22): L22814.

[61] TOLSON R H, KEATING G M, ZUREK R W, et al. Application of acclerometer data to atmospheric modeling during Mars aerobraking operations [J]. Journal of Spacecraft Rockets, 2007, 44(6): 1172-1179.

[62] LILLIS R J, BOUGHER S W, GONZÁLEZ-GALINDO F, et al. Four Martian years of nightside upper thermospheric mass densities derived from electron reflectometry: Method extension and comparison with GCM simulations [J]. Journal of Geophysical Research: Planets, 2010, 115(E7): E07014.

[63] MITCHELL D, LIN R, MAZELLE C, et al. Probing Mars' crustal magnetic field and ionosphere with the MGS Electron Reflectometer [J]. Journal of Geophysical Research: Planets, 2001, 106(E10): 23419-23427.

[64] CHRISTENSEN P R, JAKOSKY B M, KIEFFER H H, et al. The thermal emission imaging system (THEMIS) for the Mars 2001 Odyssey Mission [J]. Space Science Reviews, 2004, 110: 85-130.

[65] SMITH P H, TAMPPARI L, ARVIDSON R, et al. H_2O at the Phoenix landing site [J]. Science, 2009, 325(5936): 58-61.

[66] INADA A, RICHARDSON M I, MCCONNOCHIE T H, et al. High-resolution atmospheric observations by the Mars Odyssey thermal emission imaging system [J]. Icarus, 2007, 192(2): 378-395.

[67] FELDMAN W, HEAD J, MAURICE S, et al. Recharge mechanism of near-equatorial hydrogen on Mars: Atmospheric redistribution or sub-surface aquifer [J]. Geophysical Research Letters, 2004, 31(18): L18701.

[68] FELDMAN W, PRETTYMAN T, BOYNTON W, et al. CO_2 frost cap thickness on Mars during northern winter and spring [J]. Journal of Geophysical Research: Planets, 2003, 108(E9): 5103.

[69] SPRAGUE A, BOYNTON W, KERRY K, et al. Mars' south polar Ar enhancement: A tracer for south polar seasonal meridional mixing [J]. Science, 2004, 306(5700): 1364-1367.

[70] WITHERS P. Mars Global Surveyor and Mars Odyssey Accelerometer observations of the Martian upper atmosphere during aerobraking [J]. Geophysical Research Letters, 2006, 33(2): L02201.

[71] TOLSON R, DWYER A, HANNA J, et al. Application of Accelerometer data to Mars Odyssey aerobraking and atmospheric modeling [J]. Journal of Spacecraft Rockets, 2005, 42(3): 435-443.

[72] MAZARICO E, ZUBER M T, LEMOINE F G, et al. Atmospheric density during the aerobraking of Mars Odyssey from radio tracking data [J]. Journal of Spacecraft Rockets, 2007, 44(6): 1165-1171.

[73] BIBRING J-P, LANGEVIN Y, GENDRIN A, et al. Mars surface diversity as revealed by the OMEGA/Mars Express observations [J]. Science, 2005, 307(5715): 1576-1581.

[74] ENCRENAZ T, FOUCHET T, MELCHIORRI R, et al. Seasonal variations of the martian CO over Hellas as observed by OMEGA/Mars Express [J]. Astronomy Astrophysics, 2006, 459(1): 265-270.

[75] LANGEVIN Y, BIBRING J P, MONTMESSIN F, et al. Observations of the south seasonal cap of Mars during recession in 2004-2006 by the OMEGA visible/near-infrared imaging spectrometer on board Mars Express [J]. Journal of Geophysical Research: Planets, 2007, 112(E8): E08S12.

[76] FORMISANO V, ANGRILLI F, ARNOLD G, et al. The Planetary Fourier Spectrometer (PFS) onboard the European Mars Express mission [J]. Planetary Space Science, 2005, 53(10): 963-974.

[77] FOUCHET T, LELLOUCH E, IGNATIEV N I, et al. Martian water vapor: Mars Express PFS/LW observations [J]. Icarus, 2007, 190(1): 32-49.

[78] BERTAUX J-L, FONTEYN D, KORABLEV O, et al. The study of the Martian atmosphere

from top to bottom with SPICAM light on Mars Express [J]. Planetary, 2000, 48(12-14): 1303-1320.

[79] FORGET F, SPIGA A, DOLLA B, et al. Remote sensing of surface pressure on Mars with the Mars Express/OMEGA spectrometer: 1. Retrieval method [J]. Journal of Geophysical Research: Planets, 2007, 112(E8): E08S12.

[80] MCDUNN T, BOUGHER S, MURPHY J, et al. Simulating the density and thermal structure of the middle atmosphere (~80-130 km) of Mars using the MGCM-MTGCM: A comparison with MEX/SPICAM observations [J]. Icarus, 2010, 206(1): 5-17.

[81] QUÉMERAIS E, BERTAUX J-L, KORABLEV O, et al. Stellar occultations observed by SPICAM on Mars Express [J]. Journal of Geophysical Research: Planets, 2006, 111(E9): E09S04.

[82] FORGET F, MONTMESSIN F, BERTAUX J-L, et al. Density and temperatures of the upper Martian atmosphere measured by stellar occultations with Mars Express SPICAM [J]. Journal of Geophysical Research: Planets, 2009, 114(E1): E01004.

[83] MONTMESSIN F, QUÉMERAIS E, BERTAUX J-L, et al. Stellar occultations at UV wavelengths by the SPICAM instrument: Retrieval and analysis of Martian haze profiles [J]. Journal of Geophysical Research: Planets, 2006, 111(E9): E09S09.

[84] FEDOROVA A, KORABLEV O, BERTAUX J-L, et al. Solar infrared occultation observations by SPICAM experiment on Mars-Express: Simultaneous measurements of the vertical distributions of H_2O, CO_2 and aerosol [J]. Icarus, 2009, 200(1): 96-117.

[85] MALTAGLIATI L, MONTMESSIN F, FEDOROVA A, et al. Evidence of water vapor in excess of saturation in the atmosphere of Mars [J]. Science, 2011, 333(6051): 1868-1871.

[86] MALTAGLIATI L, MONTMESSIN F, KORABLEV O, et al. Annual survey of water vapor vertical distribution and water-aerosol coupling in the martian atmosphere observed by SPICAM/MEx solar occultations [J]. Icarus, 2013, 223(2): 942-962.

[87] WITHERS P, PRATT R, BERTAUX J-L, et al. Observations of thermal tides in the middle atmosphere of Mars by the SPICAM instrument [J]. Journal of Geophysical Research: Planets, 2011, 116(E11): E11005.

[88] BELL Ⅲ J F, WOLFF M J, MALIN M C, et al. Mars Reconnaissance Orbiter Mars Color Imager (MARCI): Instrument description, calibration, and performance [J]. Journal of Geophysical Research: Planets, 2009, 114(E8): E08S92.

[89] MALIN M C, CALVIN W M, CANTOR B A, et al. Climate, weather, and north polar observations from the Mars Reconnaissance Orbiter Mars Color Imager [J]. Icarus, 2008, 194(2): 501-512.

[90] MCCLEESE D, SCHOFIELD J, TAYLOR F, et al. Mars Climate Sounder: An investigation

of thermal and water vapor structure, dust and condensate distributions in the atmosphere, and energy balance of the polar regions [J]. Journal of Geophysical Research: Planets, 2007, 112(E5): 1-7.

[91] HINSON D, SMITH M, CONRATH B. Comparison of atmospheric temperatures obtained through infrared sounding and radio occultation by Mars Global Surveyor [J]. Journal of Geophysical Research: Planets, 2004, 109(E12): E12002.

[92] KLEINBÖHL A, SCHOFIELD J T, KASS D M, et al. Mars Climate Sounder limb profile retrieval of atmospheric temperature, pressure, and dust and water ice opacity [J]. Journal of Geophysical Research: Planets, 2009, 114(E10): E10006.

[93] MCCLEESE D, SCHOFIELD J, TAYLOR F, et al. Intense polar temperature inversion in the middle atmosphere on Mars [J]. Nature Geoscience, 2008, 1(11): 745-749.

[94] HEAVENS N, MCCLEESE D, RICHARDSON M, et al. Structure and dynamics of the Martian lower and middle atmosphere as observed by the Mars Climate Sounder: 2. Implications of the thermal structure and aerosol distributions for the mean meridional circulation [J]. Journal of Geophysical Research: Planets, 2011, 116(E1): E01010.

[95] HAYNE P O, PAIGE D A, SCHOFIELD J T, et al. Carbon dioxide snow clouds on Mars: South polar winter observations by the Mars Climate Sounder [J]. Journal of Geophysical Research: Planets, 2012, 117(E8): E08014.

[96] MAZARICO E, ZUBER M, LEMOINE F, et al. Observation of atmospheric tides in the Martian exosphere using Mars Reconnaissance Orbiter radio tracking data [J]. Geophysical Research Letters, 2008, 35(9): L09202.

[97] BHARDWAJ A, PRATIM DAS T, DHANYA M, et al. In-situ observation of Martian neutral exosphere: Results from MENCA aboard Indian Mars Orbiter Mission (MOM) [J]. 41st COSPAR Scientific Assembly, 2016, 41: C3. 2-8-16.

[98] DHANYA M, BHARDWAJ A, THAMPI S V, et al. MENCA/MOM observations of Martian dusk side thermosphere and exosphere [J]. 44th COSPAR Scientific Assembly, 2022, 44: 970.

[99] JAKOSKY B M, LIN R P, GREBOWSKY J M, et al. The Mars Atmosphere and Volatile Evolution (MAVEN) mission [J]. Space Science Reviews, 2015, 195(1): 3-48.

[100] BOUGHER S, PAWLOWSKI D, BELL J, et al. Mars Global Ionosphere-Thermosphere Model: Solar cycle, seasonal, and diurnal variations of the Mars upper atmosphere [J]. Journal of Geophysical Research: Planets, 2015, 120(2): 311-342.

[101] ENGLAND S L, LIU G, YIĞIT E, et al. MAVEN NGIMS observations of atmospheric gravity waves in the Martian thermosphere [J]. Journal of Geophysical Research: Space Physics, 2017, 122(2): 2310-2335.

[102] LIU J, JIN S, LI Y. Seasonal variations and global wave distributions in the Mars

thermosphere from MAVEN and multisatellites accelerometer-derived mass densities [J]. Journal of Geophysical Research: Space Physics, 2019, 124(11): 9315－9334.

[103] GRÖLLER H, YELLE R V, KOSKINEN T, et al. Probing the Martian atmosphere with MAVEN/IUVS stellar occultations [J]. Geophysical Research Letters, 2015, 42(21): 9064－9070.

[104] GRÖLLER H, MONTMESSIN F, YELLE R, et al. MAVEN/IUVS stellar occultation measurements of Mars atmospheric structure and composition [J]. Journal of Geophysical Research: Planets, 2018, 123(6): 1449－1483.

[105] AOKI S, DAERDEN F, VISCARDY S, et al. Annual appearance of hydrogen chloride on Mars and a striking similarity with the water vapor vertical distribution observed by TGO/NOMAD [J]. Geophysical Research Letters, 2021, 48(11): e2021GL092506.

[106] SMITH M D, BADRI K, ATWOOD S A, et al. EMIRS observations of the aphelion-season Mars atmosphere [J]. Geophysical Research Letters, 2022, 49(15): e2022GL099636.

[107] ATWOOD S A, SMITH M D, BADRI K, et al. Diurnal variability in EMIRS daytime observations of water ice clouds during Mars aphelion-season [J]. Geophysical Research Letters, 2022, 49(15): e2022GL099654.

[108] FAN S, FORGET F, SMITH M D, et al. Migrating thermal tides in the Martian atmosphere during aphelion season observed by EMM/EMIRS [J]. Geophysical Research Letters, 2022, 49(18): e2022GL099494.

[109] ATRI D, ABDELMONEIM N, DHURI D B, et al. Diurnal variation of the surface temperature of Mars with the Emirates Mars Mission: A comparison with Curiosity and Perseverance rover measurements [J]. Monthly Notices of the Royal Astronomical Society: Letters, 2023, 518(1): L1－L6.

[110] JIANG C, JIANG Y, LI H, et al. Initial results of the meteorological data from the first 325 sols of the Tianwen-1 mission [J]. Scientific Reports, 2023, 13(1): 3325.

[111] JOHNSON J R, GRUNDY W M, LEMMON M T. Dust deposition at the Mars Pathfinder landing site: Observations and modeling of visible/near-infrared spectra [J]. Icarus, 2003, 163(2): 330－346.

[112] SCHOFIELD J, BARNES J R, CRISP D, et al. The Mars Pathfinder atmospheric structure investigation/meteorology (ASI/MET) experiment [J]. Science, 1997, 278(5344): 1752－1758.

[113] METZGER S M, CARR J R, JOHNSON J R, et al. Dust devil vortices seen by the Mars Pathfinder camera [J]. Geophysical Research Letters, 1999, 26(18): 2781－2784.

[114] LANDIS G A, JENKINS P P. Measurement of the settling rate of atmospheric dust on Mars by the MAE instrument on Mars Pathfinder [J]. Journal of Geophysical Research: Planets, 2000, 105(E1): 1855－1857.

[115] FERRI F, SMITH P H, LEMMON M, et al. Dust devils as observed by Mars Pathfinder [J]. Journal of Geophysical Research: Planets, 2003, 108(E12): 5133.

[116] SMITH C W, VASQUEZ B J, HAMILTON K. Interplanetary magnetic fluctuation anisotropy in the inertial range [J]. Journal of Geophysical Research: Space Physics, 2006, 111(A9): A09111.

[117] MOORES J E, KOMGUEM L, WHITEWAY J A, et al. Observations of near-surface fog at the Phoenix Mars landing site [J]. Geophysical Research Letters, 2011, 38(4): L04203.

[118] HOLSTEIN-RATHLOU C, GUNNLAUGSSON H, MERRISON J, et al. Winds at the Phoenix landing site [J]. Journal of Geophysical Research: Planets, 2010, 115(E5): E00E18.

[119] CULL S, ARVIDSON R, MORRIS R, et al. Seasonal ice cycle at the Mars Phoenix landing site: 2. Postlanding CRISM and ground observations [J]. Journal of Geophysical Research: Planets, 2010, 115(E5): E00E19.

[120] HABERLE R M, KAHRE M A. Mars Mars [J]. Mars, 2010, 5: 68 - 75.

[121] MALIN M C, CAPLINGER M A, DAVIS S D. Observational evidence for an active surface reservoir of solid carbon dioxide on Mars [J]. Science, 2001, 294(5549): 2146 - 2148.

[122] ARVIDSON R, BONITZ R, ROBINSON M, et al. Results from the Mars Phoenix Lander robotic arm experiment [J]. Journal of Geophysical Research: Planets, 2009, 114(E1): E00E02.

[123] MELLON M T, ARVIDSON R E, SIZEMORE H G, et al. Ground ice at the Phoenix landing site: Stability state and origin [J]. Journal of Geophysical Research: Planets, 2009, 114(E1): E00E07.

[124] HECHT M H, KOUNAVES S P, QUINN R, et al. Detection of perchlorate and the soluble chemistry of martian soil at the Phoenix lander site [J]. Science, 2009, 325 (5936): 64 - 67.

[125] CATLING D, CLAIRE M, ZAHNLE K, et al. Atmospheric origins of perchlorate on Mars and in the Atacama [J]. Journal of Geophysical Research: Planets, 2010, 115(E1): E00E11.

[126] ATREYA S K, TRAINER M G, FRANZ H B, et al. Primordial argon isotope fractionation in the atmosphere of Mars measured by the SAM instrument on Curiosity and implications for atmospheric loss [J]. Geophysical Research Letters, 2013, 40(21): 5605 - 5609.

[127] MAHAFFY P R, WEBSTER C R, ATREYA S K, et al. Abundance and isotopic composition of gases in the Martian atmosphere from the Curiosity rover [J]. Science, 2013, 341(6143): 263 - 266.

[128] FRANZ H B, TRAINER M G, WONG M H, et al. Reevaluated Martian atmospheric

mixing ratios from the mass spectrometer on the Curiosity rover [J]. Planetary Space Science, 2015, 109: 154-158.

[129] SAVIJÄRVI H, HARRI A M, KEMPPINEN O. Mars Science Laboratory diurnal moisture observations and column simulations [J]. Journal of Geophysical Research: Planets, 2015, 120(5): 1011-1021.

[130] HABERLE R, GÓMEZ-ELVIRA J, DE LA TORRE JUÁREZ M, et al. Preliminary interpretation of the REMS pressure data from the first 100 sols of the MSL mission [J]. Journal of Geophysical Research: Planets, 2014, 119(3): 440-453.

[131] MOORES J E, LEMMON M T, RAFKIN S C, et al. Atmospheric movies acquired at the Mars Science Laboratory landing site: Cloud morphology, frequency and significance to the Gale Crater water cycle and Phoenix mission results [J]. Advances in Space Research, 2015, 55(9): 2217-2238.

[132] MOORE C A, MOORES J E, LEMMON M T, et al. A full Martian year of line-of-sight extinction within Gale Crater, Mars as acquired by the MSL Navcam through sol 900 [J]. Icarus, 2016, 264: 102-108.

[133] MOORES J E, LEMMON M T, KAHANPÄÄ H, et al. Observational evidence of a suppressed planetary boundary layer in northern Gale Crater, Mars as seen by the Navcam instrument onboard the Mars Science Laboratory rover [J]. Icarus, 2015, 249: 129-142.

[134] BANFIELD D, SPIGA A, NEWMAN C, et al. The atmosphere of Mars as observed by InSight [J]. Nature Geoscience, 2020, 13(3): 190-198.

[135] BELL Ⅲ J F, MAKI J N, ALWMARK S, et al. Geological, multispectral, and meteorological imaging results from the Mars 2020 Perseverance rover in Jezero crater [J]. Science Advances, 2022, 8(47): 4856.

第四章　火星大气潮汐、行星波特性研究

4.1　引言

基于火星大气波扰动数据集[1]（Martian Atmospheric Waves Perturbation Datasets，MAWPD），本章对火星大气大尺度波动特性进行了研究，包括对潮汐波和行星波的研究。本章主要介绍火星大气波扰动数据集中热力潮汐的特性。火星大气稀薄，导致日变化更加显著，激发了更强的热力潮汐。根据研究结果，热力纬向波数 1~5 的周日西向热力潮汐、周日东向热力潮汐、半周日西向热力潮汐、半周日东向热力潮汐有共性特征，而纬向对称的周日潮汐 DS0 和半周日潮汐 SS0 则与这些非对称热力潮汐有着截然不同的特性。每种热力潮汐都有各自独立的特征，这些特征随着季节变化而发生不同的改变，有的甚至能到达并影响中间层和更高层的大气。此外，本章还详细介绍了这些波形的波动特征。

4.2　潮汐

4.2.1　热力潮汐和大气温度的季节尺度特征

火星大气波扰动数据集[1]的热力潮汐是根据大气温度进行计算的。由于火星大气远比地球稀薄，大量太阳辐射可以穿透大气到达地表，这导致火星温度日变化较地球而言更加显著，激发了更强的热力潮汐。同时，随着太阳直射点的变化，火星大气温度产生了明显的季节变化（图 4－1）。温度的季节变化很大程度上导致了热力潮汐的季节变化。

图 4－1 展示了温度的纬向和经向特征。从图中可以看到，30 km 高度处中

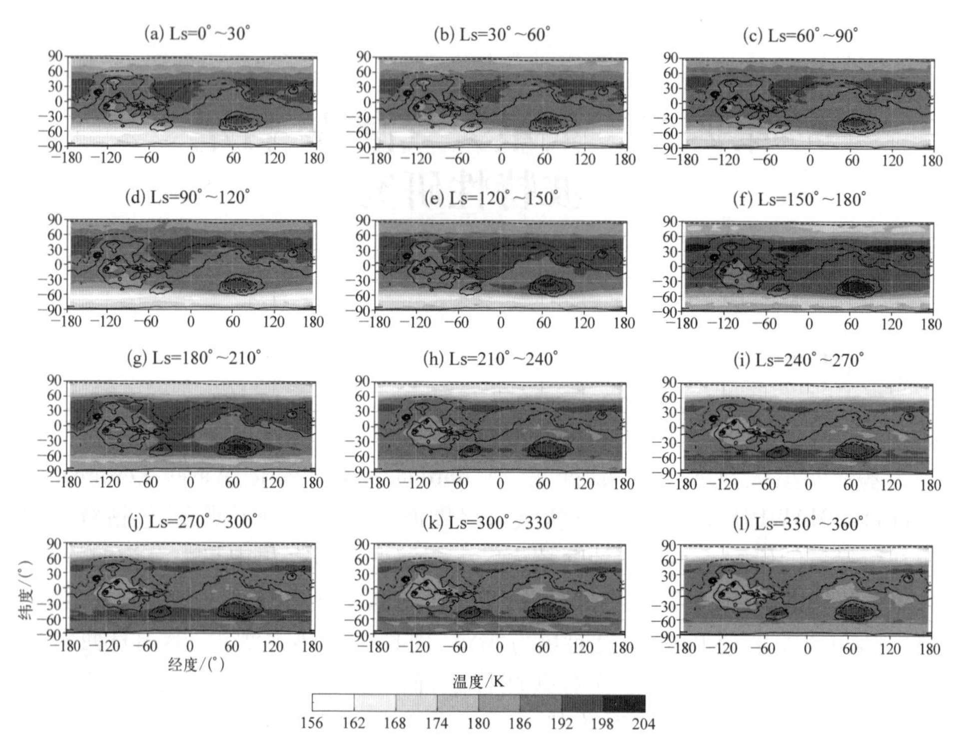

图 4-1　不同时段内 30 km 高度处火星大气温度气候平均态的全球分布。地形以 3 000 m 的增量显示，负等值线为点划线

注：此类图中坐标轴名称及单位均与左下角的分图相同。

低纬度地区的高温区，秋分前后南（北）极地区的寒冷区，相对寒冷的塔尔西斯隆起（约-100°经度），相对温暖的亚马孙平原（约-150°经度）、克里斯平原（约-25°经度）、希腊盆地（约 75°经度）和乌托邦平原（约 120°经度），以及由于太阳辐射、环流和地形而引起的温度季节性变化。火星大气热力潮汐的时空特征也得到了很好的保持。

本节将对热力潮汐特性进行详细分析。热力潮汐通常采用 Forbes 的命名法[2]，其中“D”和“S”表示周日（diurnal）波和半日（semidiurnal）波，“E”和“W”表示向东和向西传播，“1”“2”“3”等表示纬向波数，如 DW1 表示纬向波数为 1 向西传播的周日潮汐波。周日和半日的纬向对称（symmetric）振荡分别记为 DS0 和 SS0。特别的，DW1 和 SW2 由于热力潮汐的位相速度与太阳直射点运动速度之间的相对速度接近零而被称为迁移潮汐。

根据 MAWPD 的热力潮汐结果，我们发现热力纬向波数 1~5 的周日西向热力潮汐、周日东向热力潮汐、半周日西向热力潮汐、半周日东向热力潮汐有以下共性特征：① 10 km 以下的激发源；② 北半球夏至（Ls = 90°）前后南半球高纬度及极地上空和北半球冬至（Ls = 270°）前后北半球高纬度及极地地区上空存在上传的热力潮汐。此外，纬向对称的周日潮汐 DS0 和半周日潮汐 SS0 则与以上所述非对称热力潮汐有着截然不同的特性。同时，每一种热力潮汐又有各自独立的特征，这些特征随着季节变化而发生不同的改变，有的甚至能到达并影响中间层和更高层的大气，本节将逐一对这些特征进行叙述。

4.2.2　周日西向热力潮汐波动特征

如前所述，周日西向热力潮汐以“DW+纬向波数”的形式表示。例如，纬向波数为 1 的周日西向热力潮汐被表示为 DW1。在此主要关注纬向波数在 1~5 之间的周日西向热力潮汐。

在图 4-2 中，可见沙尘暴活跃季节（Ls = 180°~270°）高度近 50 km（约 1 Pa）处以及近地面地区存在由沙尘粒子吸收太阳热量产生的纬向波数为 1 的周日西向潮汐波 DW1（diurnal westward propagating tide with zonal wave number of 1）的振幅高值区[图 4-2(g)、图 4-2(h)]。周日西向潮汐波 DW1 是一种迁移潮汐。值得注意的是，只有纬向波数为 1 的周日西向热力潮汐 DW1 的振幅在沙尘暴活跃季节表现出了明显的增强，其余纬向波数在 2~5 的周日西向热力潮汐 DW2~DW5 的振幅（DW2 见图 4-4，DW3 见图 4-6，DW4 见图 4-8，DW5 见图 4-10）并未在沙尘暴活跃季节表现出明显的增强。

此外可以发现，北半球夏至（Ls = 90°）前后南半球高纬度与极地上空，以及北半球冬至（Ls = 270°）前后北半球高纬度与极地上空存在上传的热力潮汐，而后者到达的高度比前者更高。

北半球冬至（Ls = 270°）北半球高纬度与极地上空上传热力潮汐到达的高度高于北半球夏至（Ls = 90°）前后南半球高纬度与极地上空上传热力潮汐的原因可以从 DW1 的相位结构（图 4-3）中看出。北半球夏至前后[图 4-3(c)~(e)]存在由南半球中纬度近地面延伸至南极高空中间层的倾斜相位结构，而北半球冬至前后[图 4-3(i)~(k)]却不存在类似的明显结构，而这一结构对应了同一位置的 DW1 振幅结构低值区，因此这一倾斜相位结构与 DW1 在该位置的损耗紧密联系。

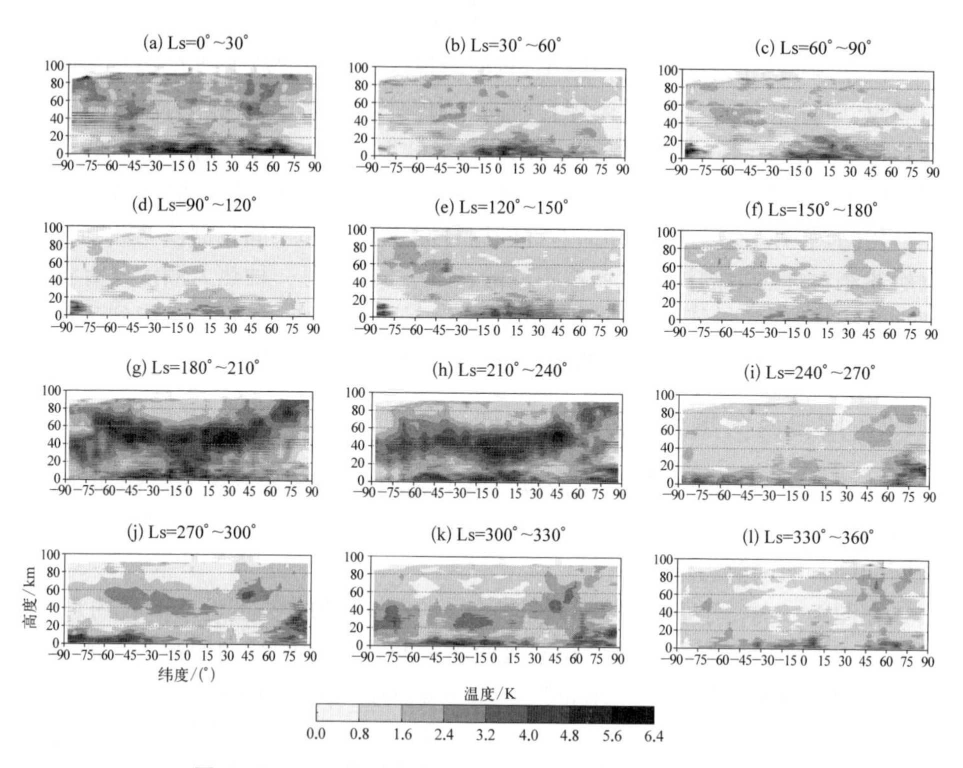

图 4-2 DW1 温度振幅在各个时段的纬度-高度剖面图

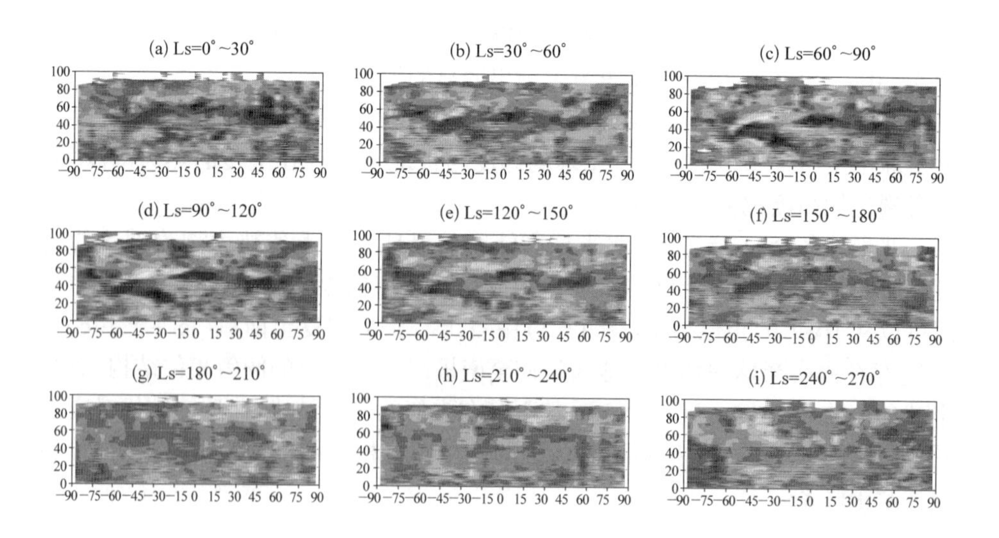

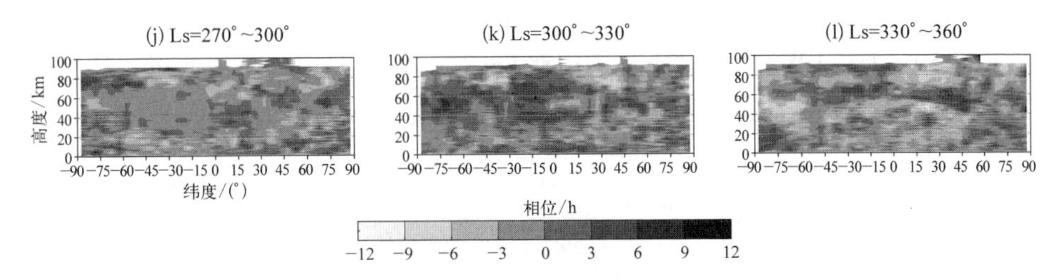

图 4-3　DW1 相位在各个时段的纬度-高度剖面图

DW2 的振幅结构(图 4-4)十分典型,以中低纬度地区 10 km 以下的激发源以及北半球夏至(Ls=90°)前后南半球高纬度与极地上空和北半球冬至(Ls=270°)前后北半球高纬度与极地地区上空存在上传的热力潮汐为主。特别的,在北半球秋冬(Ls=180°~360°),北半球高纬度地区存在持续的 DW2 上传现象[图 4-4(g)~(l)]。

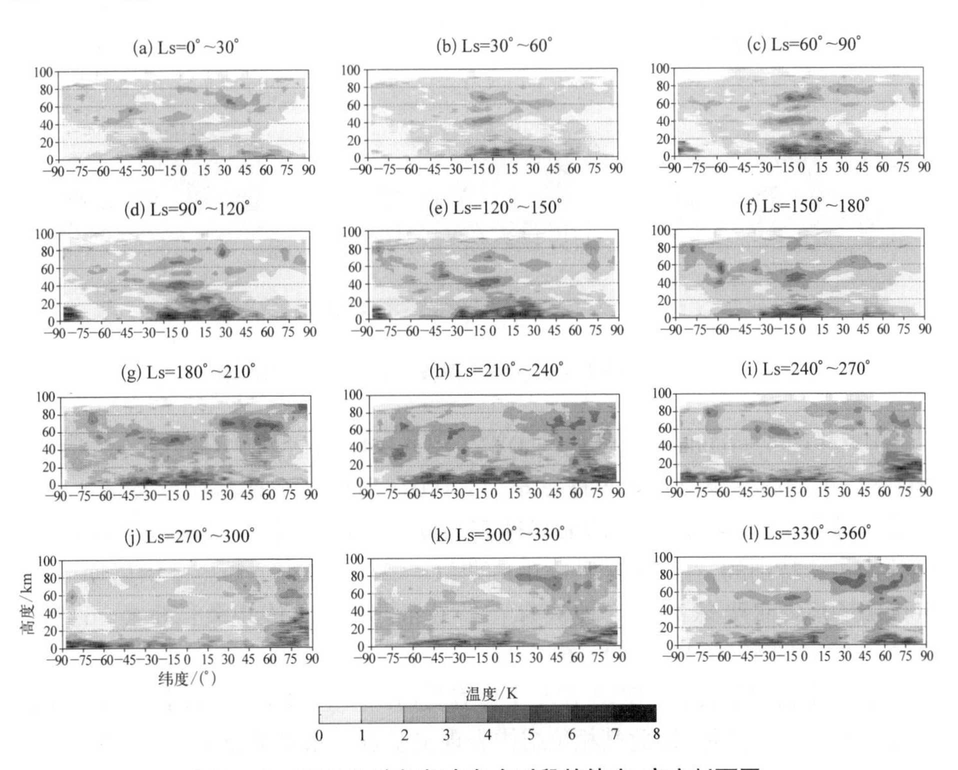

图 4-4　DW2 温度振幅在各个时段的纬度-高度剖面图

其次,由于振幅和相位结构较为简单,因此两者对应关系较好。以 Ls = 120°~150°为例,DW2 在赤道上空 20~85 km 存在较为明显的上传波形相位结构[图 4-5(e)],对应着其在同一位置处明显的上传波形振幅结构[图 4-4(e)]。

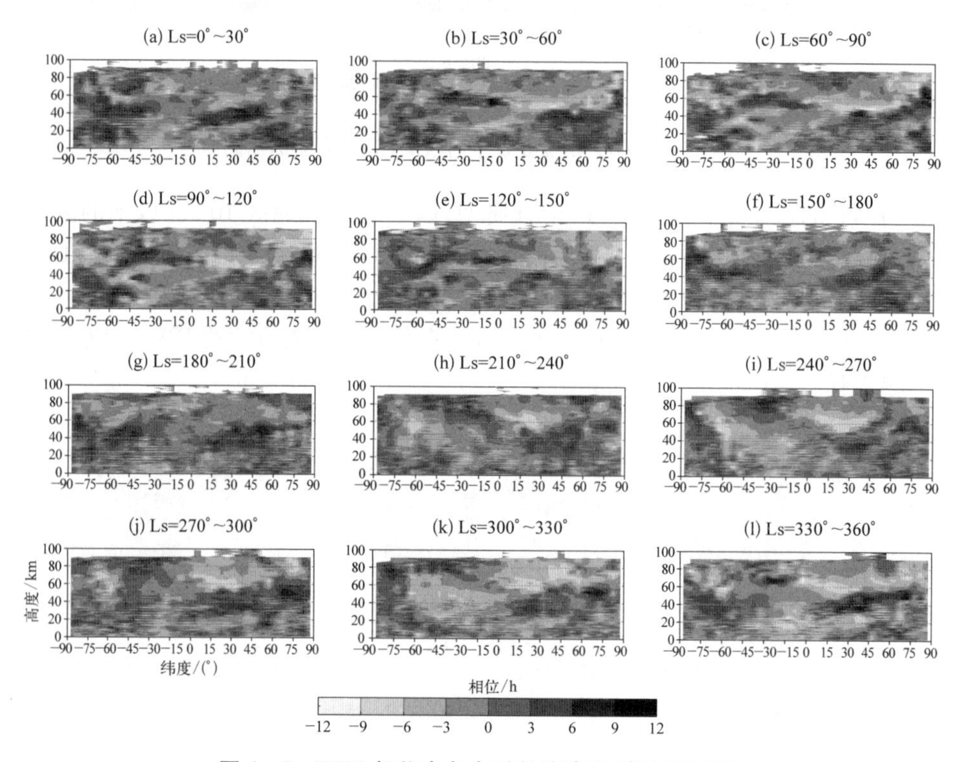

图 4-5 DW2 相位在各个时段的纬度-高度剖面图

DW3(图 4-6)的振幅结构与 DW2(图 4-4)相似,以中低纬度地区高度 10 km 以下的激发源以及北半球夏至(Ls = 90°)前后南半球高纬度及极地上空和北半球冬至(Ls = 270°)前后北半球高纬度及极地地区上空存在上传的热力潮汐为主。特别的,在北半球秋季中后期(Ls = 210°~270°)和冬季中后期(Ls = 300°~360°),北半球高纬度地区存在持续的 DW3 上传现象[图 4-6(h)、图 4-6(i)、图 4-6(k)、图 4-6(l)]。

值得注意的是,由于 DW3 在北半球春夏(Ls = 0°~180°)全球中低纬度范围内几乎都为上传波形,因此其相位结构表现出了近乎水平的条形结构,即全球中低纬度高度 30 km 以上一致的相位变化[图 4-7(a)~(f)]。

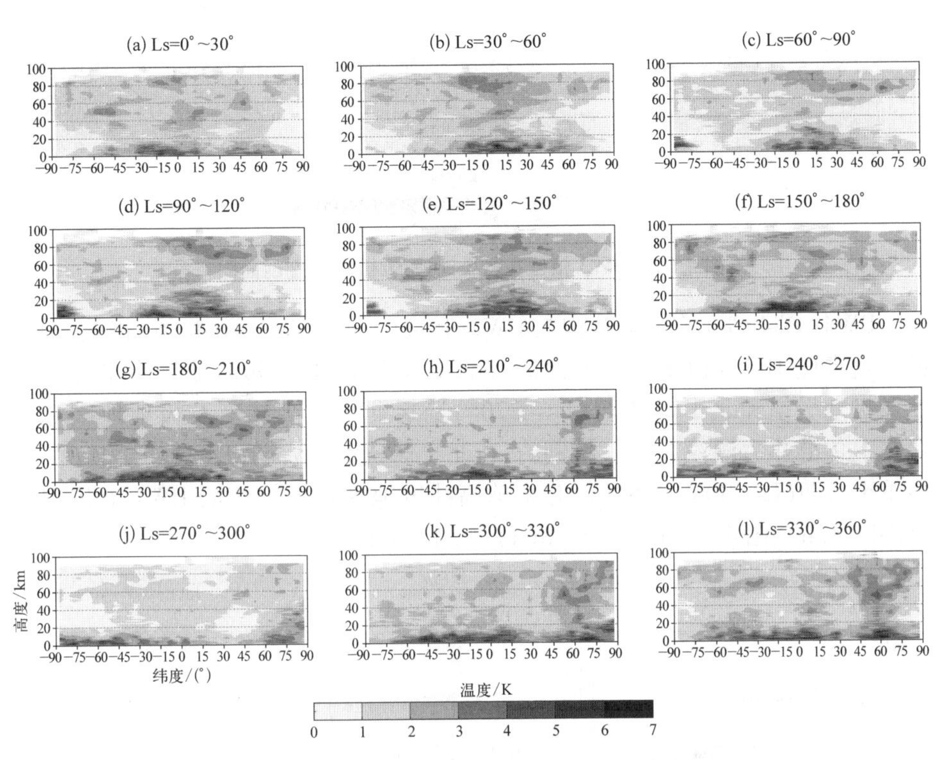

图 4-6　DW3 温度振幅在各个时段的纬度-高度剖面图

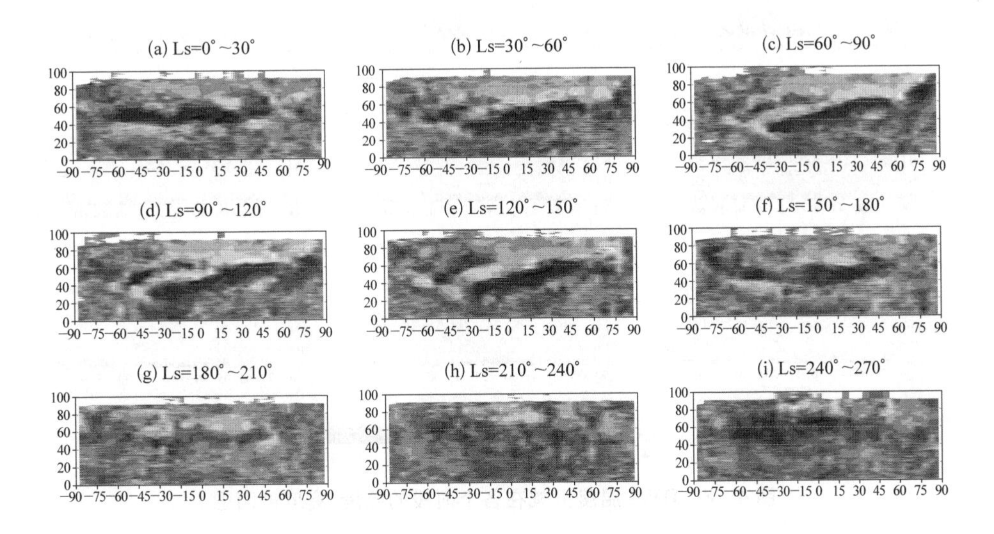

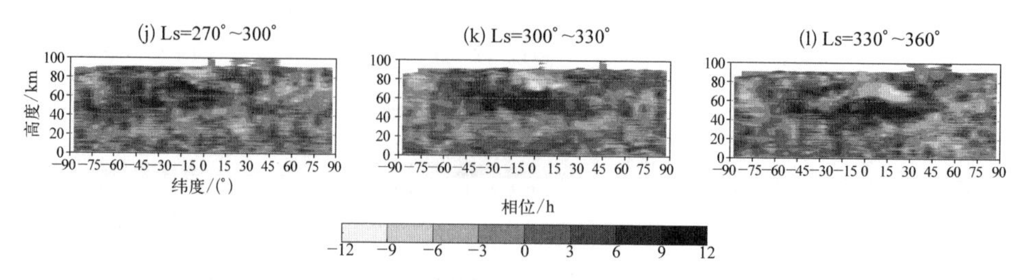

图 4-7 DW3 相位在各个时段的纬度-高度剖面图

DW4(图 4-8)的振幅结构与 DW2(图 4-4)和 DW3(图 4-6)相似,以中低纬度高度 10 km 以下的激发源以及北半球夏至(Ls=90°)前后南半球高纬度及极地上空和北半球冬至(Ls=270°)前后北半球高纬度及极地地区上空存在上传的热力潮汐为主。特别的,在北半球秋季中后期(Ls=210°~270°)和冬季中后期(Ls=300°~360°),北半球高纬度地区存在持续的 DW4 上传现象[图 4-8(h)、图 4-8(i)、图 4-8(k)、图 4-8(l)]。

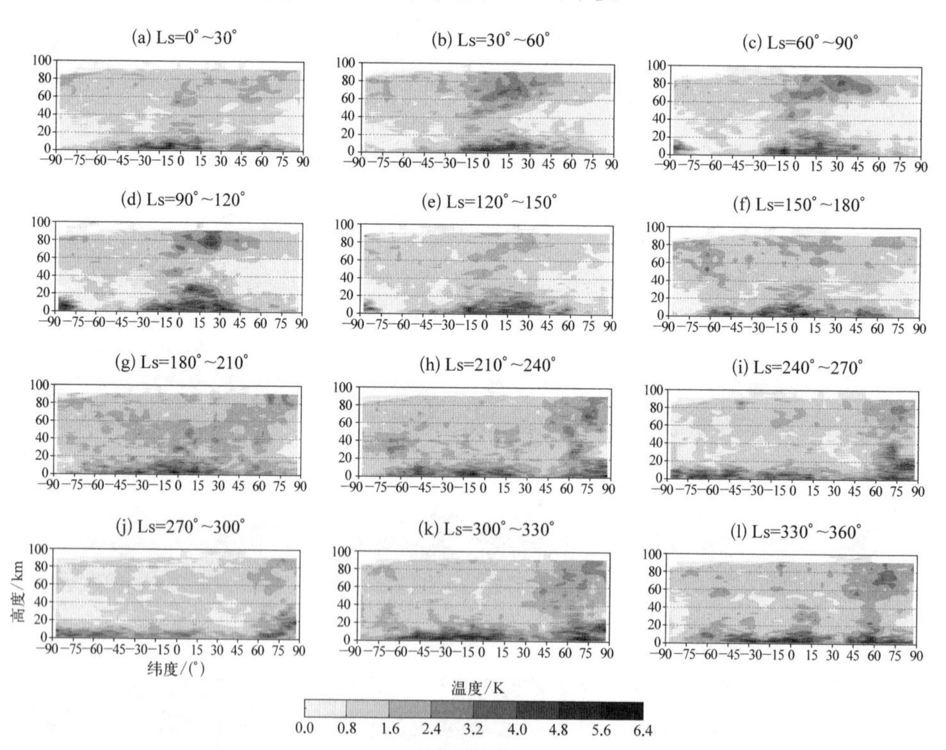

图 4-8 DW4 温度振幅在各个时段的纬度-高度剖面图

DW4 在北半球春夏（Ls = 30° ~ 150°）表现出了和 DW3 相似的相位结构，但没有 DW3 明显。DW4 在全球中低纬度范围内几乎都为上传波形，因此其相位结构表现出了近乎水平的条形结构，即全球中低纬度范围内高度 30 km 以上一致的相位变化［图 4 - 9(b) ~ (e)］。与 DW3 不同的是，在 Ls = 0° ~ 30°和 Ls = 150° ~ 180°期间，DW4 中低纬度上空的条形相位结构就已变得不明显［图 4 - 9(a)、图 4 - 9(f)］。

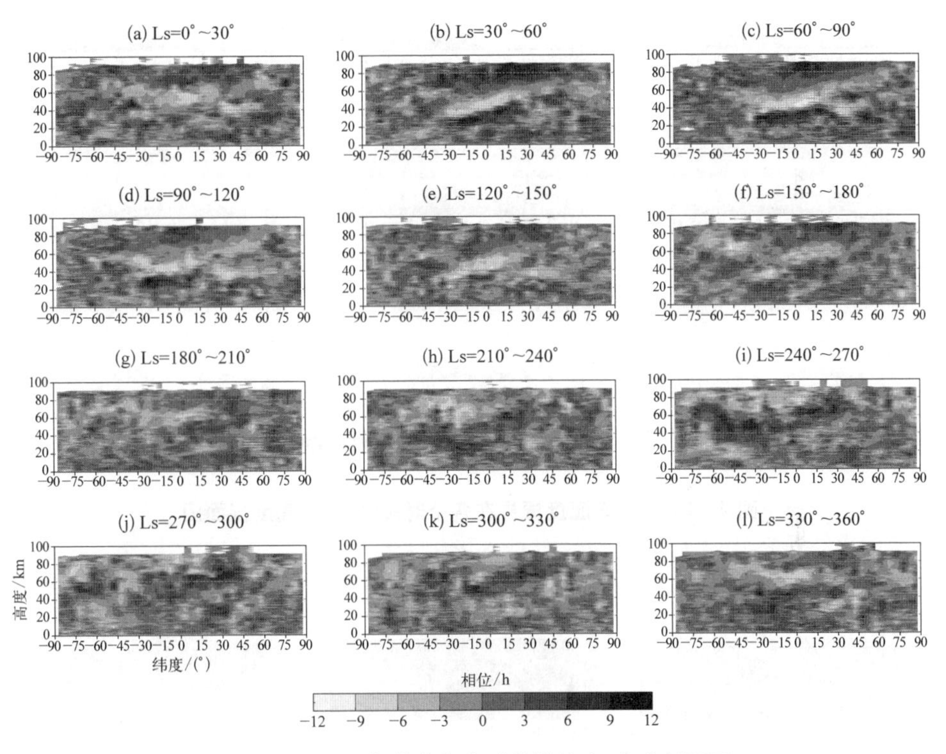

图 4 - 9　DW4 相位在各个时段的纬度-高度剖面图

DW5（图 4 - 10）的振幅结构与 DW2（图 4 - 4）、DW3（图 4 - 6）和 DW4（图 4 - 8）相似，以中低纬度地区 10 km 以下的激发源以及北半球夏至（Ls = 90°）前后南半球高纬度及极地上空和北半球冬至（Ls = 270°）前后北半球高纬度及极地上空存在上传的热力潮汐为主。特别的，在北半球秋季中后期（Ls = 210° ~ 270°）和冬季中后期（Ls = 300° ~ 360°），北半球高纬度地区存在持续的 DW5 上传现象［图 4 - 10(h)、图 4 - 10(i)、图 4 - 10(k)、图 4 - 10(l)］。

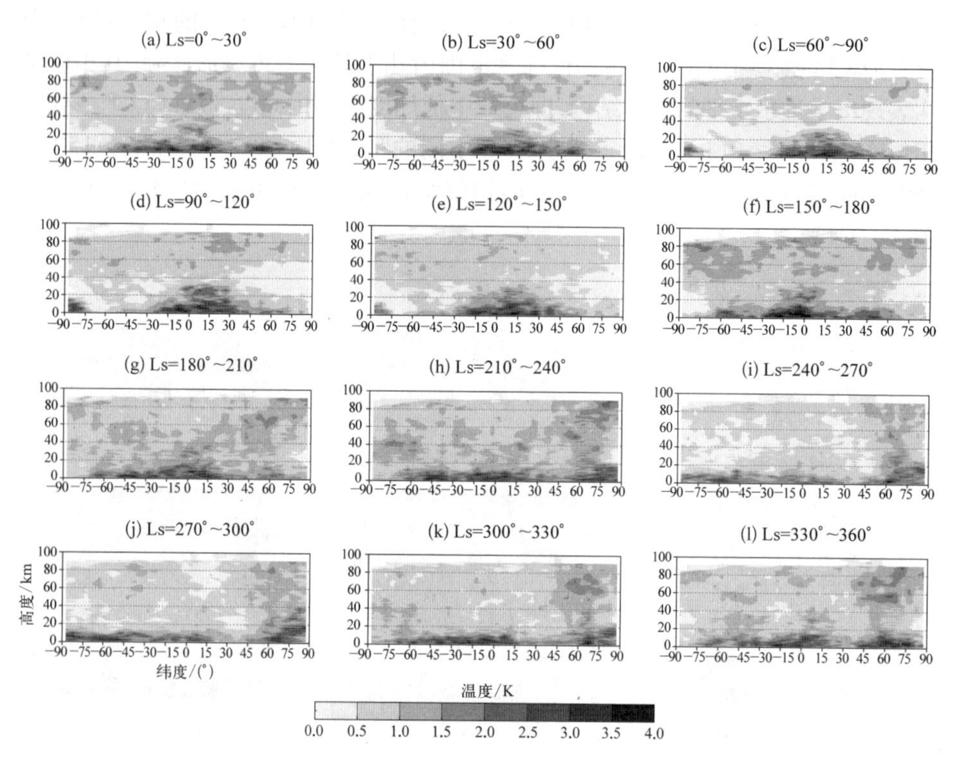

图 4-10 DW5 温度振幅在各个时段的纬度-高度剖面图

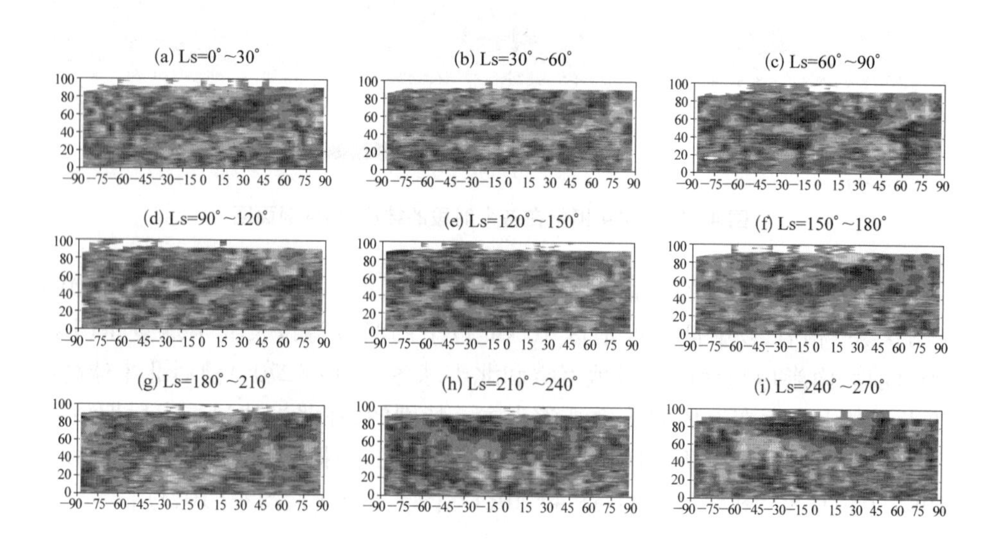

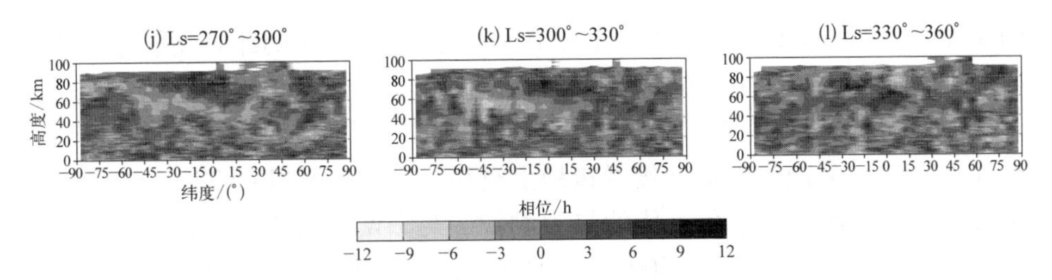

图 4-11　DW5 相位在各个时段的纬度-高度剖面图

4.2.3　周日东向热力潮汐波动特征

周日东向热力潮汐以"DE+纬向波数"的形式表示。例如,纬向波数为 1 的周日东向热力潮汐被表示为 DE1。在此主要关注纬向波数在 1~5 的周日东向热力潮汐。

在图 4-12 中,可见沙尘暴活跃季节(Ls = 180°~270°)高度近 50 km(约

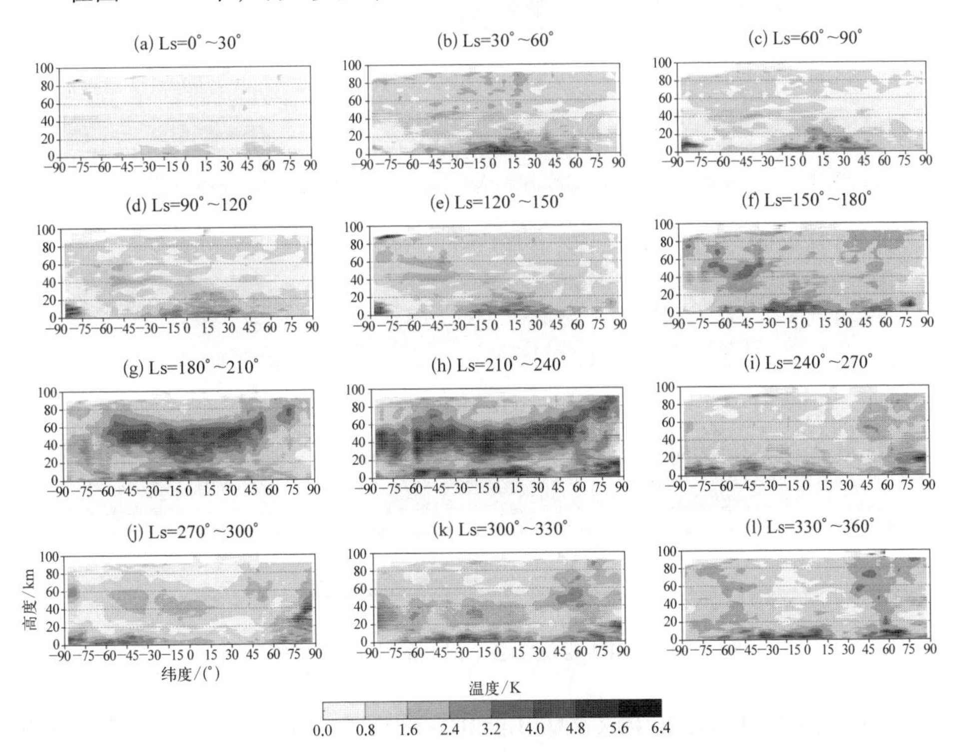

图 4-12　DE1 温度振幅在各个时段的纬度-高度剖面图

1 Pa)处以及近地面地区存在由沙尘粒子吸收太阳热量产生的纬向波数为 1 的周日东向传播潮汐波 DE1(diurnal eastward propagating tide with zonal wave number of 1)的振幅高值区[图 4-12(g)、图 4-12(h)]。同时,DE1 也存在北半球夏至(Ls=90°)前后南半球高纬度及极地上空和北半球冬至(Ls=270°)前后北半球高纬度及极地上空存在上传的热力潮汐。与 DW1[图 4-2(j)]相比 DE1[图 4-12(j)]在 Ls=270°~300°期间北半球高纬度及极地上空的上传波形达到了更高的高度,已穿过对流层顶进入 40 km 以上的中间层。

观察 DE1 的相位(图 4-13),可以发现 DE1 最明显的相位结构出现在北半球夏至后 Ls=90°~120°,表现为南半球中纬度的上传 DE1[图 4-13(d)],然而从振幅分布图[图 4-12(d)]来看,其振幅并不大。

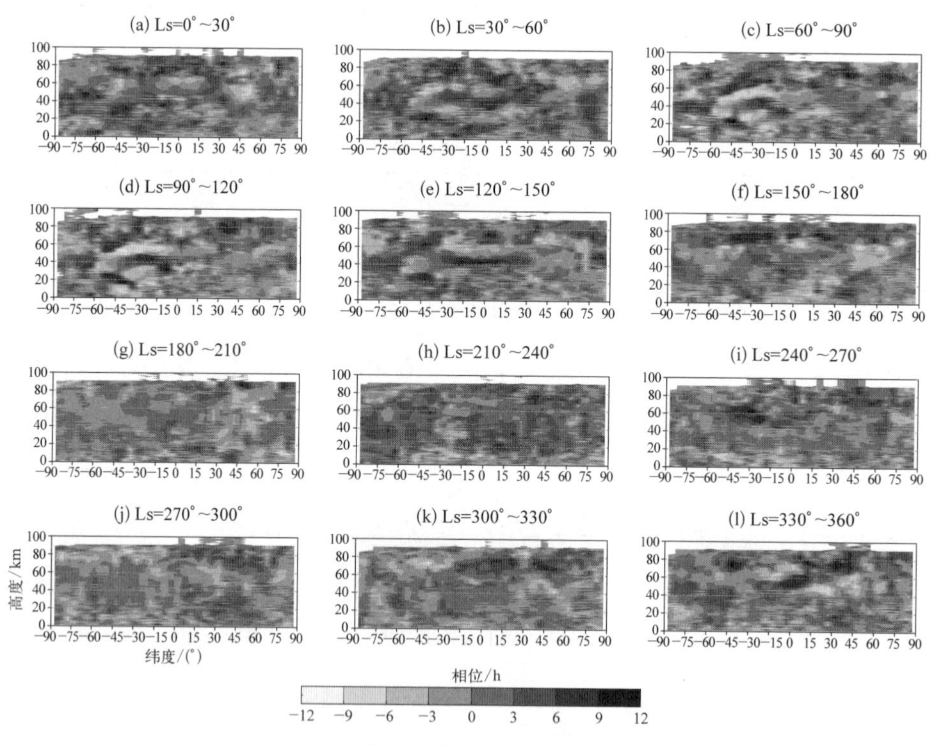

图 4-13 DE1 相位在各个时段的纬度-高度剖面图

DE2(图 4-14)在北半球春夏(Ls=0°~180°)的赤道上空存在明显的上传波形振幅结构,同时可以发现,其激发源在沙尘暴活跃季节(Ls=180°~270°)明显得到加强。DE2 在北半球夏至（Ls = 90°）前后南半球高纬度及极地上空和北半球冬至（Ls = 270°）前后北半球高纬度及极地上空存在上传的热力潮汐。特别的，在 Ls = 210° ~ 360°，北半球高纬度地区存在持续的 DE2 上传现象［图 4 - 14(h) ~ (l)］，且该上传现象可达中间层上部。

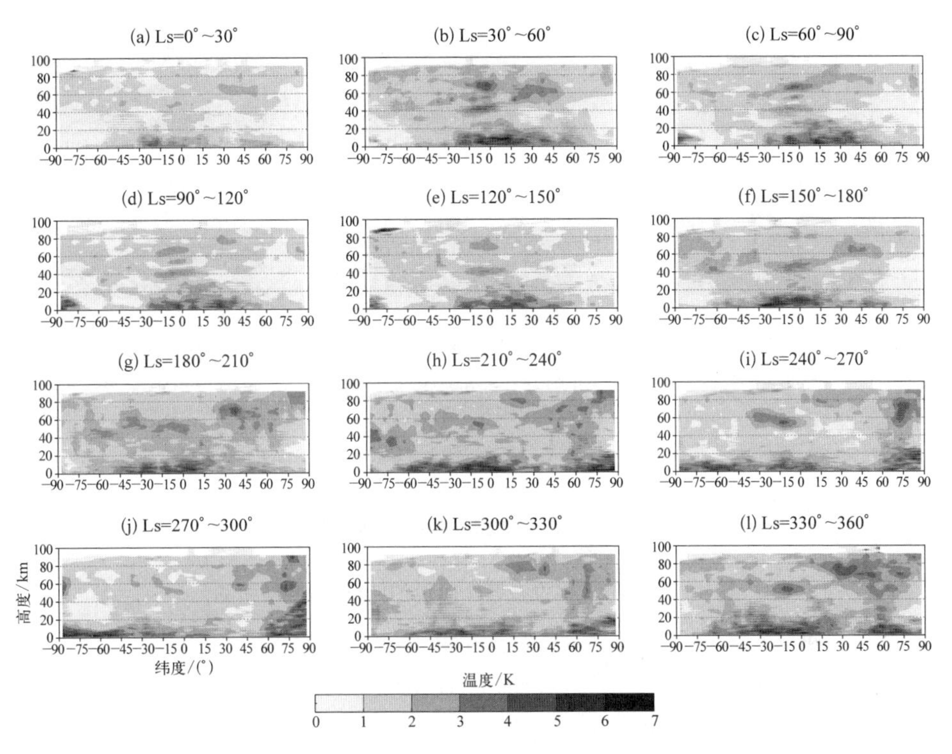

图 4 - 14　DE2 温度振幅在各个时段的纬度-高度剖面图

观察相位结构（图 4 - 15）可以发现，DE2 在北半球夏季 Ls = 120° ~ 180° 赤道上空还出现了环绕性的相位结构，表现为 60 km 附近被环绕的负相位［图 4 - 15(e) 和图 4 - 15(f)］。

DE3 的振幅结构主要由随季节变化较不明显的 10 km 以下激发源以及北半球夏至（Ls = 90°）前后南半球高纬度及极地上空和北半球冬至（Ls = 270°）前后北半球高纬度及极地地区上空存在上传的热力潮汐组成。特别的，在 Ls = 210° ~ 360°，北半球高纬度地区存在持续的 DE3 上传现象［图 4 - 16(h) ~ (l)］，且该上传现象可达中间层上部。

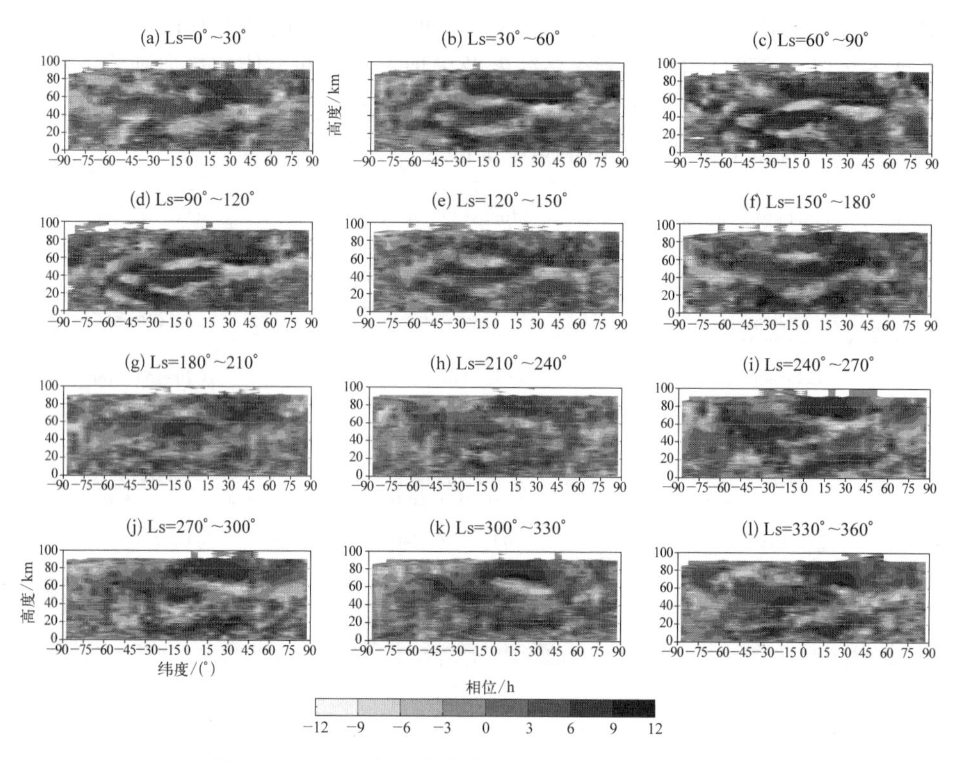

图 4-15　DE2 相位在各个时段的纬度-高度剖面图

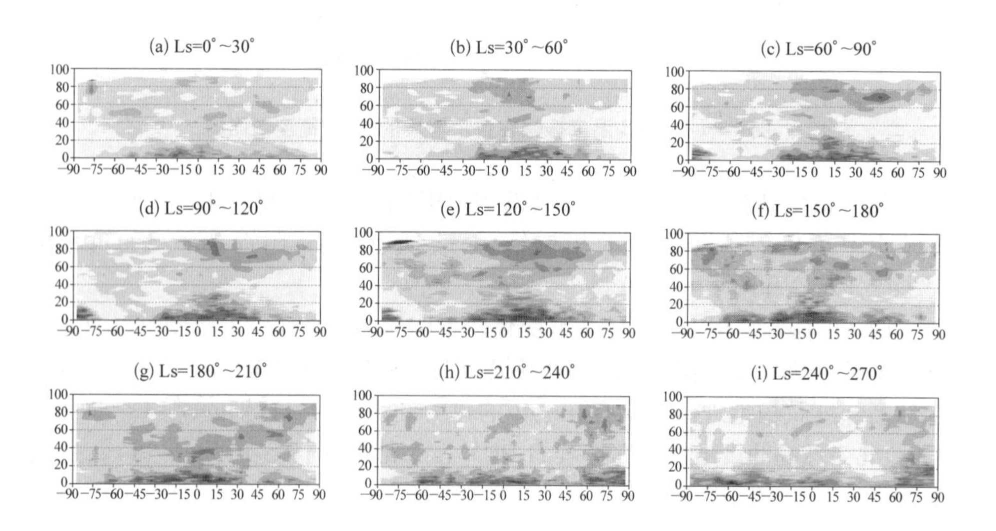

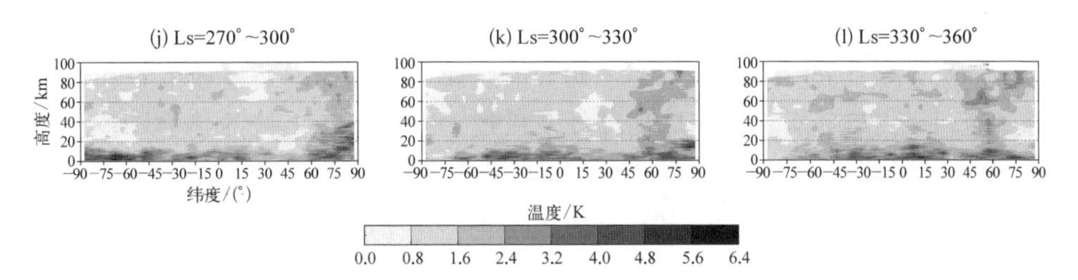

图 4-16 DE3 温度振幅在各个时段的纬度-高度剖面图

值得关注的是，DE3（图 4-17）和 DW3（图 4-7）表现出了分布极其相似而大小相反的相位结构。DE3 在北半球春夏（Ls = 0° ~ 180°）的赤道上空有明显的上传波形振幅结构[图 4-17(a) ~ (f)]，且其相位结构表现出了近乎水平的条形结构，即全球中低纬度范围内 30 km 以上一致的相位变化，这与 DW1 相似[图 4-7(a) ~ (f)]。

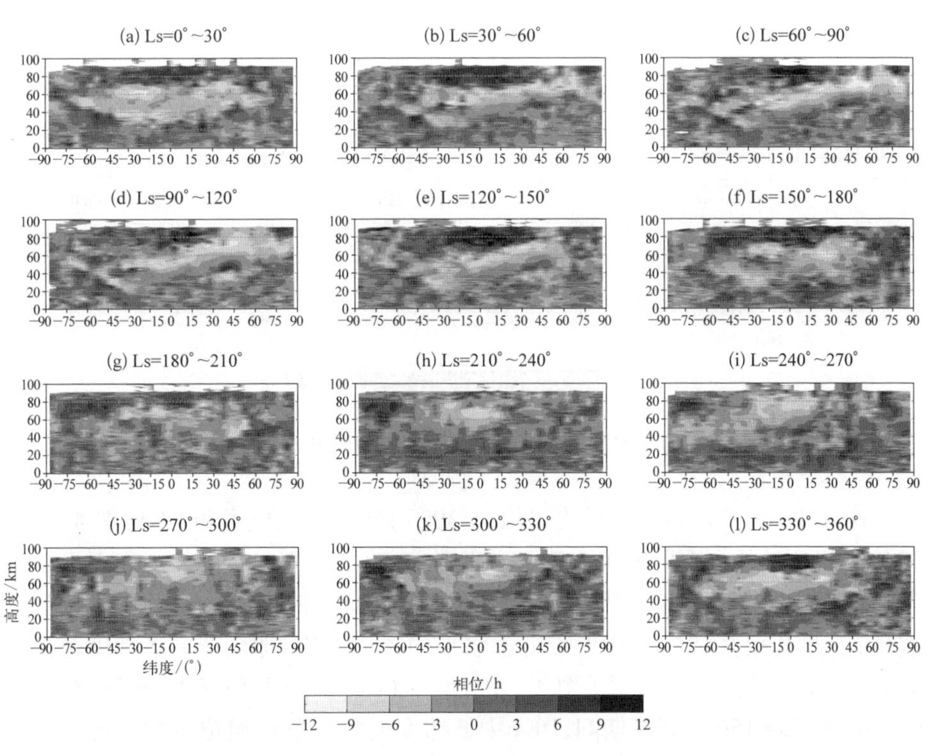

图 4-17 DE3 相位在各个时段的纬度-高度剖面图

DE4(图 4-18)的振幅结构与 DE3(图 4-16)相似,除中低纬度地区 10 km 以下的激发源外,北半球夏至(Ls=90°)前后南半球高纬度及极地上空和北半球冬至(Ls=270°)前后北半球高纬度及极地上空也存在上传的热力潮汐。特别的,在北半球秋冬(Ls=210°~360°),北半球高纬度地区存在持续的 DE4 上传现象[图 4-18(h)、图 4-18(i)、图 4-18(k)、图 4-8(l)]。

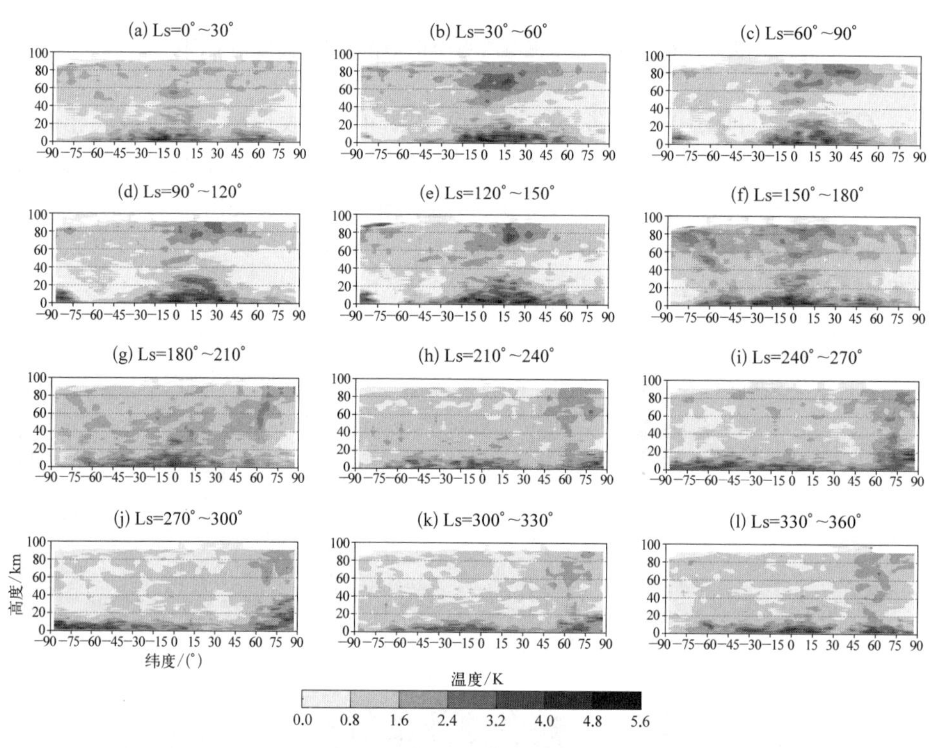

图 4-18 DE4 温度振幅在各个时段的纬度-高度剖面图

DE4(图 4-19)在北半球春夏(Ls=30°~150°)表现出了和 DE3(图 4-17)相似的相位结构,但没有 DE3 明显。此外,DE4 与 DW4(图 4-9)表现出了分布相似但大小相反的相位结构。DE4 在全球中低纬度范围内几乎都为上传波形,因此其相位结构表现出了近乎水平的条形结构,即全球中低纬度范围内 30 km 以上一致的相位变化[图 4-19(b)~(e)]。与 DE3 不同的是,在 Ls=0°~30°和 Ls=150°~180°期间,DE4 中低纬度上空的条形相位结构就已变得不明显[图 4-19(a)、图 4-19(f)]。

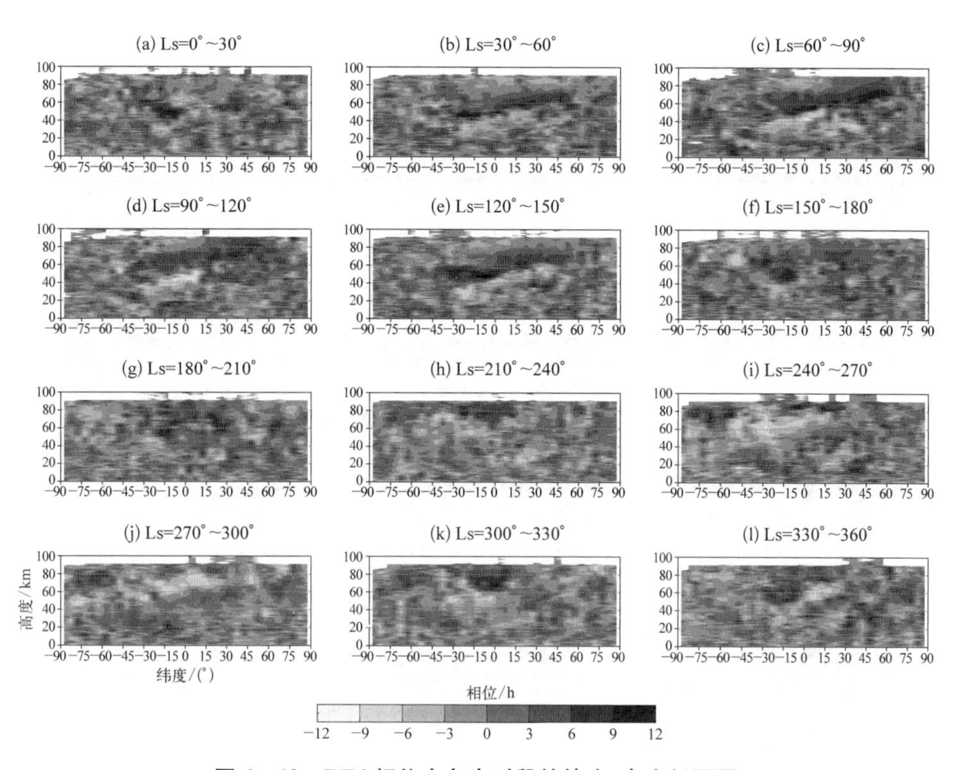

图 4-19　DE4 相位在各个时段的纬度-高度剖面图

DE5(图 4-20)的振幅结构与 DE3(图 4-16)和 DE4(图 4-18)相似,除中低纬度地区 10 km 以下的激发源外,北半球夏至(Ls=90°)前后南半球高纬度及极地上空和北半球冬至(Ls=270°)前后北半球高纬度及极地上空也存在上传的热力潮汐。特别的,在北半球秋冬(Ls=210°~360°),北半球高纬度地区存在持续的 DE5 上传现象[图 4-20(h)、图 4-20(i)、图 4-20(k)、图 4-20(l)]。

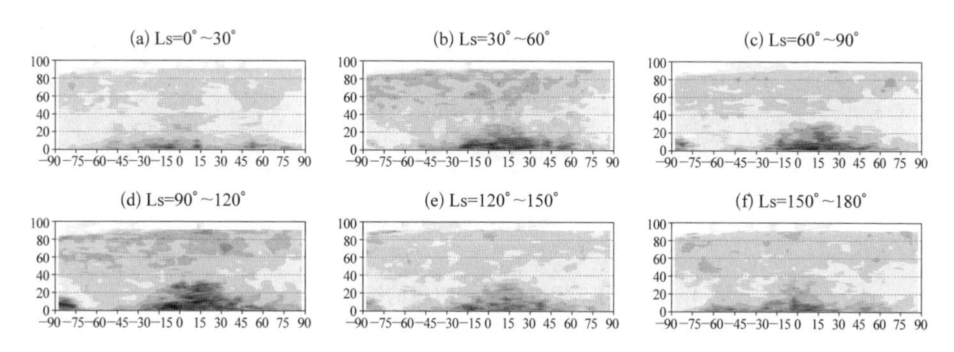

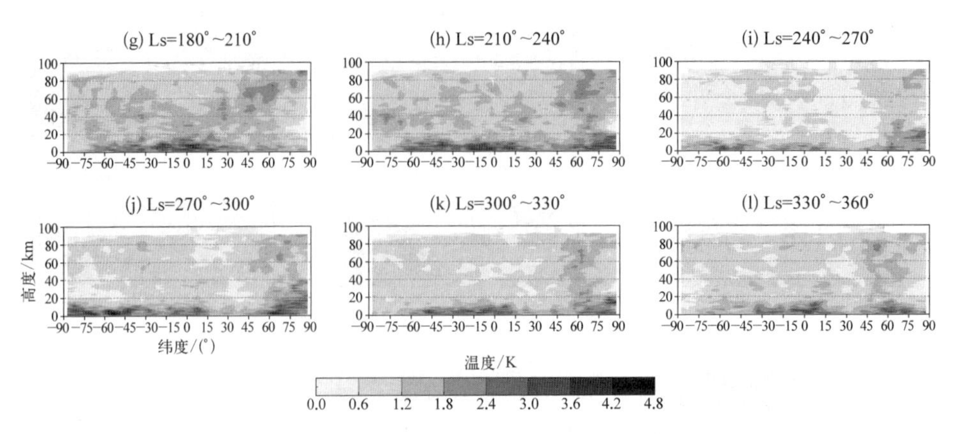

图 4-20 DE5 温度振幅在各个时段的纬度-高度剖面图

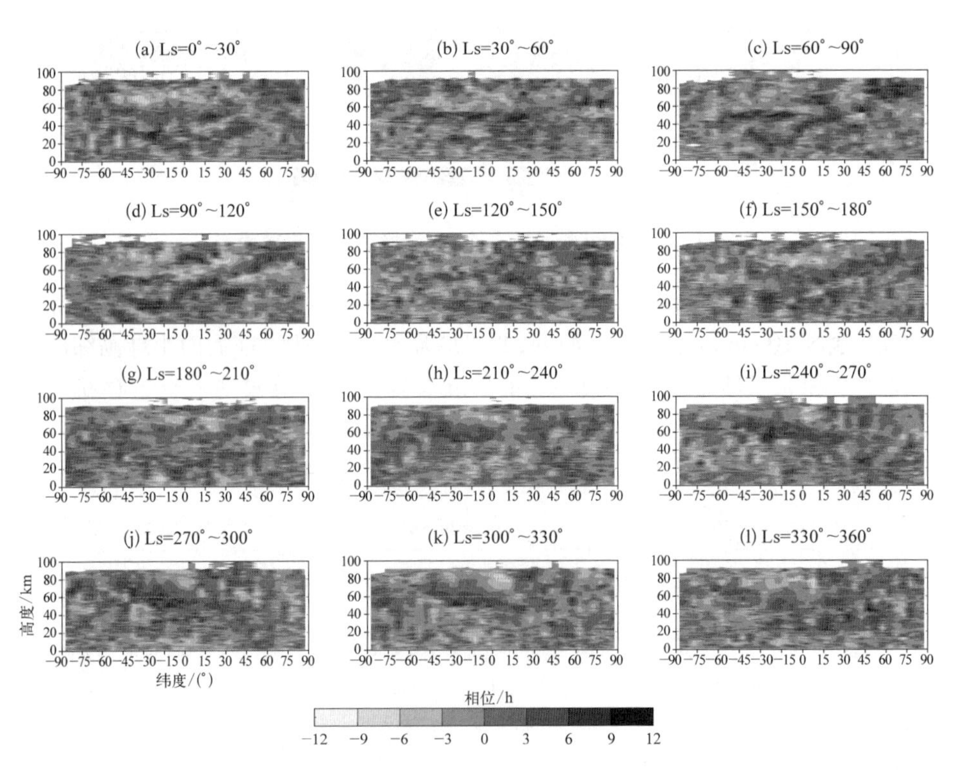

图 4-21 DE5 相位在各个时段的纬度-高度剖面图

4.2.4 半周日西向热力潮汐波动特征

半周日西向热力潮汐以“SW+纬向波数”的形式表示。例如,纬向波数为 1 的半周日西向热力潮汐被表示为 SW1(semidiurnal westward propagating tide with zonal wave number of 1)。在此主要关注纬向波数在 1~5 之间的半周日西向热力潮汐。

在图 4-22 中,可见沙尘暴活跃季节(Ls = 180°~270°)高度近 50 km(约 1 Pa)处以及近地面地区存在由沙尘粒子吸收太阳热量产生的纬向波数为 1 的半周日西向潮汐波 SW1 的振幅高值区[图 4-22(g)、图 4-22(h)]。值得注意的是,只有纬向波数为 1 的半周日西向热力潮汐 SW1 的振幅在沙尘暴活跃季节表现出了明显的增强,其余纬向波数在 2~5 之间的半周日西向热力潮汐 SW2~SW5 的振幅(SW2 见图 4-24,SW3 见图 4-26,SW4 见图 4-28,SW5 见图 4-30)并未在沙尘暴活跃季节表现出明显的增强。

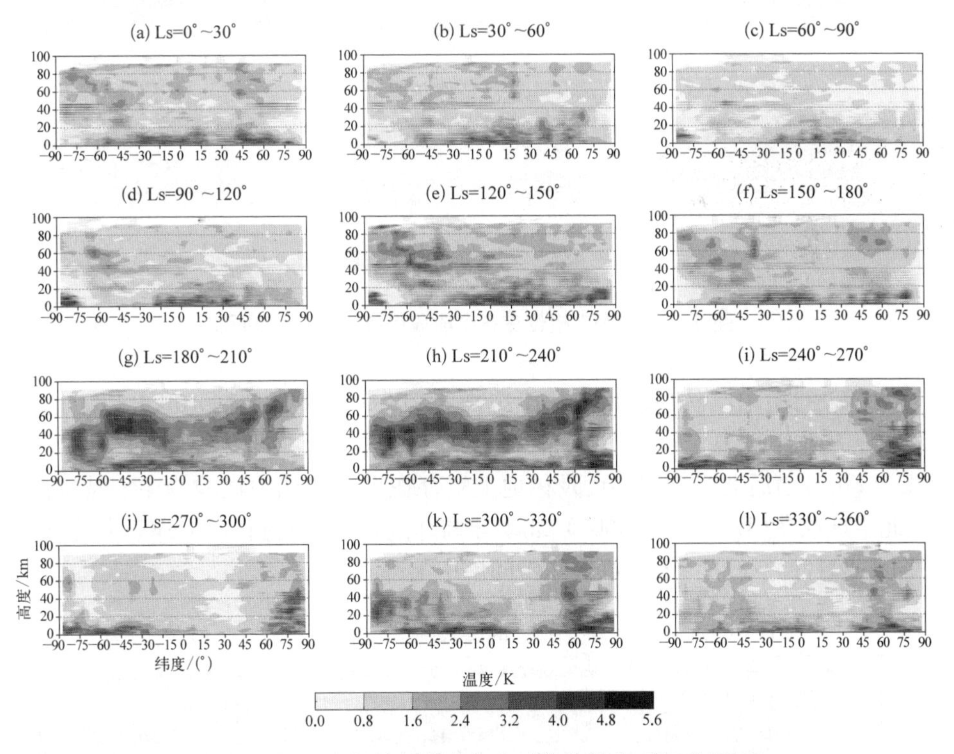

图 4-22 SW1 温度振幅在各个时段的纬度-高度剖面图

此外由图 4 - 23 可以发现,北半球夏至(Ls = 90°)前后南半球高纬度及极地上空和北半球冬至(Ls = 270°)前后北半球高纬度及极地上空存在上传的热力潮汐,而后者到达的高度比前者更高。

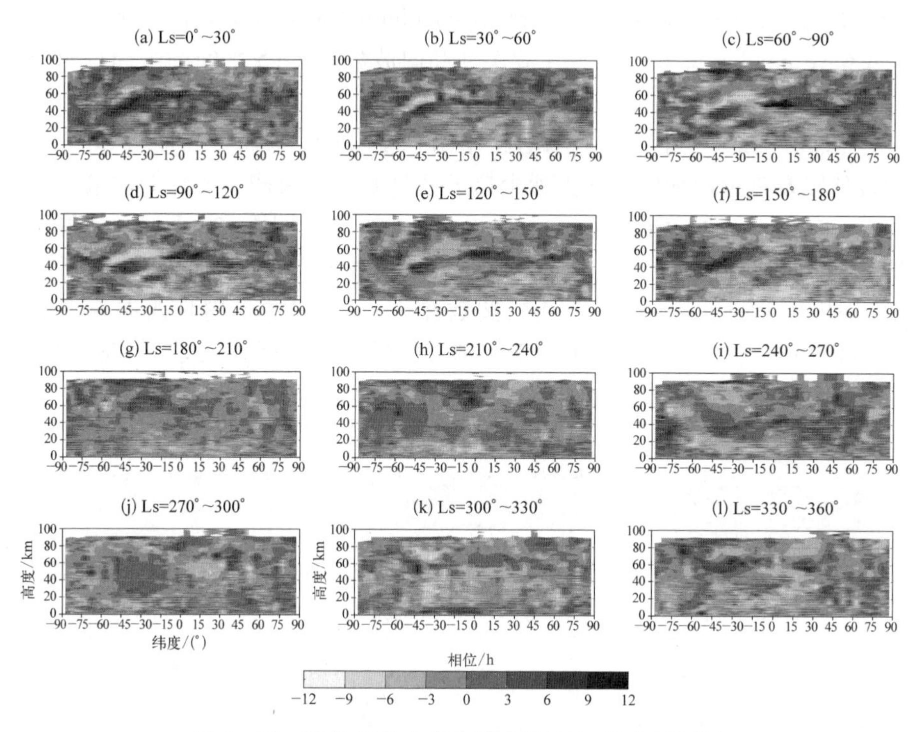

图 4 - 23 SW1 相位在各个时段的纬度-高度剖面图

SW2 的振幅结构(图 4 - 24)十分典型,以中低纬度地区 10 km 以下的激发源以及北半球夏至(Ls = 90°)前后南半球高纬度及极地上空和北半球冬至(Ls = 270°)前后北半球高纬度及极地上空存在上传的热力潮汐为主。特别的,在北半球秋冬(Ls = 180° ~ 360°),北半球高纬度地区存在持续的 SW2 上传现象[图 4 - 24(g) ~ (l)],最高可到达中间层中上部。

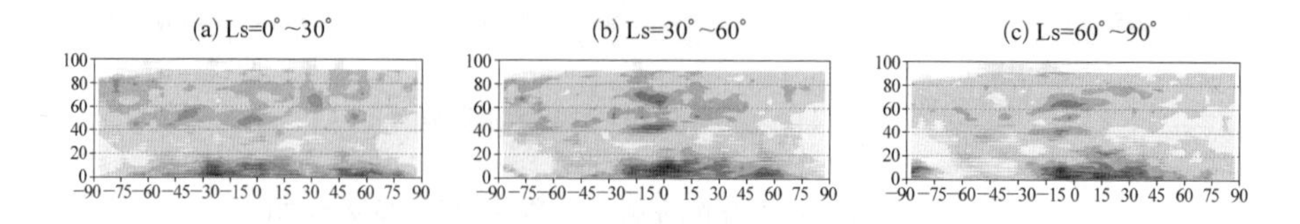

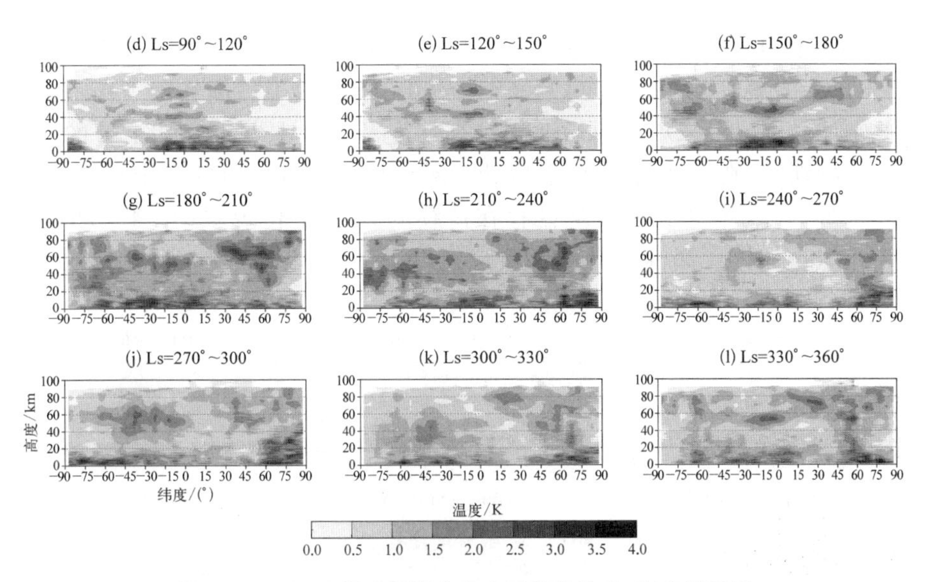

图 4-24　SW2 温度振幅在各个时段的纬度-高度剖面图

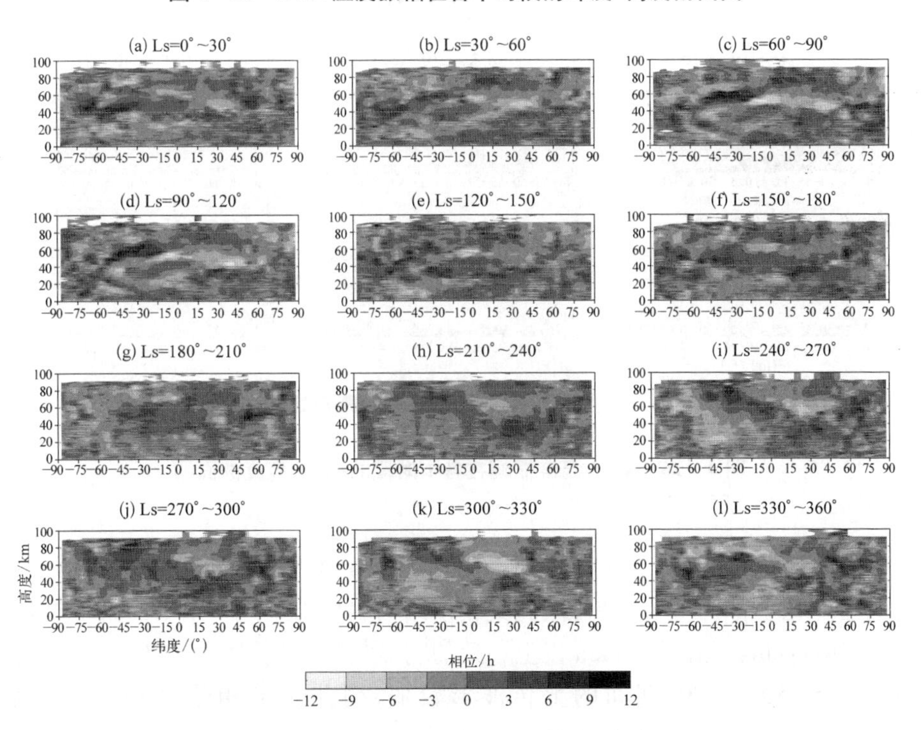

图 4-25　SW2 相位在各个时段的纬度-高度剖面图

SW3(图 4－26)的振幅结构与 DW3(图 4－6)相似,除集中于中低纬度地区 10 km 以下的激发源外,北半球夏至(Ls = 90°)前后南半球高纬度及极地上空和北半球冬至(Ls = 270°)前后北半球高纬度及极地上空也存在上传的热力潮汐。特别的,在北半球秋季中后期(Ls = 210° ~ 270°)和冬季中后期(Ls = 300° ~ 360°),北半球高纬度地区存在持续的 SW3 上传现象[图 4－26(h)、图 4－26(i)、图 4－26(k)、图 4－26(l)]。

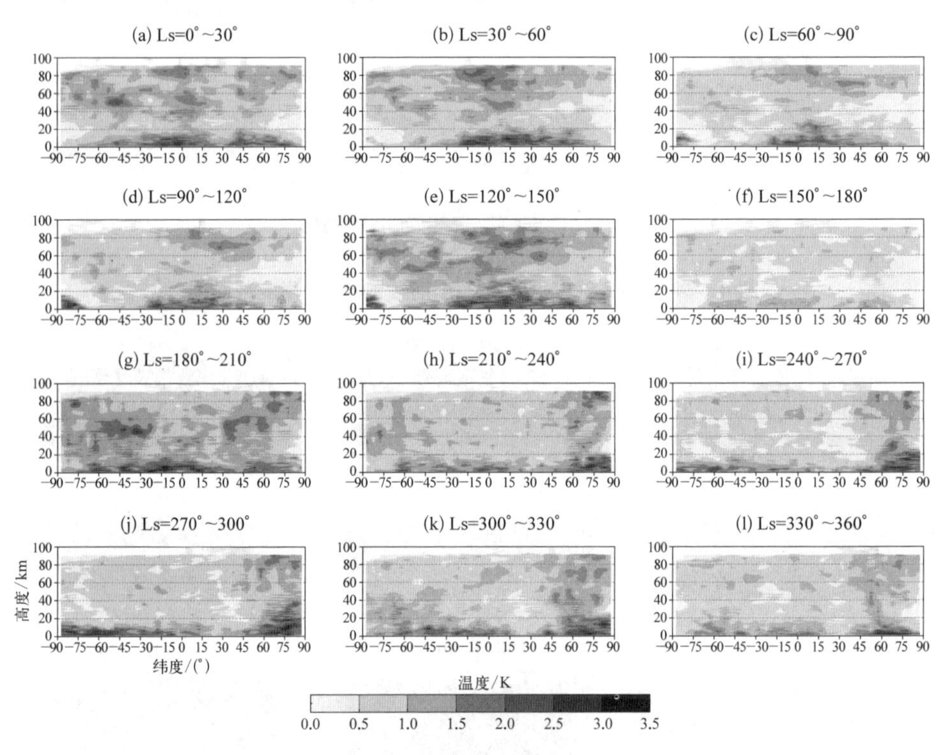

图 4－26 SW3 温度振幅在各个时段的纬度-高度剖面图

值得注意的是,由于 SW3 在北半球春夏(Ls = 0° ~ 180°)火星全球中低纬度范围内几乎都为上传波形,因此其相位结构表现出了近乎水平的条形结构,即全球中低纬度范围内 30 km 以上一致的明显相位变化[图 4－27(a) ~ (e)]。由于 Ls = 150° ~ 180° 期间的上传波形较弱,因此条形相位结构已不明显[图 4－27(f)]。

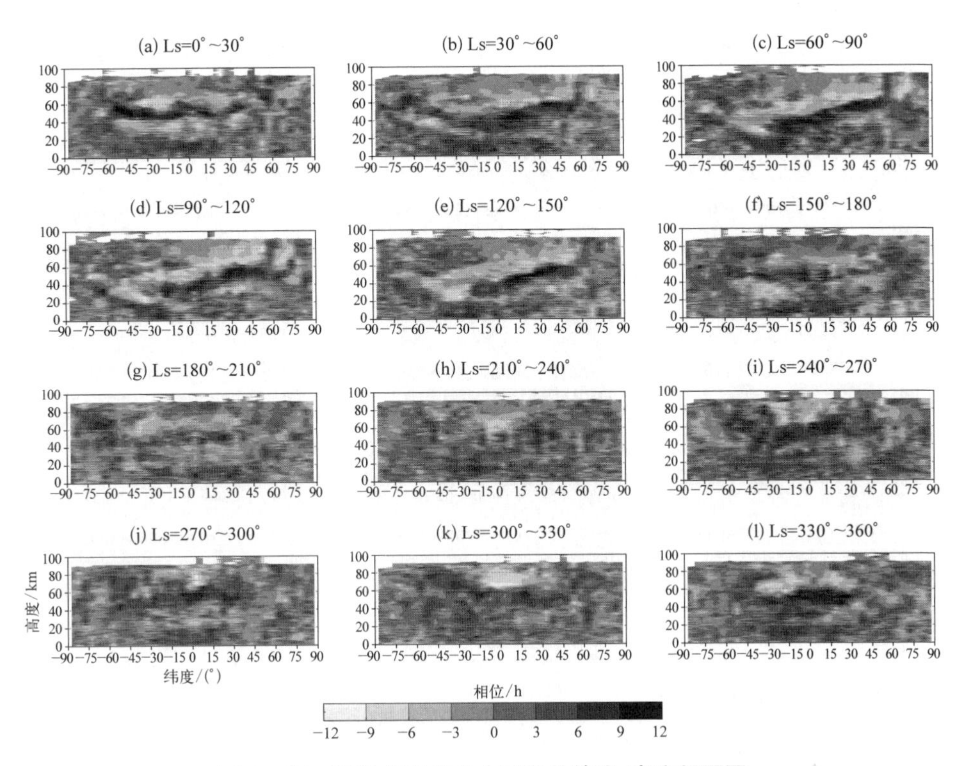

图 4-27　SW3 相位在各个时段的纬度-高度剖面图

SW4(图 4-28)的振幅结构与 SW3(图 4-26)相似,除集中于中低纬度地区 10 km 以下的激发源外,北半球夏至(Ls=90°)前后南半球高纬度及极地上空和北半球冬至(Ls=270°)前后北半球高纬度及极地上空也存在上传的热力潮汐。特别的,在北半球秋季中后期(Ls=210°~270°)和冬季中后期(Ls=300°~360°),北半球高纬度地区存在持续的 SW4 上传现象[图 4-28(h)、图 4-28(i)、图 4-28(k)、图 4-28(l)]。

SW4 在北半球春夏(Ls=30°~150°)表现出了和 SW3 相似的相位结构,但没有 SW3 明显。SW4 在全球中低纬度范围内几乎都为上传波形,因此其相位结构表现出了近乎水平的条形结构,即全球中低纬度范围内 30 km 以上一致的相位变化[图 4-29(b)~(e)]。与 SW3 不同的是,在 Ls=0°~30°和 Ls=150°~180°期间,SW4 中低纬度上空的条形相位结构就已变得不明显[图 4-29(a)、图 4-29(f)]。

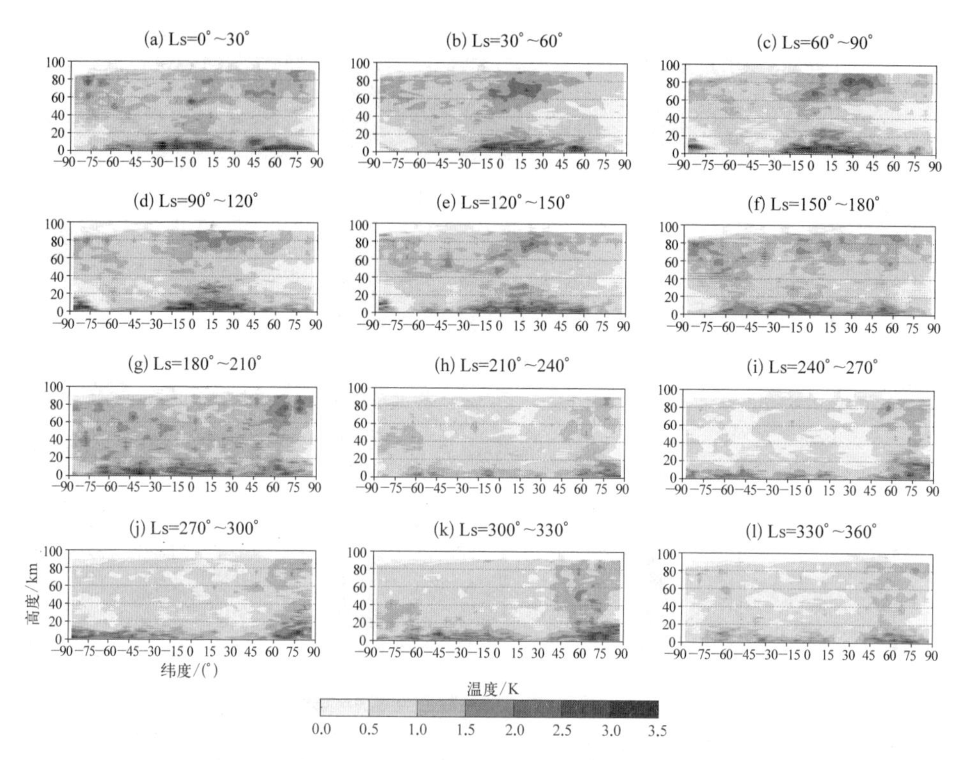

图 4-28 SW4 温度振幅在各个时段的纬度-高度剖面图

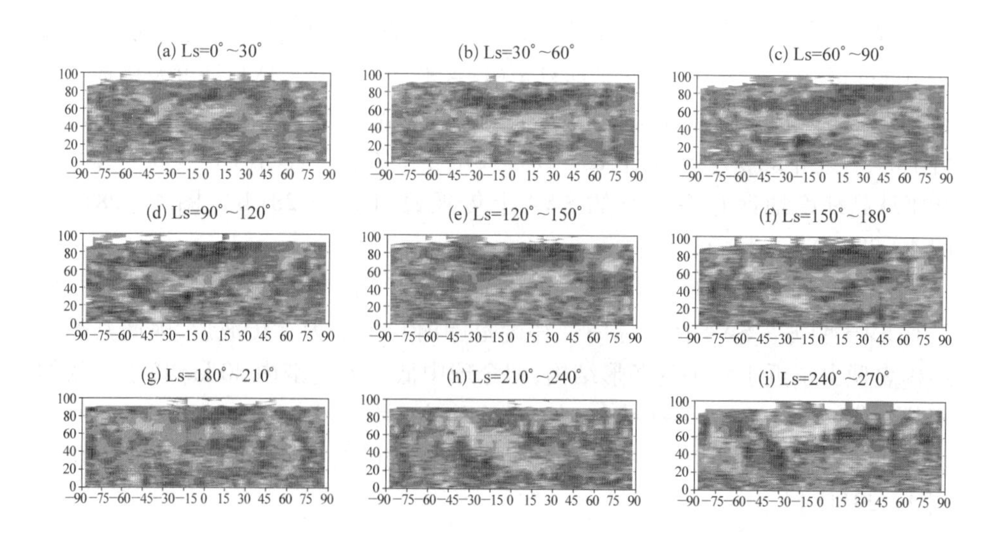

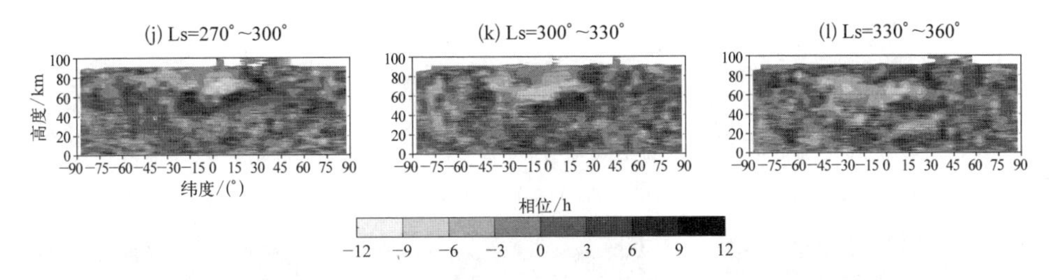

图 4-29　SW4 相位在各个时段的纬度-高度剖面图

SW5(图 4-30)的振幅结构与 SW4(图 4-8)相似,除集中于中低纬度地区 10 km 以下的激发源外,北半球夏至(Ls=90°)前后南半球高纬度及极地上空和北半球冬至(Ls=270°)前后北半球高纬度及极地地区上空也存在上传的热力潮汐。特别的,在北半球秋冬(Ls=180°~360°),北半球高纬度地区存在持续的 SW5 上传现象[图 4-30(g)~(l)]。

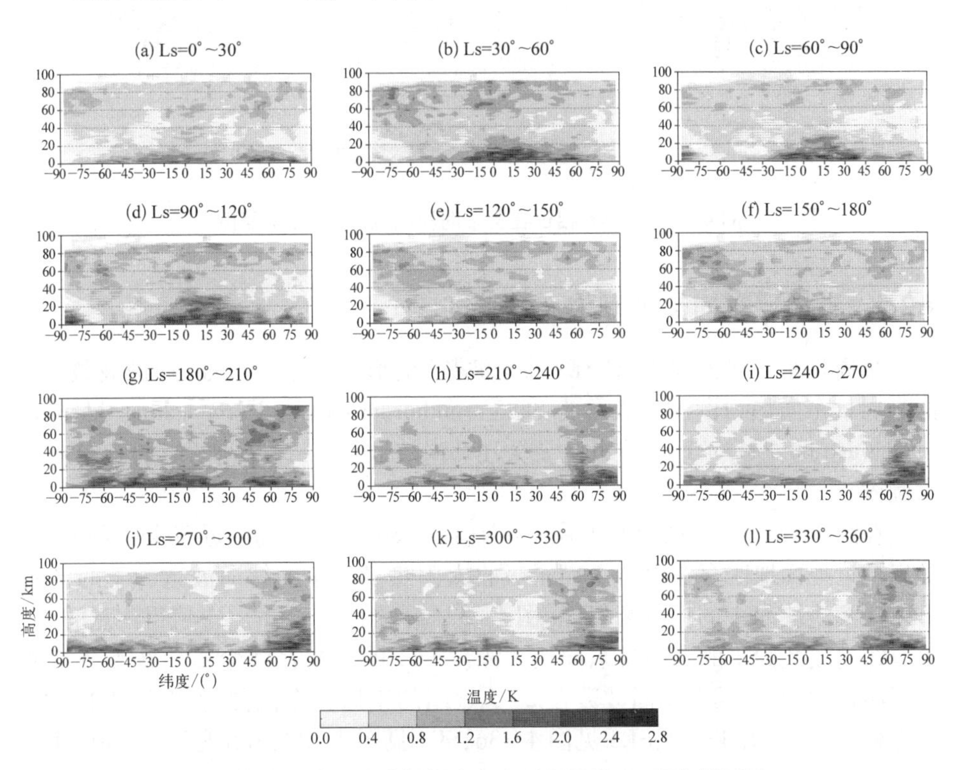

图 4-30　SW5 温度振幅在各个时段的纬度-高度剖面图

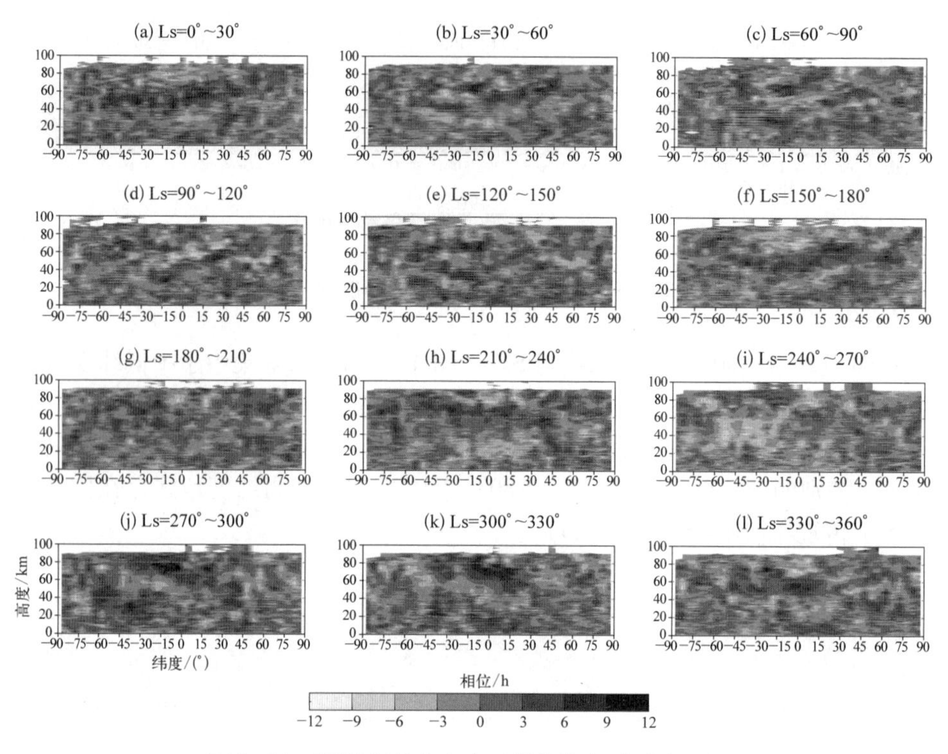

图 4-31 SW5 相位在各个时段的纬度-高度剖面图

4.2.5 半周日东向热力潮汐波动特征

半周日东向热力潮汐以"SE+纬向波数"的形式表示。例如,纬向波数为 1 的半周日东向热力潮汐被表示为 SE1(semidiurnal eastward propagating tide with zonal wave number of 1)。在此主要关注纬向波数在 1~5 之间的半周日东向热力潮汐。

在图 4-32 中,可见沙尘暴活跃季节(Ls=180°~270°)高度近 50 km(约 1 Pa)处以及近地面地区存在由沙尘粒子吸收太阳热量产生的纬向波数为 1 的半周日东向潮汐波 SE1 的振幅高值区[图 4-32(g)、图 4-32(h)]。值得注意的是,只有纬向波数为 1 的半周日东向热力潮汐 SE1 的振幅在沙尘暴活跃季节表现出了明显的增强,其余纬向波数在 2~5 之间的半周日东向热力潮汐 SE2~SE5 的振幅(SE2 见图 4-34,SE3 见图 4-36,SE4 见图 4-38,SE5 见图 4-40)并未在沙尘暴活跃季节表现出明显的增强。由图 4-33 可以发现,北半球夏至(Ls=

90°)前后南半球高纬度及极地上空和北半球冬至(Ls = 270°)前后北半球高纬度及极地上空存在上传的热力潮汐,而后者到达的高度比前者更高。

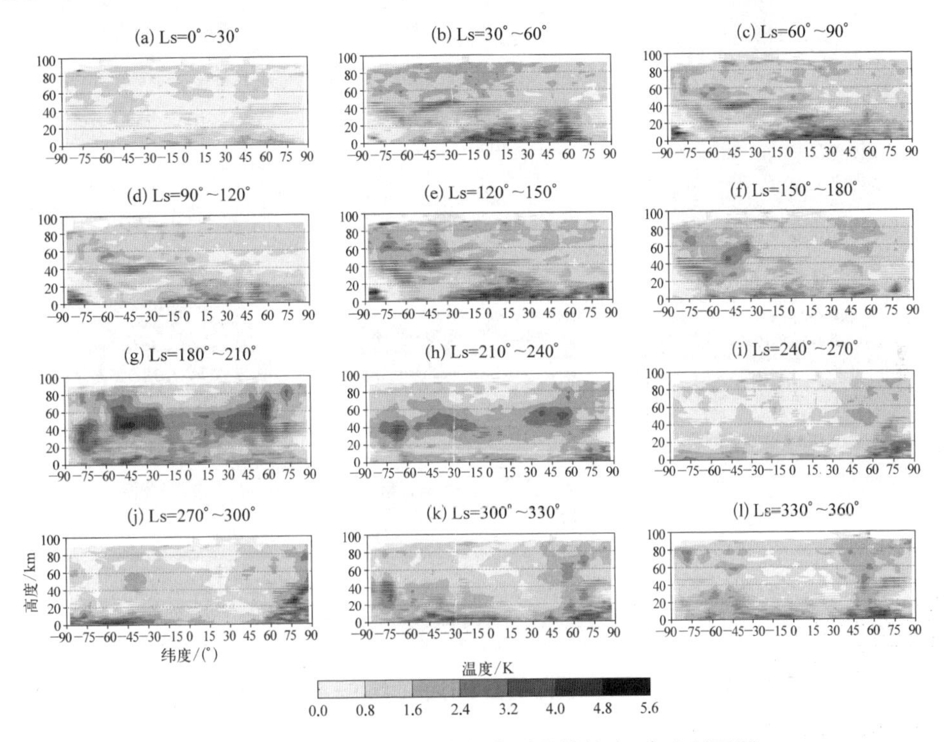

图 4-32　SE1 温度振幅在各个时段的纬度-高度剖面图

从振幅(图 4-34)和相位(图 4-35)结构可见,SE2 的波形结构是典型的半周日东向传播的潮汐波结构,以中低纬度地区 10 km 以下的激发源、北半球夏至(Ls = 90°)前后南半球高纬度及极地上空的激发源和北半球冬至(Ls = 270°)前后北半球高纬度及极地上空存在上传的激发源为主。特别的,在北半球秋冬(Ls = 180° ~ 360°),北半球高纬度地区存在持续的 SE2 上传现象[图 4-34(g) ~ (l)],最高可到达中间层中上部。

SE3(图 4-36)的振幅结构除中低纬度地区 10 km 以下的激发源外,北半球夏至(Ls = 90°)前后南半球高纬度及极地上空和北半球冬至(Ls = 270°)前后北半球高纬度及极地上空也存在上传的热力潮汐。特别的,在北半球秋季中后期(Ls = 210° ~ 270°)和冬季中后期(Ls = 300° ~ 360°),北半球高纬度地区存在持续的 SE3 上传现象[图 4-36(h)、图 4-36(i)、图 4-36(k)、图 4-36(l)]。

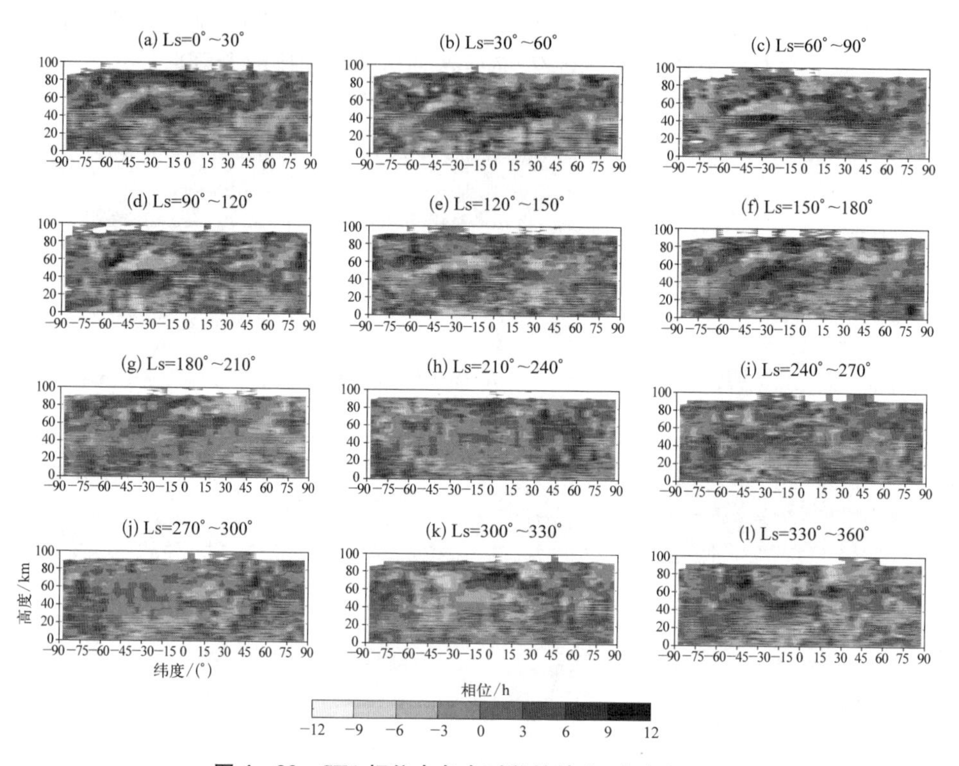

图 4-33 SE1 相位在各个时段的纬度-高度剖面图

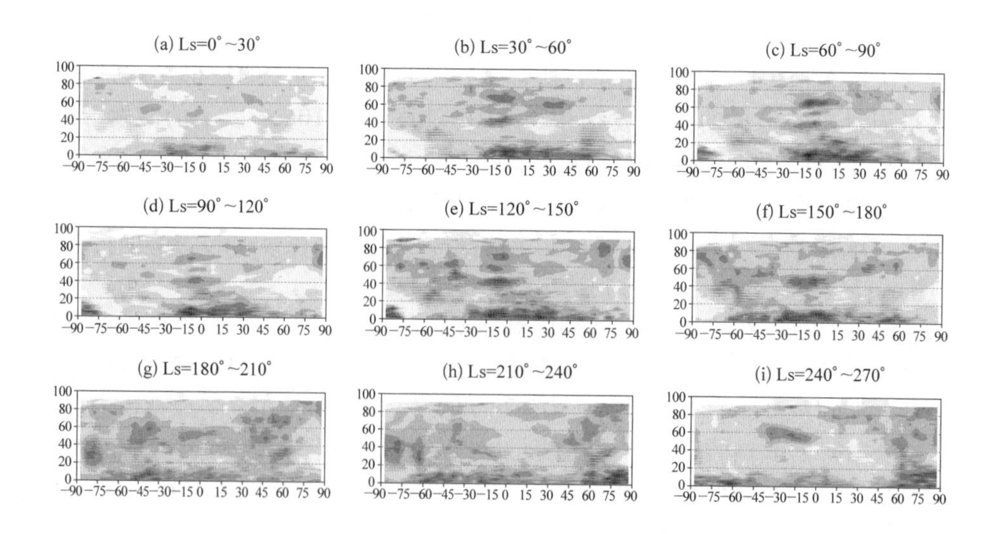

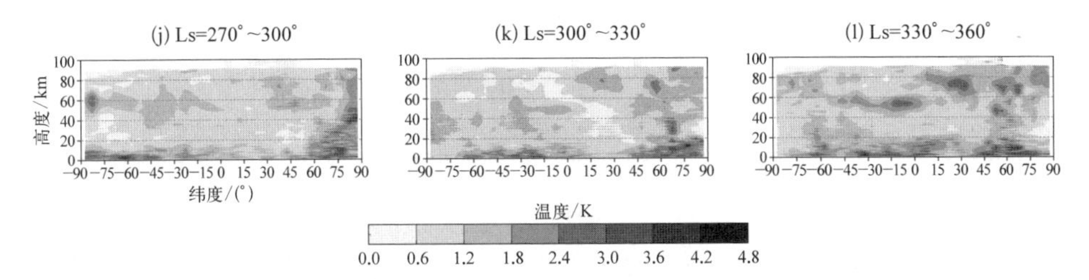

图 4－34　SE2 温度振幅在各个时段的纬度-高度剖面图

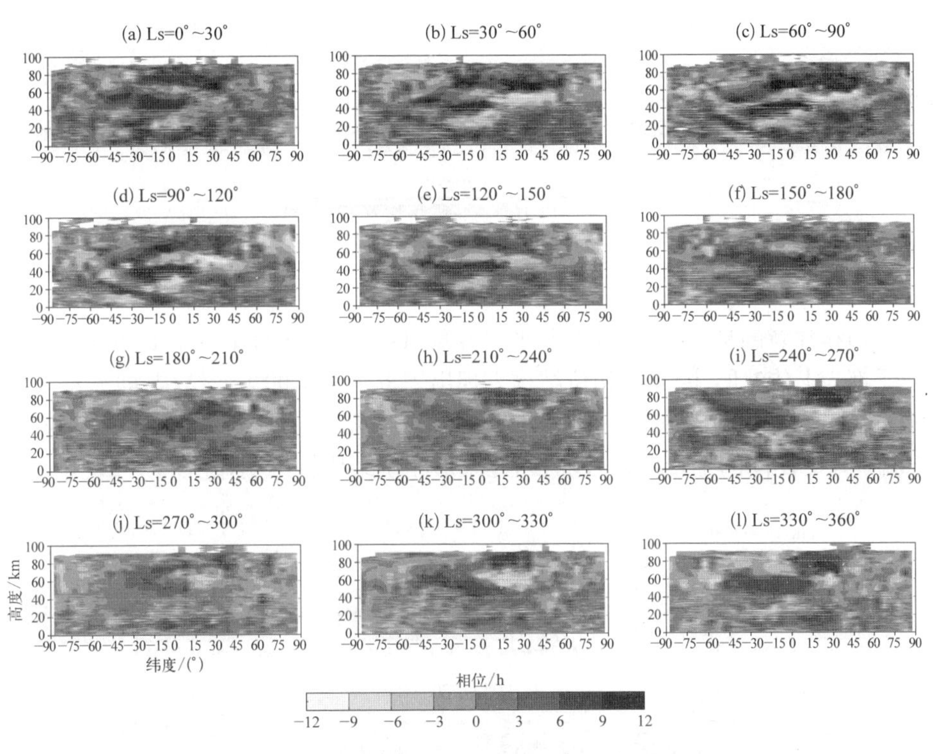

图 4－35　SE2 相位在各个时段的纬度-高度剖面图

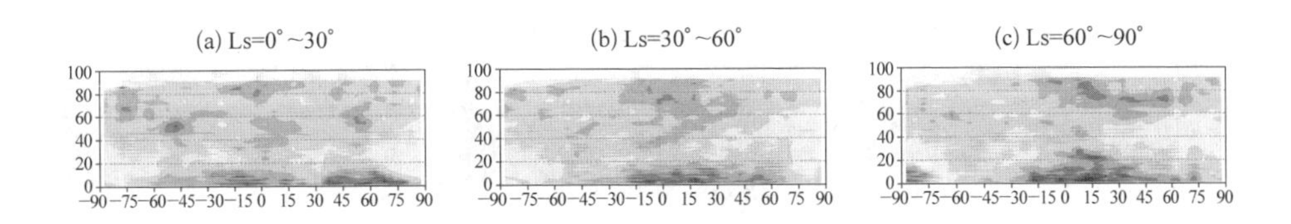

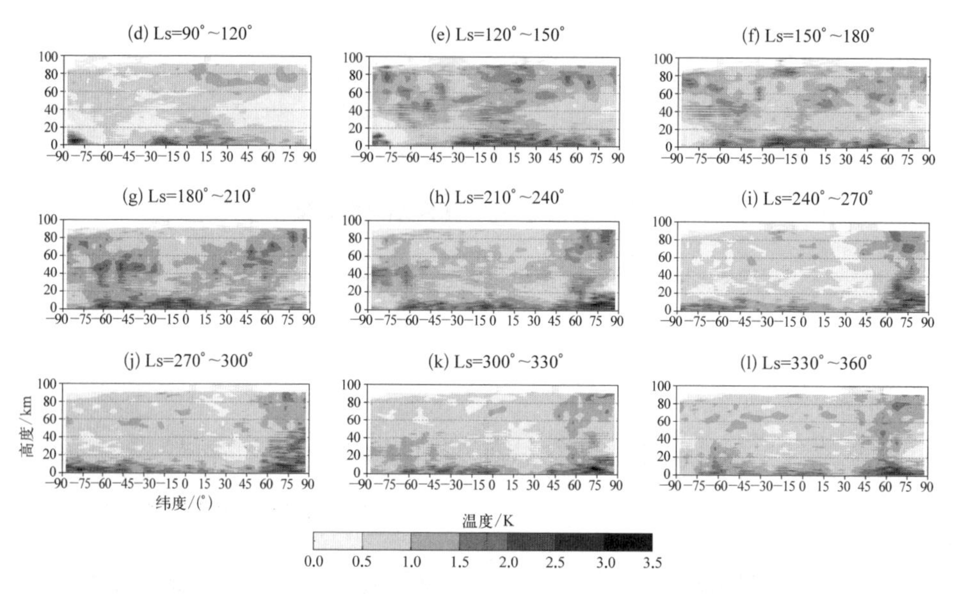

图 4-36 SE3 温度振幅在各个时段的纬度-高度剖面图

值得注意的是,由于 SE3 在北半球春夏(Ls=0°~180°)全球中低纬度范围内几乎都为上传波形,因此其相位结构表现出了近乎水平的条形结构,即火星全球中低纬度上空 30 km 以上一致的明显相位变化[图 4-37(a)~(e)]。由于 Ls=150°~180°期间的上传波形较弱,因此条形相位结构较不明显[图 4-37(f)]。

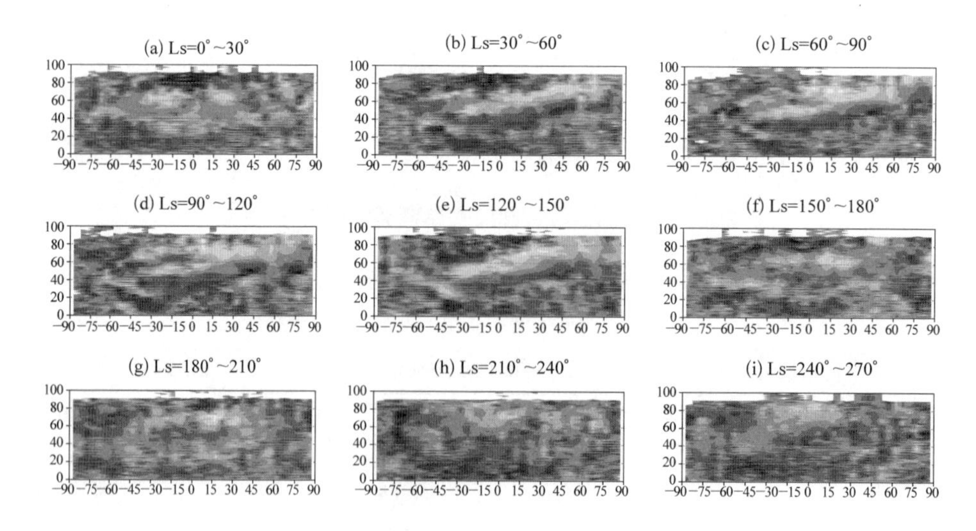

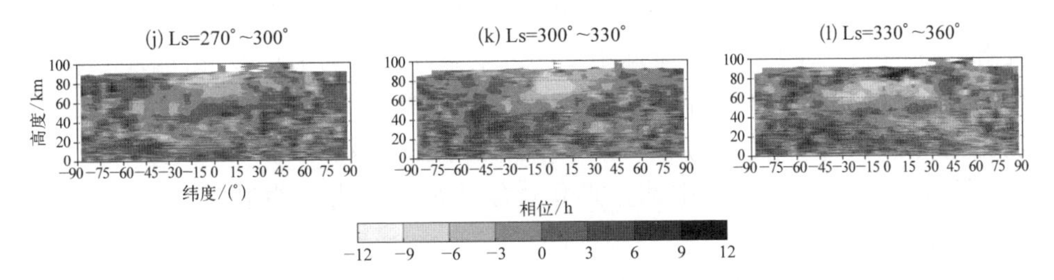

图 4－37　SE3 相位在各个时段的纬度-高度剖面图

SE4(图 4－38)的振幅结构以中低纬度地区 10 km 以下的激发源以及北半球夏至(Ls＝90°)前后南半球高纬度及极地上空和北半球冬至(Ls＝270°)前后北半球高纬度及极地上空存在上传的热力潮汐为主。特别的,在北半球秋季中后期(Ls＝210°~270°)和冬季中后期(Ls＝300°~360°),北半球高纬度地区存在持续的 SE4 上传现象[图 4－38(h)、图 4－38(i)、图 4－38(k)、图 4－38(l)]。

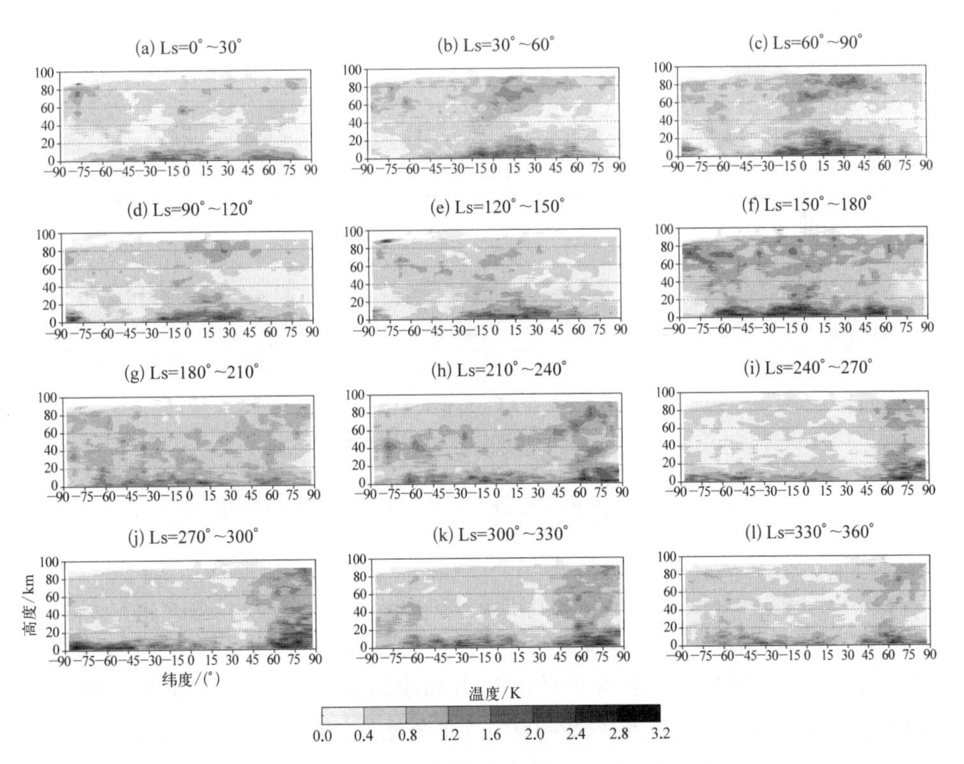

图 4－38　SE4 温度振幅在各个时段的纬度-高度剖面图

SE4 在北半球春夏(Ls = 30° ~ 150°)表现出了和 SE3 相似的相位结构,但没有 SE3 明显。SE4 在火星全球中低纬度上空几乎都为上传波形,因此其相位结构表现出了近乎水平的条形结构,即全球中低纬度上空 30 km 以上一致的相位变化[图 4 - 39(b) ~ (e)]。与 SE3 不同的是,在 Ls = 0° ~ 30°和 Ls = 150° ~ 180°期间,SE4 中低纬度上空的条形相位结构就已变得不明显[图 4 - 39(a)、图 4 - 39(f)]。

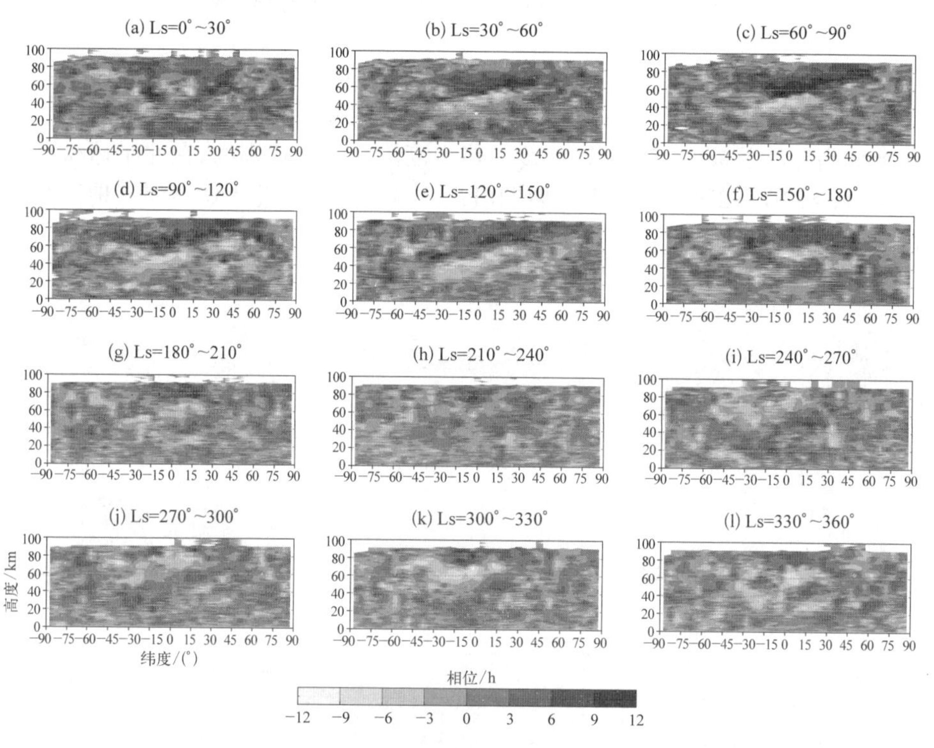

图 4 - 39 SE4 相位在各个时段的纬度-高度剖面图

SE5(图 4 - 40)的振幅结构以中低纬度地区 10 km 以下的激发源以及北半球夏至(Ls = 90°)前后南半球高纬度及极地上空和北半球冬至(Ls = 270°)前后北半球高纬度及极地上空存在上传的热力潮汐为主。特别的,从振幅和相位结构可见,在北半球秋冬(Ls = 180° ~ 360°),北半球高纬度地区存在持续的 SE5 上传现象[图 4 - 40(g) ~ (l),图 4 - 41(g) ~ (l)]。

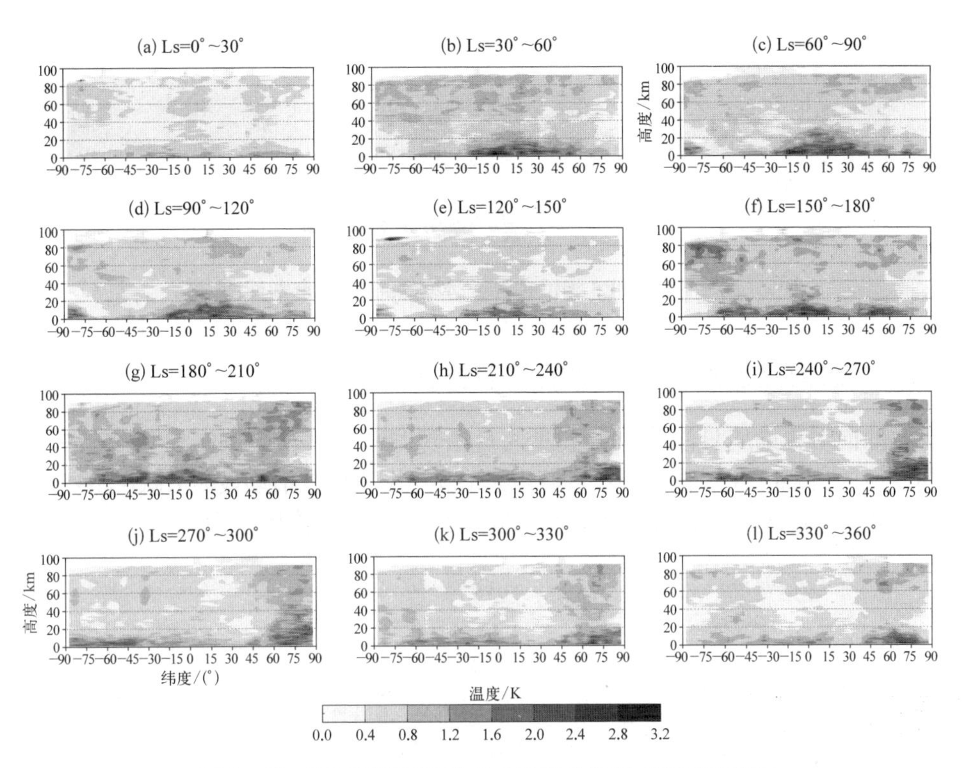

图 4-40　SE5 温度振幅在各个时段的纬度-高度剖面图

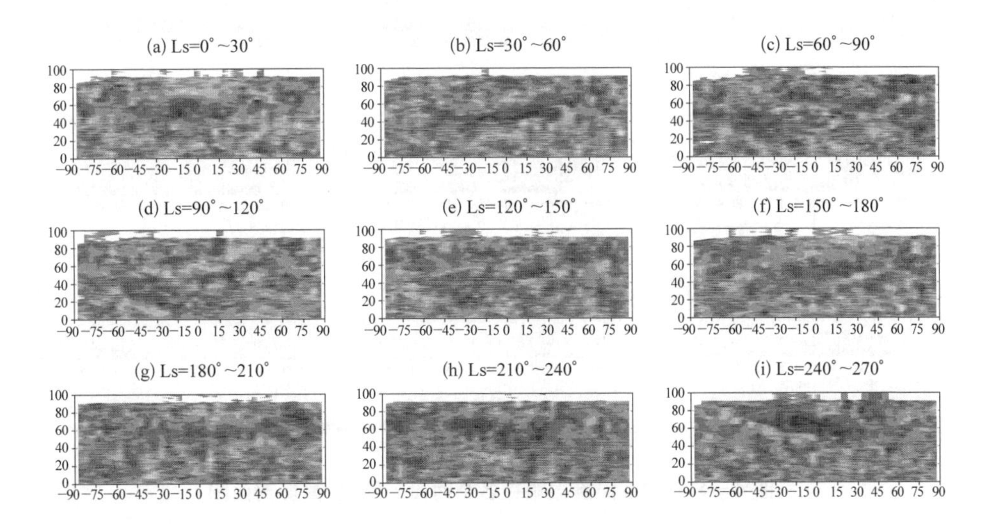

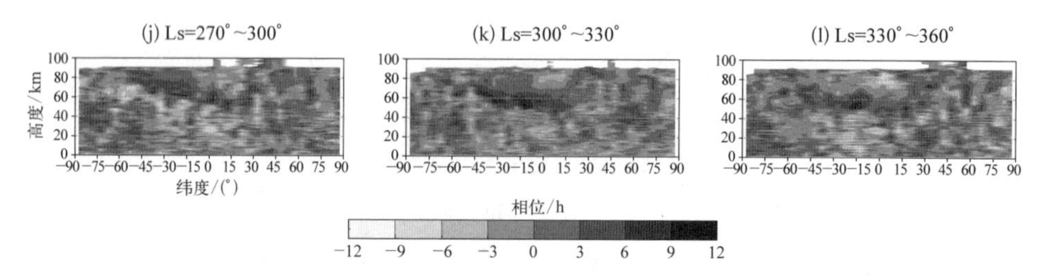

图 4-41　SE5 相位在各个时段的纬度-高度剖面图

4.2.6　热力潮汐对称波模式的波动特征

纬向对称的周日潮汐 DS0 和半周日潮汐 SS0 的活动范围主要集中于中低纬度地区(图 4-42~图 4-45),其中尤以赤道上空的波活动最为活跃(图 4-42 和图 4-44)。全年时间内,DS0 和 SS0 始终可以向上传播至中间层上部,且振

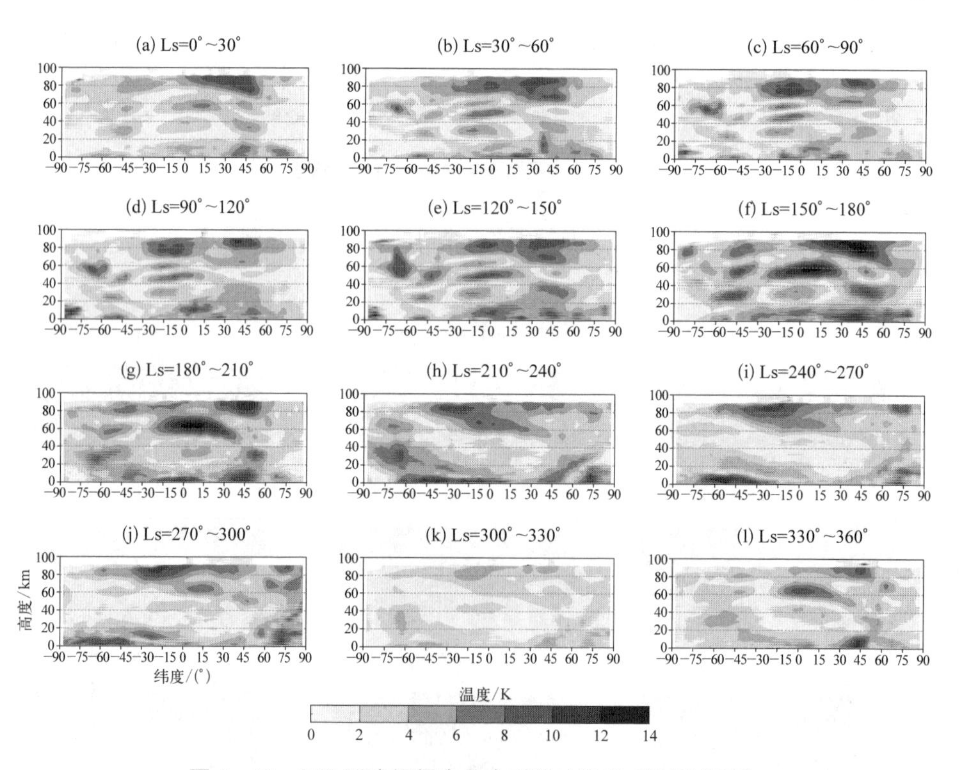

图 4-42　DS0 温度振幅在各个时段的纬度-高度剖面图

幅随高度增加而逐渐变大(图 4-43 和图 4-45)。在北半球秋分(Ls=180°)前后,赤道上空 60 km 处的 DS0[图 4-42(f)和图 4-42(g)]和 SS0[图 4-44(f)和图 4-44(g)]分别达到 13.76 K 和 7.84 K。

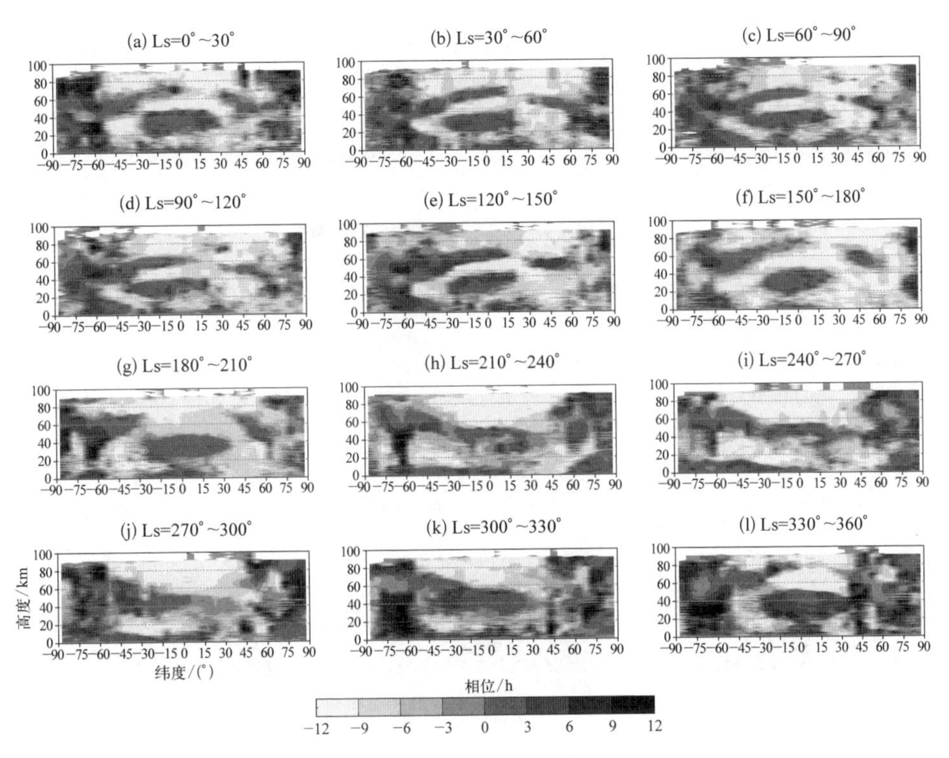

图 4-43　DS0 相位在各个时段的纬度-高度剖面图

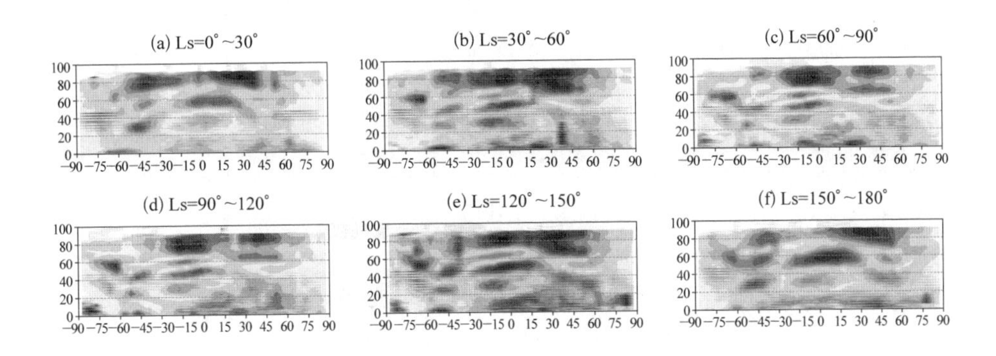

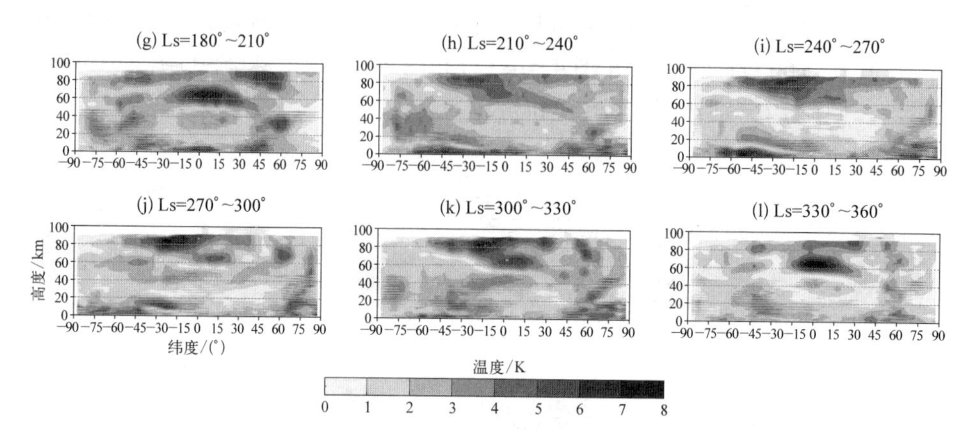

图 4-44 SS0 温度振幅在各个时段的纬度-高度剖面图

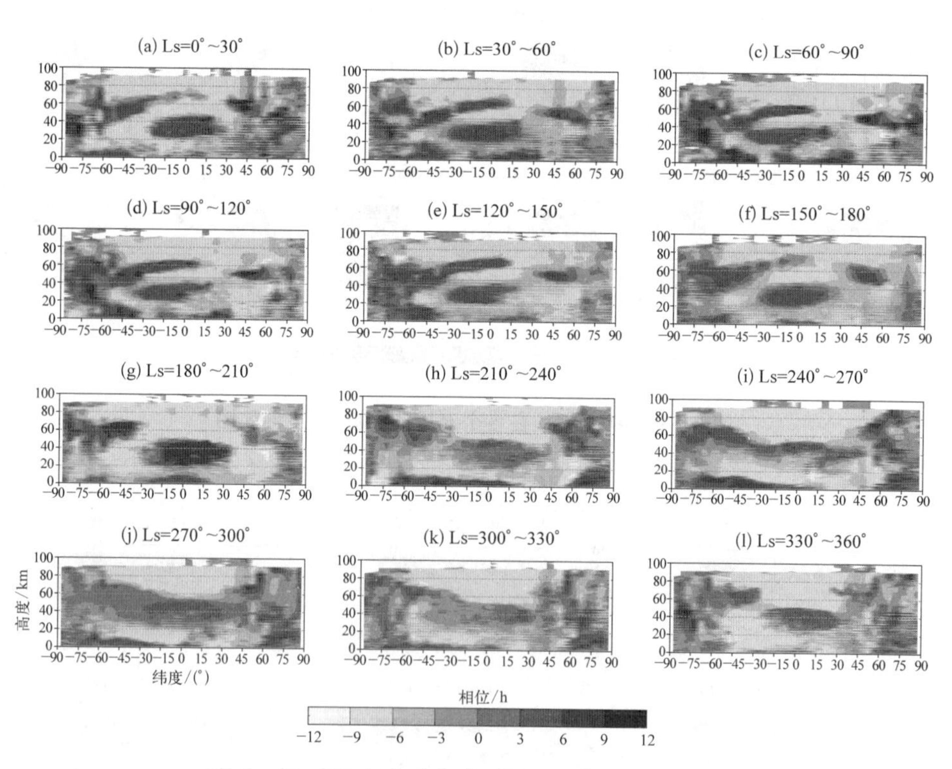

图 4-45 SS0 相位在各个时段的纬度-高度剖面图

4.2.7 结论与讨论

本节主要研究了火星大气中的潮汐现象,特别是热力潮汐的特性和波动特征。通过分析 MAWPD 数据集中的热力潮汐结果,我们发现纬向波数为 1~5 的周日西向热力潮汐、周日东向热力潮汐、半周日西向热力潮汐、半周日东向热力潮汐有共性特征,而纬向对称的周日潮汐 DS0 和半周日潮汐 SS0 则与非对称热力潮汐有着截然不同的特性。每种热力潮汐都有各自独立的特征,这些特征随着季节变化而发生不同的改变,有的甚至能到达并影响中间层和更高层的大气。

在周日西向热力潮汐方面,纬向波数为 1 的 DW1 在沙尘暴活跃季节表现出了明显的增强,而纬向波数在 2~5 之间的 DW2~DW5 并未表现出明显的增强。在北半球夏至前后和冬至前后分别存在上传的热力潮汐,且后者到达的高度比前者更高。振幅和相位结构对应关系较好,其中 DW2~DW5 的振幅结构相似,主要以中低纬度地区 10 km 以下的激发源以及南北半球高纬度及极地上空存在上传的热力潮汐为主。在北半球秋季中后期和冬季中后期,北半球高纬度地区存在持续的 DW2~DW5 上传现象。

在周日东向热力潮汐方面,纬向波数在 1~5 之间的潮汐被重点关注。在沙尘暴活跃季节内,沙尘粒子的吸收作用会产生纬向波数为 1 的 DE1 潮汐波,并在近地面和 50 km 处形成高振幅区域。DE2 的激发源也在该季节得到加强,并在北半球夏至前后的高纬度和极地地区产生上传潮汐。DE3 和 DE4 的主要振幅结构由 10 km 以下激发源和北半球夏至前后的高纬度和极地地区的上传潮汐组成。DE5 也与 DE3、DE4 相似,并在北半球秋冬季节的高纬度地区产生持续的上传潮汐。

在半周日西向热力潮汐方面,纬向波数为 1 的 SW1 在沙尘暴活跃季节表现出了明显的增强,而其余纬向波数在 2~5 之间的 SW2~SW5 并未表现出明显的增强。在北半球夏至前后南半球高纬度及极地上空和北半球冬至前后北半球高纬度及极地上空存在上传的热力潮汐,后者到达的高度比前者更高。SW2~SW5 的振幅结构与 SW1 类似,除中低纬度地区 10 km 以下的激发源外,北半球夏至前后南半球高纬度及极地上空和北半球冬至前后北半球高纬度及极地上空也存在上传的热力潮汐。特别的,在北半球秋冬期间,北半球高纬度地区存在持续的 SW2~SW5 上传现象,其中 SW3 和 SW4 在全球中低纬度范围内几乎都为上传波形,其相位结构表现出了近乎水平的条形结构。

在半周日东向热力潮汐方面，纬向波数为 1 的 SE1 在沙尘暴活跃季节表现出了明显的增强，而其余纬向波数在 2～5 的 SE2～SE5 并未表现出明显的增强。SE2、SE3、SE4 和 SE5 的振幅结构和相位结构在不同季节和纬度范围内有所不同，但都以中低纬度地区 10 km 以下的激发源以及北半球夏至前后南半球高纬度及极地上空和北半球冬至前后北半球高纬度及极地上空存在上传的热力潮汐为主。特别的，SE3 和 SE4 在北半球春夏期间表现出了近乎水平的条形相位结构，而 SE1、SE2 和 SE5 的相位结构则没有这种明显的条形结构。

本节的研究结果对于深入理解火星大气潮汐现象具有重要意义，同时也为未来的火星探测任务提供了重要的科学依据。

4.3 行星波

本章着重研究定常行星波。通常用"SPW + 数字"代表定常行星波（stationary planetary wave），这里的"数字"是纬向波数。例如 SPW1 代表纬向波数为 1 的定常行星波。在此，对 SPW1～5 的波进行分析。

4.3.1 纬向波数为 1 的定常行星波波动特征

由图 4－46 中 SPW1 温度振幅随高度和纬度的变化可知，沙尘暴活跃季节（Ls＝180°～270°）内，SPW1 在火星大气对流层（地面到约 40 km）和平流层（约 40～100 km）内的活动明显变得更加活跃，这与纬向波数为 1 的周日迁移潮汐波 DW1 和东向传播潮汐波在同一时间段内的变化一致[图 4－2(g)、图 4－2(h)、图 4－12(g)、图 4－12(h)]。

沙尘暴活跃季节（Ls＝180°～270°）低层（＜20 km）的上传波形相位结构[图 4－47(g)(h)]象征着近地面向上传播的 SPW1[图 4－46(g)(h)]。除了沙尘暴活跃季节（Ls＝180°～270°）的行星波相位特征外，北半球夏至（Ls＝90°）前后南半球高纬度及极地上空存在明显的上传波形相位结构[图 4－47(c)(d)]，这与图 4－46(c) 和图 4－46(d) 中南半球高纬度及极地上空对流层的 SPW1 振幅结构相符。北半球冬至（Ls＝270°）前后，在北半球高纬度和极地上空存在类似的上传波形相位结构[图 4－47(i)(j)]和向上传播的行星波结构[图 4－46(i)(j)]。与北半球夏至（Ls＝90°）前后南半球高纬度及极地上空的 SPW1 相比，强度相似但高度更高。

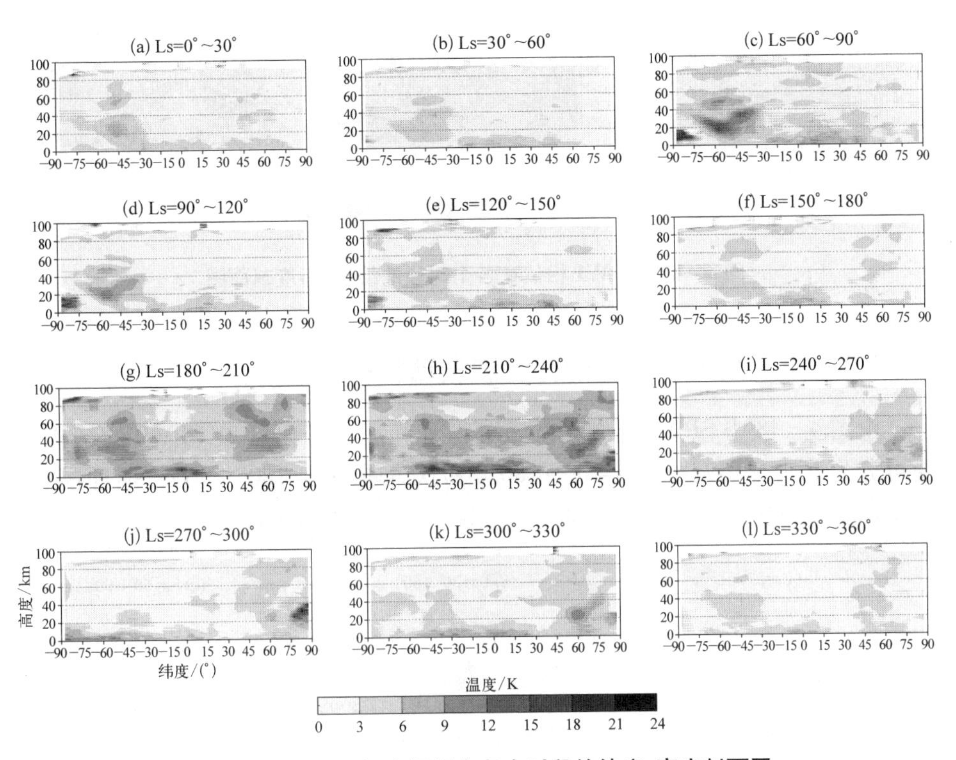

图 4-46　SPW1 温度振幅在各个时段的纬度-高度剖面图

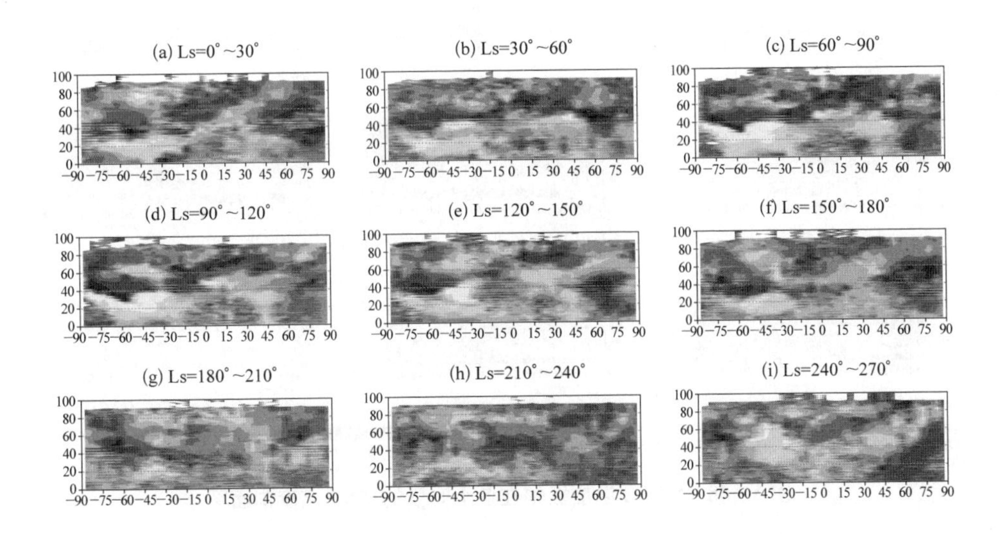

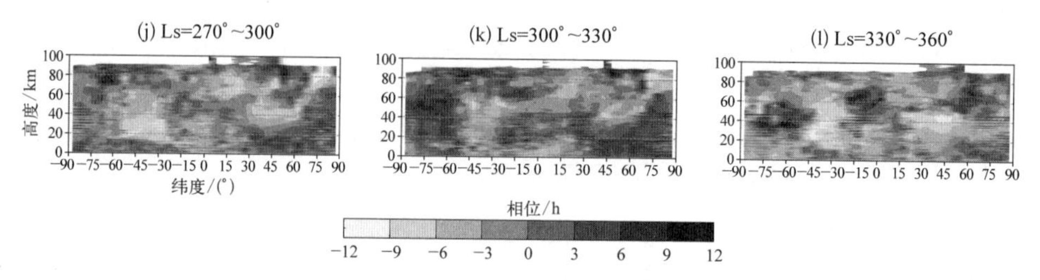

图 4-47 SPW1 相位在各个时段的纬度-高度剖面图

4.3.2 纬向波数为 2 的定常行星波波动特征

由图 4-48 中 SPW2 温度振幅随高度和纬度的变化可知,SPW2 的结构主要可分为北半球春夏季(Ls = 0° ~ 180°)和秋冬季(Ls = 180° ~ 360°)两种模式。北半球春夏季模式的 SPW2 活动在 Ls = 30° ~ 60°之间[图 4-48(b)]最为显著,

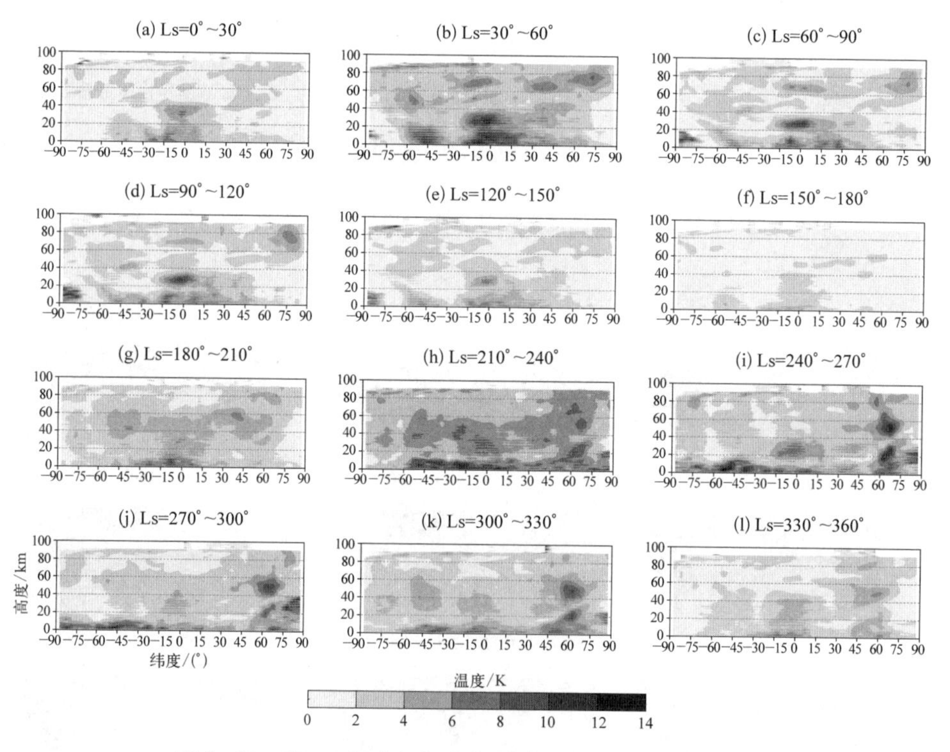

图 4-48 SPW2 温度振幅在各个时段的纬度-高度剖面图

以赤道上空延伸至平流层的 SPW2 为代表。北半球秋冬季,SPW2 在沙尘暴活跃季节(Ls = 180° ~ 270°)后期最为显著,以近地面密集的波激发源为代表。值得一提的是,和 SPW1 一样,SPW2 也存在北半球夏至(Ls = 90°)前后南半球高纬度及极地上空的上传振幅结构[图 4 - 48(c)(d)]和北半球冬至(Ls = 270°)前后在北半球高纬度及极地上空向上传播的振幅结构[图 4 - 48(i)(j)]。但是 SPW2 在北半球冬至(Ls = 270°)前后在北半球高纬度及极地上空延伸到了平流层中高层,这个高度明显高于 SPW1。

在 Ls = 60° ~ 150°之间[图 4 - 49(c) ~ (e)]和 Ls = 210° ~ 360°之间[图 4 - 49(h) ~ (l)],可以发现北半球春夏季的南半球中高纬度和极地上空,以及北半球秋冬季的北半球中高纬度和极地上空存在明显的从中高纬度近地面倾斜延伸向极地上空对流层顶高度(约 40 km)的相位结构,对应同时期 SPW2 倾斜的波振幅结构[Ls = 60° ~ 150°见图 4 - 48(c) ~ (e),Ls = 210° ~ 360°见图 4 - 48(h) ~ (l)]。SPW1 也存在类似现象,但没有 SPW2 如此明显。

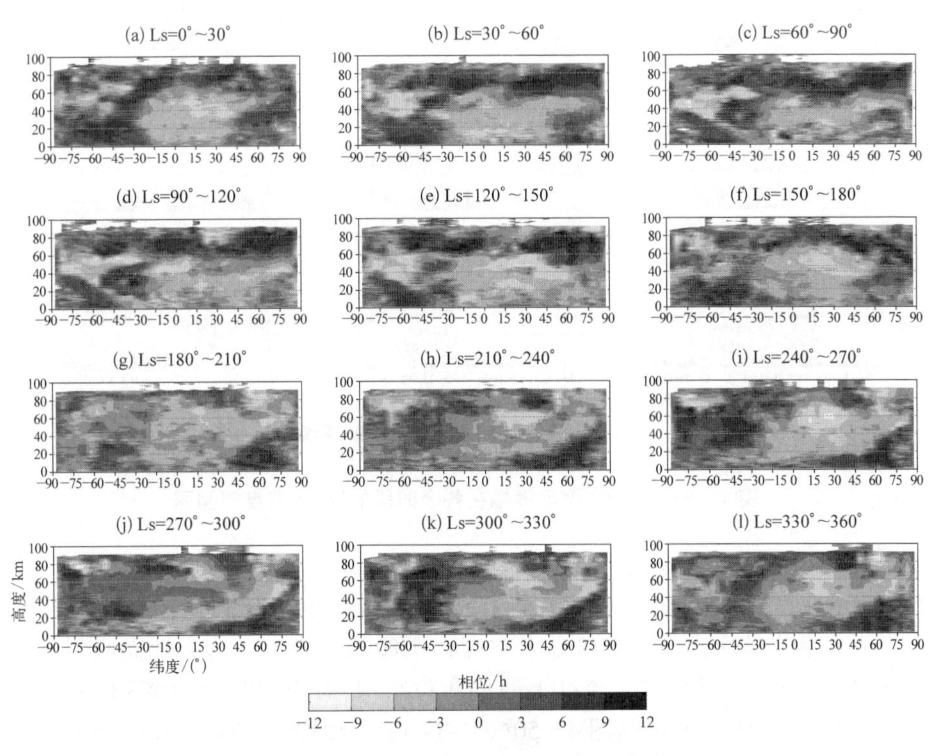

图 4 - 49　SPW2 相位在各个时段的纬度-高度剖面图

4.3.3 纬向波数为 3 的定常行星波波动特征

由图 4-50 可以看出,SPW3 全年在近地面都有激发源,因此波振幅结构随季节变化没有 SPW1 和 SPW2 明显。激发源在沙尘暴活跃季节(Ls=180°~270°)前后存在增强现象。此外,SPW3 在北半球春夏季的南半球中高纬度及极地上空和北半球秋冬季的北半球中高纬度及极地地区上空仍然存在明显的波活动,但高度明显低于 SPW2,约与 SPW1 处于同一高度范围内。

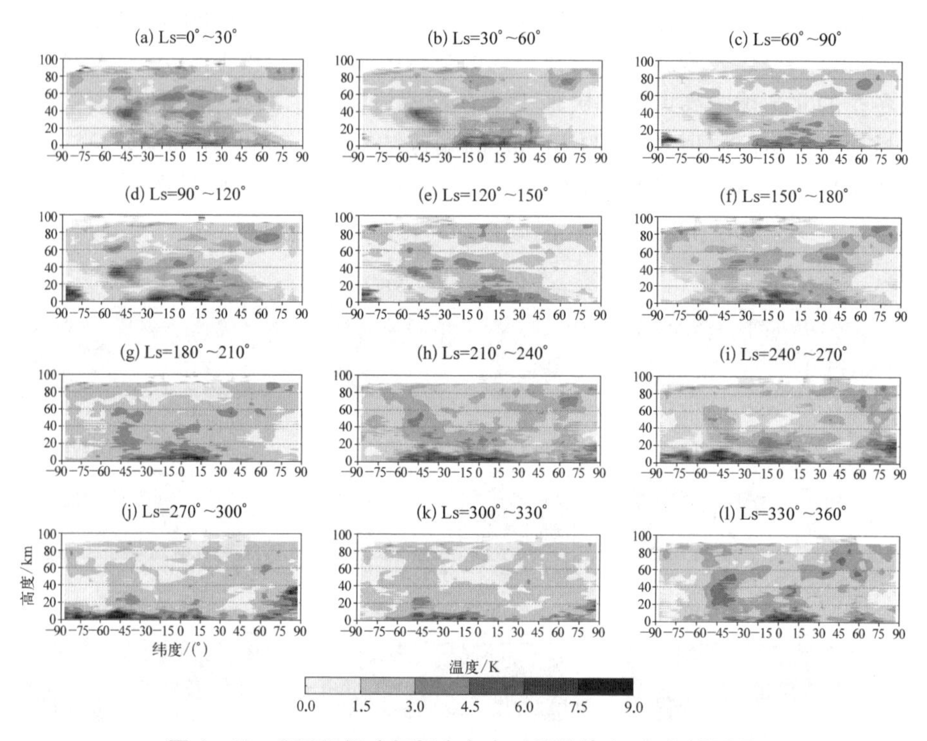

图 4-50 SPW3 温度振幅在各个时段的纬度-高度剖面图

在 Ls=60°~150°之间[图 4-51(c)~(e)]和 Ls=210°~360°之间[图 4-51(h)~(l)],可以发现北半球春夏季的南半球中高纬度与极地上空,以及北半球秋冬季的北半球中高纬度及极地上空存在明显的从中高纬度近地面倾斜延伸向极地上空对流层顶高度(约 40 km)的相位结构,对应同时期 SPW3 倾斜的波振幅结构[Ls=60°~150°见图 4-50(c)~(e),Ls=210°~360°见图 4-50(h)~(l)]。SPW3 的相位结构和波振幅活动均弱于 SPW1 和 SPW2。

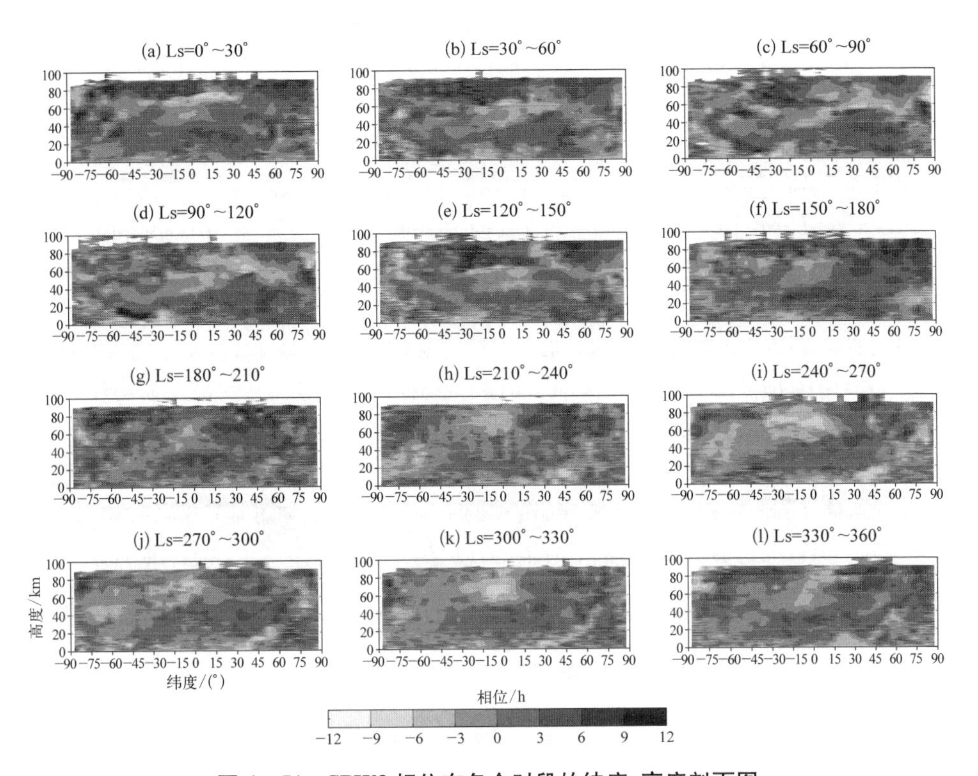

图 4－51　SPW3 相位在各个时段的纬度-高度剖面图

4.3.4　纬向波数为 4 的定常行星波波动特征

由图 4－52 可以看出，SPW4 的振幅结构和 SPW3（图 4－50）相似，主要有两个区别：① SPW4 的极地波活动弱于 SPW3；② SPW4 的振幅稍大于 SPW3。SPW4 全年在近地面都有激发源，因此波振幅结构随季节变化没有 SPW1 和 SPW2 明显。激发源在沙尘暴活跃季节（Ls = 180° ~ 270°）存在增强现象。此外，SPW4 在北半球春夏季的南半球中高纬度及极地上空和北半球秋冬季的北半球中高纬度及极地上空仍然存在明显的波活动，高度与 SPW1 和 SPW3 处于同一高度范围内，但振幅明显要弱。

观察图 4－53 可以发现，与 SPW1 ~ SPW3 均不同的是，SPW4 在南半球中纬度地区存在明显的上传波形相位结构，且该相位结构全年均存在。重新审视 SPW4 的波振幅结构（图 4－52），发现 SPW4 的确在南半球中纬度地区存在持续的上传行星波。值得注意的是，SPW4 在该区域的上传波形振幅及相位没有在

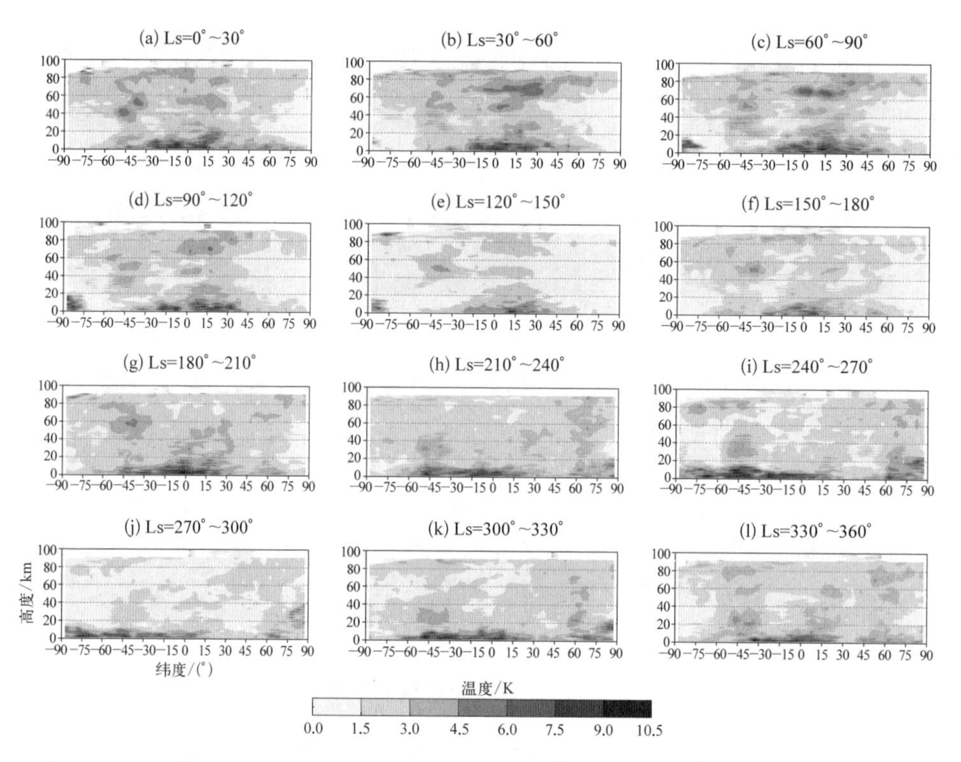

图 4-52 SPW4 温度振幅在各个时段的纬度-高度剖面图

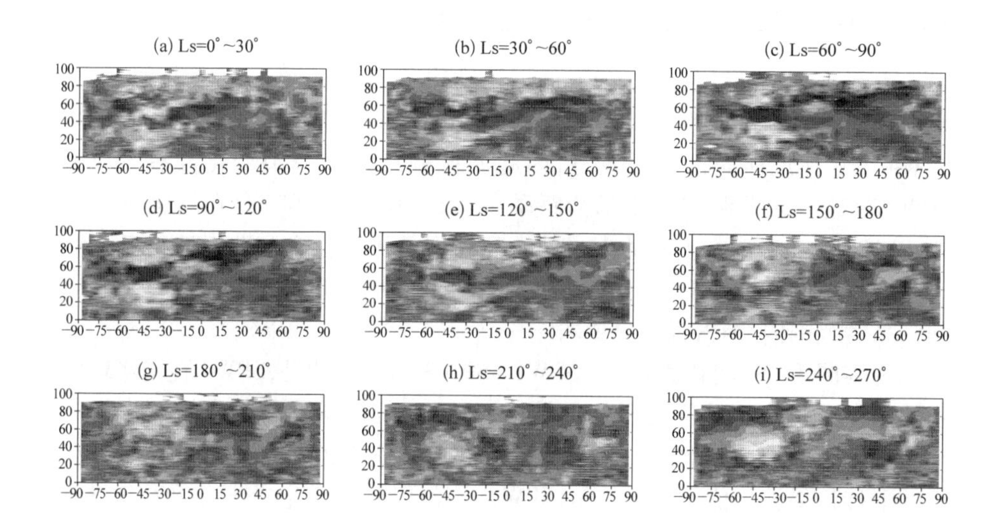

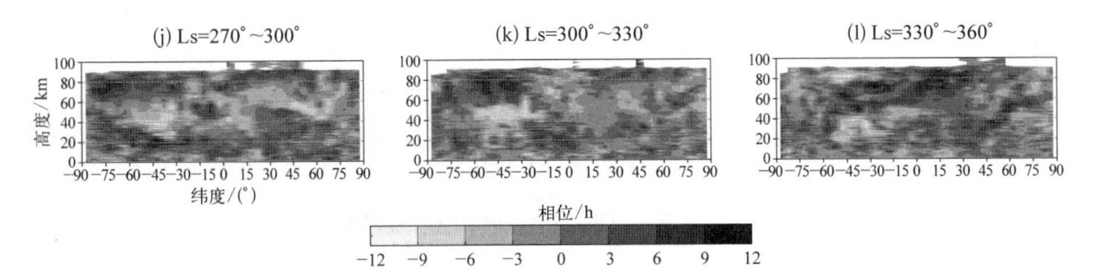

图 4-53　SPW4 相位在各个时段的纬度-高度剖面图

沙尘暴活跃季节(Ls=180°~270°)变得比其他季节更明显。沙尘暴活跃季节(Ls=180°~270°)SPW4 的振幅增强似乎仅局限于近地面低层大气。

4.3.5　纬向波数为 5 的定常行星波波动特征

由图 4-54 可以看出,SPW5 的振幅结构和 SPW4(图 4-52)相似,包括极地波活动,主要区别为:① SPW5 的振幅小于 SPW4;② SPW5 不存在 SPW4 中那样的南半球中纬度地区全年持续的上传波形振幅(图 4-54)和相位结构(图 4-53)。SPW5 全年在近地面都有激发源,因此波振幅结构随季节变化较不明显。激发源在沙尘暴活跃季节(Ls=180°~270°)存在较弱的增强现象。此外,SPW5 在北半球春夏季的南半球中高纬度与极地上空,以及北半球秋冬季的北半球中高纬度与极地上空仍然存在明显的波活动,高度和振幅均与 SPW4 高度一致(图 4-52)。

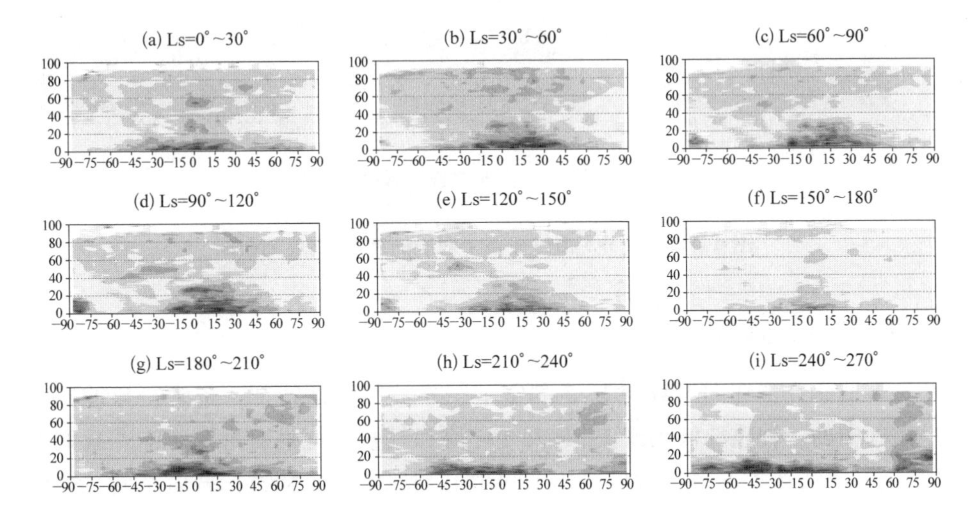

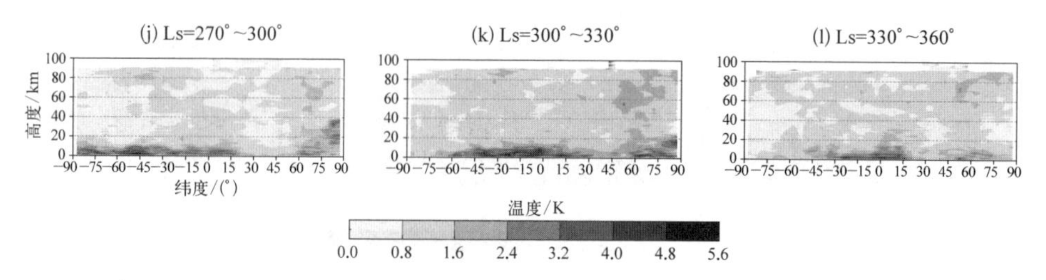

图 4-54 SPW5 温度振幅在各个时段的纬度-高度剖面图

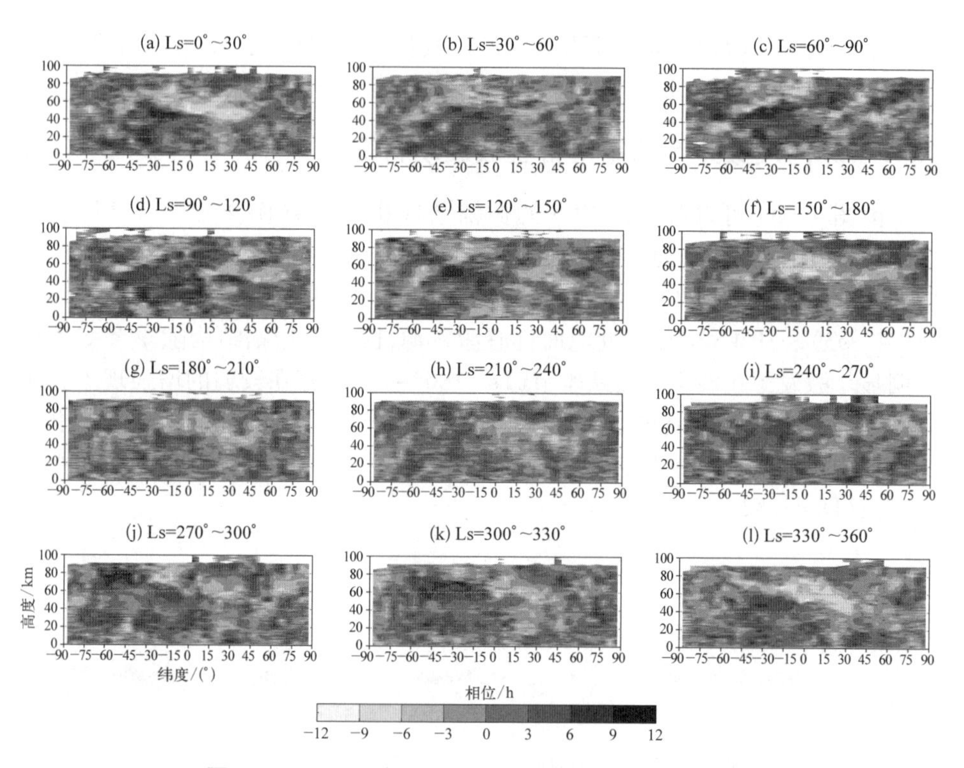

图 4-55 SPW5 相位在各个时段的纬度-高度剖面图

4.3.6 结论与讨论

本节研究了纬向波数为 1~5 的定常行星波的波动特征。定常行星波是行星大气中的一种重要波动现象,对大气环流和气候变化具有重要影响。我们发现,不同纬向波数的定常行星波在不同季节和地区的波动特征有所不同。纬向波数为 1 的定常行星波在沙尘暴活跃季节(Ls = 180° ~ 270°)表现出向上传播的显著特征,且在北半球夏至(Ls = 90°)前后南半球高纬度与极地上空存在明显的上传波形相位结构。纬向波数为 2 的定常行星波在北半球春夏季和秋冬季表现出不同的模式,且北半球冬至(Ls = 270°)前后在北半球高纬度与极地地区上空延伸到了平流层中高层。纬向波数为 3 的定常行星波全年在近地面都有激发源,但波活动相对较弱。纬向波数为 4 和 5 的定常行星波在南半球中纬度地区存在明显的上传波形相位结构,且 SPW4 在该区域存在持续的上传行星波。这些研究结果对于深入理解行星大气环流和气候变化具有重要意义。未来的研究可以进一步探究定常行星波与其他大气波动现象的相互作用,及其对火星气候变化的影响。

4.4　本章小结

本章主要关注火星大气中的热力潮汐和行星波特性。火星大气稀薄,导致日变化更加显著,激发了更强的热力潮汐。根据研究结果,热力纬向波数 1 ~ 5 的周日西向热力潮汐、周日东向热力潮汐、半周日西向热力潮汐、半周日东向热力潮汐有共同特征,而纬向对称的周日潮汐 DS0 和半周日潮汐 SS0 则与非对称热力潮汐有着截然不同的特性。每种热力潮汐都有各自独立的特征,这些特征随着季节变化而发生不同的改变,有的甚至能到达并影响中间层和更高层的大气。总体而言,火星大气热力潮汐活动较地球上更为活跃。同时,由于沙尘暴的存在,火星大气热力潮汐也拥有许多地球上没有的特性,如纬向波数为 1 的热力潮汐(DW1、DE1、SW1、SE1)均表现出明显的沙尘暴期间增强特性,而纬向波数为 2 ~ 5 的热力潮汐(DW2 ~ 5、DE2 ~ 5、SW2 ~ 5、SE2 ~ 5)增强特性却远没有它们明显。火星上稀薄的大气与干燥、低热惯性的地表使得太阳辐射对于热力潮汐具有非常强的激发作用。而沙尘暴对于辐射传输的影响也导致了其对热力潮汐的强迫作用。由于不同纬向波数的潮汐波对于辐射变化的敏感程度不一,因此,在沙尘暴期间也表现出不同的特性。这些独属于火星大气的潮汐特性可被用于未来的沙尘暴探测及预报预警工作。

火星大气中的行星波特性也得到了详细研究。本章着重分析了纬向波数 1 ~ 5 的定常行星波,如 SPW1、SPW2 等。这些行星波的振幅和相位结构随季节和纬度的变化有所不同。在沙尘暴活跃季节,部分行星波的振幅和相位结构表现出明显的增强。此外,在某些区域,部分行星波表现出持续的上传波形振幅及相位结构。

本章对火星大气中的热力潮汐和行星波特性进行了深入探讨,为火星大气动力学研究提供了重要依据。未来可继续关注火星大气中的其他波动特征,如非定常行星波等,并探讨其与气候、沙尘暴等现象的相互影响,以期为火星探测和气候模型研究提供更多有益的信息。

参考文献

[1] ZHANG J, JI Q Q, SHENG Z, et al. Observation based climatology Martian atmospheric waves perturbation Datasets [J]. Scientific Data, 2023, 10(1): 1-13.

[2] FORBES J M. Tidal and planetary waves [M]. Washington: AGU, 1995.

第五章　火星大气重力波特性研究

5.1　火星中高层大气重力波的气候态特征

5.1.1　引言

重力波被定义为传播在稳定层结大气中的一种振荡运动，是空气块受重力和各向同性热压力共同作用的结果，广泛存在于地球、火星等行星大气中[1, 2]。在较低的对流层激发产生重力波的波源包括对流、风切变、过山气流等其他过程，在较高高度上的局部对流不稳定性也可以产生波[3]。上传的重力波的振幅会随着高度呈指数增长，到达一定高度后发生饱和与破碎，与背景大气发生相互作用。重力波的传播和消散过程会重塑中高层大气环流和热力结构[4, 5]，因此其变化对火星大气的垂直相互作用具有重要影响[6]。例如，重力波会影响中间层大气急流的关闭[7]。还可能产生局地冷却而促进中间层 CO_2 冰云的形成[8]，重力波对外逸层大气局地温度的影响可能增强大气逃逸[9]。重力波破碎产生的湍流还会增强中高层大气高度（60～140 km）的垂直混合，引起热层密度产生变化，从而影响均质层顶的位置[10]。与地球相比，火星具有更显著的地形变化和更稀薄多风的大气层，因此在火星上探测到的重力波相比地球上具有更大的振幅和更宽的频谱[5]，重力波活动产生的影响似乎也比在地球上更大。总之，重力波是联系低层和中高层大气的关键因素之一，通过重新分配各层之间的动量和能量在行星大气动力学中发挥重要作用。

当前多个火星探测器通过多种探测方式获取的各类观测数据为热层和低层大气重力波研究提供了机会。自 2014 年 MAVEN 发射以来，有多位学者利用中性气体和离子质谱仪（Neutral Gas and Ion Mass Spectrometer，NGIMS）的原位观测结果分析了火星热层高度的重力波特征。例如，England 等[11]发现热层 CO_2密度扰动呈现 200 km 左右的水平波长，振幅约为 5%～25%，并发现重力波振幅与大气背景温度呈反相关。Terada 等[12]也报道了为幅值为 10%～20%

的重力波密度扰动，且夜侧的振幅大于昼侧。Yiğit 等[9]发现火星沙尘暴期间热层大气重力波活动相比平时增强了约 2 倍，且热层温度扰动的增强有助于大气逃逸的发生。2022 年，Ji 等[13]发现在火星热层获得的重力波垂直波数谱斜率在-3 左右，与地球大气中半经验预测的饱和频谱相似。同时，低层大气中重力波的波参数信息及时空分布特征也得到广泛研究。Creasey 等[14]利用火星环球勘测者(Mars Global Surveyor, MGS)的无线电掩星探测数据，发现低层大气在热带地区重力波活动最为活跃。Heavens 等[4]利用 MCS 辐射观测对低层大气重力波活动进行了最全面的总结，发现在火星全球性沙尘暴期间纬向急流增强抑制了重力波扰动发展。2022 年，Wu 等[15]基于火星气候探测器多年的观测结果对 80 km 高度以下重力波的分布和演变开展研究，发现受不同的激发源或者传播条件的影响，不同高度层的重力波在沙尘暴期间的变化呈现出差异性。

中间层是低层产生的重力波传播到高层大气并产生动量和能量交换的关键区域，对中层大气重力波的观测认知可以为重力波的传播和消散提供有价值的见解。然而，因为很少有千米尺度或者更高垂直分辨率的观测数据跨越中间层大气，目前关于这一关键的中间层大气区域的重力波研究却寥寥无几。Nakagawa 等[16]利用 MAVEN 携带的紫外成像光谱仪(Imaging Ultraviolet Spectrograph, IUVS)观测的垂直分辨率优于 6 km 的温度廓线，研究发现火星中层大气夜间波扰动在纬向分布上有明显季节变化。但由于数据分辨率的局限性，他们的结果混入了热力潮汐的影响。Saunders 等[17]利用地面恒星掩星和登陆器和漫游者进入大气层时测量的 12 条高分辨率大气密度剖面描述了中层大气中的重力波，发现中层重力波的主要波长为 3~14 km，振幅为 0.8%~2.5%。2021 年，Starichenko 等[18]研究了痕量气体轨道器(Trace Gas Orbiter, TGO)上大气化学套件(Atmospheric Chemistry Suite, ACS)的中红外光谱仪(Mid-infrared Spectrometer, MIR)通道观测数据，确定了适合于该数据的提取重力波扰动的方法，提出波幅与 Brunt-Väisälä 频率之间没有直接的相关性。然而，他们分析的数据集仅包括在 MY34 下半年火星全球性沙尘暴期间的测量，得到的结论可能受到沙尘影响而不能代表中层大气重力波的一般气候特征。

目前，关于火星中层大气中重力波特征的观测认知仍有许多重要问题未得到解决。利用观测资料对全球中层大气重力波的时空分布以及变化特征进行系统性研究，不仅可加深对重力波激发、传播过程的理解，而且对准确刻画大气重力波对大气运动的影响、改善火星中高层大气模式也有重要意义。ACS/TGO

是第一台红外仪器,它可以通过反演提供火星对流层到低热层(20~180 km)高度的大气温度数据,自 2018 年 4 月开始,ACS 三台光谱仪之一的中红外(MIR)光谱仪连续观测了 1.5 个火星年,提供了数百个具有高垂直分辨率的剖面,为中层大气重力波的气候学特征和周期特性研究提供了长时间、连续的、全球覆盖的观测数据。本节根据 ACS/TGO 观测反演的温度廓线,揭示了火星中间层大气重力波的气候态特征及波源特性,对大气重力波参数化和建模研究有参考价值。

5.1.1.1 ACS/MIR 数据介绍

2018 年 2 月,ExoMars TGO 进行了一次制动活动,开始其科学任务,测量广阔范围的火星大气层,覆盖火星的对流层、中间层以及低热层。搭载在 TGO 上的 ACS[19]可以在太阳掩星模式下通过高分辨率红外(IR)光谱仪对大气温度和密度垂直分布进行高度敏感测量。ACS 由近红外(NIR)、中红外(MIR)和热红外(TIRVIM)三个高分辨率的红外光谱仪组成,专门研究 ExoMars TGO 任务中火星大气的化学成分以及气溶胶和热结构,总共覆盖了 0.7~17 μm 的广泛光谱范围[19]。在本节中,我们使用了中红外光谱仪(ACS MIR)在 20~180 km 的极宽高度范围内感应 2.7 μm 波段的短波长部分的 CO_2吸收带。该光谱仪一直在 2.3~4.5 μm 的光谱范围内工作,该仪器的分辨率为 25 000,信噪比在 1 000~10 000之间变化。MIR 的垂直分辨率取决于积分时间,范围为 0.5~2.5 km。温度的检索方案的详情可参考 Belyaev 等[20]的论文,为了同时得出特定高度的密度和温度,他们采用了一个多迭代方案,将一个建模的传输光谱拟合到测量的光谱上。该方案的可靠性已经与近红外通道(ACS NIR)在 1.58 μm 的 CO_2波段的测量相验证[21]。本研究中我们直接使用 Belyaev 等[20]用 ACS 近红外观测反演提供的温度数据,包括 568 条垂直廓线,时间从 2018 年 5 月至 2021 年 1 月,相当于从 MY34 Ls=181°到 MY35 Ls=355°的 1.5 个火星年。

图 5-1 显示了本研究中所使用的 ACS/MIR 太阳掩星的切点的时空覆盖,选定的数据集中有 294 条掩星廓线位于北半球,274 条廓线在南半球。切点的地理位置在一次完整掩星测量中变化很小,所以每条廓线估算的坐标是在整个切线高度上取平均值。如图 5-1(a)所示切点的地理分布在经度上比较均匀,而纬度上在高纬度地区的覆盖相对更密集,在 45°N~45°S 之间的低纬度地区分布稀少,在图 5-1(a)~(c)中都能看到。就地方时覆盖来说[图 5-1(b)],由于太阳掩星的几何原理,仪器的探测集中在日出和日落附近。图 5-1(c)显示了切点的太阳经度-纬度分布情况,观测结果随太阳经度变化均匀覆盖整个火

星年，MY34 和 MY35 下半年的轨道覆盖基本相似，允许对这季节内的重力波活动进行比较。掩星测量的高度基本上在 20~180 km[图 5-1(d)]。

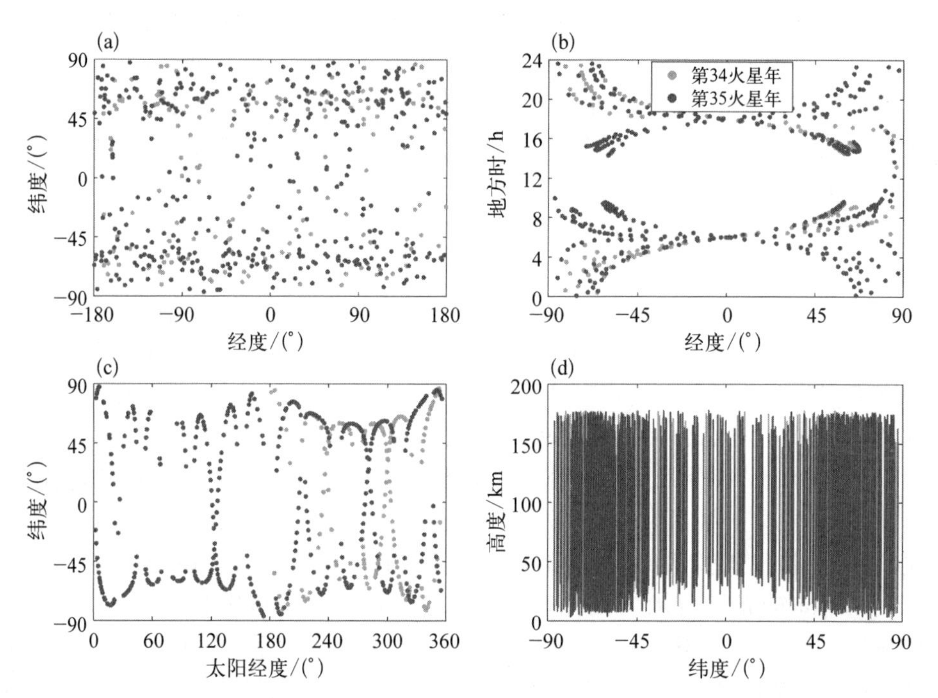

图 5-1 ACS/MIR 太阳掩星测量的切点的时空覆盖。显示为(a) 纬度和经度、(b) 地方时和纬度，以及(c) 纬度和太阳经度的函数，(d) 显示了掩星数据的高度和纬度覆盖。浅色和深色的点分别代表 MY34 和 MY35

5.1.1.2 重力波扰动提取

首先对使用的温度数据进行预处理，每条廓线仅保留误差为小于 10 K 的数据记录，然后将每个温度剖面以 0.5 km 的均匀间隔插值以保证数据在高度上均匀分布。重力波引起的温度扰动 T' 是通过将背景温度 $\bar{T}$ 从测量的温度 T 中分离来估算获得，这种做法被广泛用于提取地球和火星大气中的重力波参数提取[9, 22, 23]。

$$T' = T - \bar{T} \tag{5-1}$$

其中 $\bar{T}$ 表示平均背景温度，它代表尺度大于重力波谐波的波动在空间和时间尺度上进行平均。Starichenko 等[18]对比并评估了谱滤波、滑动最小二乘多项式拟合和高阶多项式拟合这三种方法用于区分波扰动和背景温度，结果表明不同方法得到的波扰动在高度上分布的一致性很好。本研究中我们使用七阶多项式拟合来获取平均背景温度,根据式(5-1)计算得到扰动后进行归一化处理,得到重力波的归一化温度扰动 ($T'/\bar{T}$)。选择七阶多项式拟合,是因为它在从 NGIMS 温度曲线[13]和 TGO 掩星温度测量提取重力波时表现良好[18]。该方法的缺点是它偶尔会在垂直域边缘附近产生虚假的扰动,拟合的平均温度的垂直梯度方向与测量剖面相反。因此,我们排除由此获得的廓线上下边界 4 km 内的值,来确保结果的准确性。

图 5-2(a)显示了 3017 号轨道的一个案例,掩星的切向足迹在地理坐标和太阳经度上分别位于(77.4°E, 73.2°S)和 Ls=219.4°。从观测到的单个温度剖面中用七阶多项式拟合背景温度,原始数据的观测误差也用灰色阴影区表示在

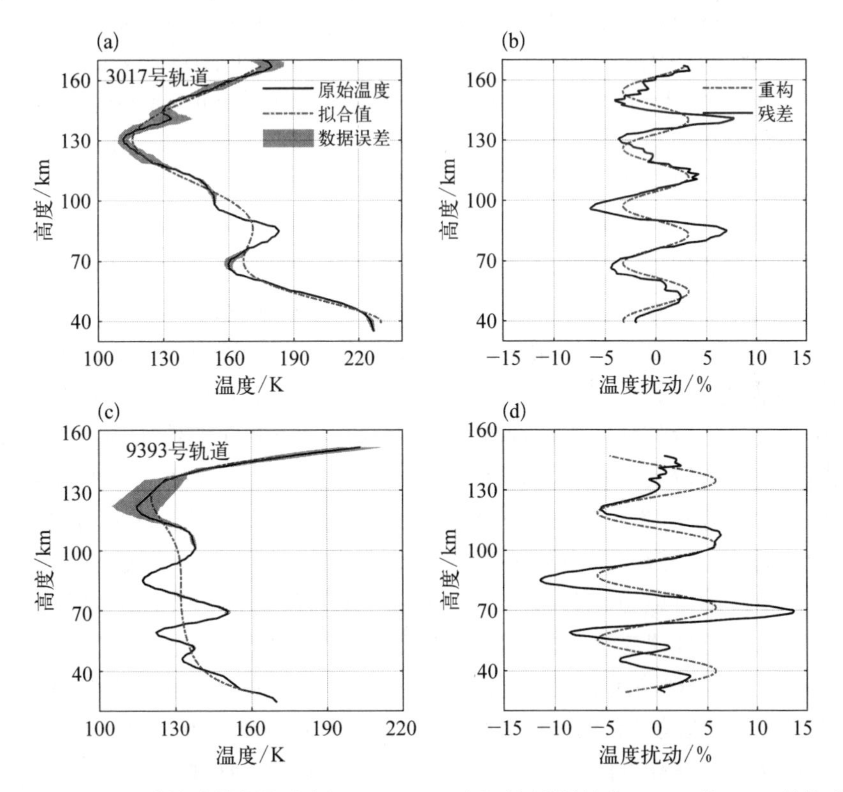

图 5-2　重力波扰动的提取实例。ACS/MIR 太阳掩星测量在 MY34 的 3017 号轨道上观测到的 (a) 温度廓线(实线)和七阶多项式拟合(虚线),原始温度的误差用灰色阴影表示。(b) 归一化的温度扰动,虚线表示用提取的主导振幅和波长重构的扰动。(c)与(d) 是相同的,但在 MY35 的第 9393 号轨道上

图中,可以看出拟合的背景温度随高度的演变与原始温度梯度方向有较好的一致性。根据估计的温度扰动,我们使用 Lomb - Scargle 周期图方法计算了主导波的振幅[24, 25],且每个轨道只考虑一个主导波。通过对比图 5 - 2(b)中的原始归一化温度扰动和重构扰动,我们可以注意到提取的振幅和波长清晰地刻画了主导扰动。同时,注意到波引起的温度扰动振幅小于平均背景温度的 15%,垂直波长小于 30 km,这与前人的研究结果一致[15, 17]。图 5 - 2(c)与(d)是相同的,但为 MY35 的 9393 号轨道,掩星的切向足迹在地理坐标和太阳经度上分别位于(161.5°W, 25.2°S)和 Ls = 128.8°。

5.1.2 重力波的时间演变和垂直分布

为了探究从对流层到低热层高度内重力波随太阳经度的时间演变,我们将每条温度廓线网格化,以 5°的太阳经度和 5 km 的高度间隔进行划分。图 5 - 3 显示了全球 1.5 火星年内平均态的温度和重力波振幅随高度-太阳经度分布图。由于太阳辐射和尘暴的综合影响,中层大气在近日点季节(Ls = 240° ~ 300°)通常比远日点季节(Ls = 60° ~ 120°)的温度高[图 5 - 3(a)],这与以前的研究结果一致。同时,注意到最强重力波活动所在高度随季节变化显著,显示出在下半年高于上半年的特征,在高度分布上出现两个极大值区域。在全球性沙尘事件所在的 MY34 下半年期间重力波活动显著的区域位于 80 ~ 140 km,而在 MY35 的北半球春季(Ls = 0° ~ 90°)重力波活动最大值中心下降到 80 km 以下的中低层大气,在后半年 Ls = 240°左右强度稍弱的重力波活动中心又上移至较高高度。由于大气密度随高度指数性减小,在对流层生成并向上传播的重力波在中层顶附近获得了较大的扰动速度而破碎并产生湍流。这改变全球的温度和环流结构,在中层顶产生一个明显的温度异常。波动湍流层顶也就是均质层顶被定义为波动从强耗散到自由传播的过渡区域,在湍流层顶以下波破碎很强,而在该层以上波动可以自由传播[10, 26]。因此,我们预期重力波扰动峰值高度随太阳经度的变化规律应该与“波动湍流层顶”的季节变化相似。事实上,Belyaev 等[20]研究已经发现均质层顶高度因受到大气中气溶胶负荷量的影响而存在显著的季节变化,从远日点的 90 ~ 100 km 上升到近日点的 120 ~ 130 km。这与最强重力波扰动所在高度的季节变化特征一致,表明重力波对火星中层大气的热力结构具有十分重要的影响。

在本研究所选择的研究时期内,不同类型的沙尘事件影响着火星大气环境。根据 Kass 等 [27]提出的分类标准,MY34 的 Ls = 190° ~ 240°发生全球沙尘

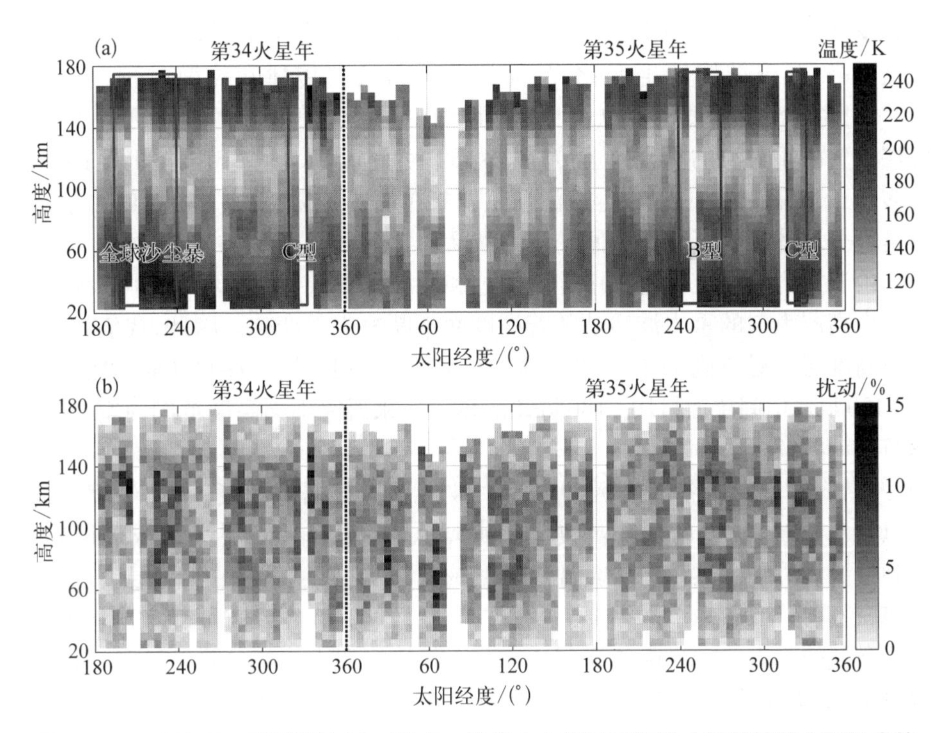

图 5-3　ACS/MIR 观测到的 20~180 km 高度内大气温度和重力波扰动随太阳经度的时间演变。(a) 大气温度,灰色框概括了 MY34 发生的全球沙尘暴(global dust storm, GDS)和 C 风暴以及 MY35 中的 B 和 C 风暴的时期。(b) 归一化温度扰动。数据以 5 km×5°高度×太阳经度的间隔进行划分,黑色虚线表示两个火星年份间的划分,图中的空白表示数据缺失或不适合科学使用

暴,MY34 和 MY35 的 Ls = 320° ~ 330°期间定义为 C 风暴,MY35 的 Ls = 240° ~ 270°发生区域性 B 风暴,依次在图 5-3(a)中用深灰色框线标出。除了季节变化特征以外,我们观察到大气温度和重力波活动在各类型的沙尘暴期间发生了不同程度的变化,例如,在 MY34 全球性沙尘事件期间,60 km 以下的对流层区域大气明显增温,且在区域 B 和 C 风暴中也有较小幅度的增温现象。同样的,在 60~140 km 的中间层到低热层,重力波在全球性沙尘事件期间的振幅也显示出强于 MY35 同时期,最大的幅值出现在 120 km 以上的低热层;区域性的 B 和 C 型尘暴期间在该高度上也能看到类似的波活动增强,只是幅度稍小。Yiğit 等[9]发现沙尘暴期间中层大气环流的变化改善了重力波传播环境,导致热层重力波活动增强。尽管人们对这一机制的动力机制还没有完全理解,但我们的发

现也支持这一假设。沙尘暴期间由于沙尘颗粒吸收太阳辐射使得中间层大气温度升高，环流结构发生变化，从而调节重力波的传播和耗散过程。Kuroda等[28]用高分辨率数值模拟也表明尘暴期间中层大尺度环流的变化促进了来自低层大气的重力波的垂直向上传播。需要注意的是，ACS MIR 掩星的足迹坐标较多位于高纬度，而这些沙尘暴活动主要集中在赤道附近[29]，因此该观测方式只是部分地捕捉到了尘暴期间的重力波活动特征。

由于重力波在上传过程中伴随着饱和与破碎效应，从低层大气中生成并传播到中高层大气的重力波活动随着高度而不断发生着变化。因此，我们按照不同的高度层对提取到的重力波扰动进行划分，分别选取 20~60 km（对流层）、60~120 km（中间层）、120~180 km（低热层），来研究不同高度范围内重力波的季节活动特征。

图 5-4 展示了各高度区间内重力波的平均振幅的纬度-太阳经度分布。可以看出，重力波扰动随着高度上升而增大，一般在中间层甚至低热层左右达到最大，平均振幅小于背景温度的 15%。重力波的振幅在中间层呈现出最大值，说明该区域存在非常强烈的波破碎/耗散。因为在没有波耗散的情况下，低层激发的重力波在自由传播到达高层大气的过程中振幅呈指数增长，最终通过对流或剪切不稳定性而破碎。Starichenko 等[18]的研究也表明了中间层顶（100~125 km）是最强的重力波破碎/耗散区域，重力波相关动量沉积的局部最大值以及重力波拖曳的分布大致围绕在中间层大气的急流边缘。MGCM 已经证明了中层顶区域存在较大的重力波拖曳[30]。对于部分能避免中间层顶滤波效应而到达热层的波动将随着高度继续呈指数增长而达到更大的振幅，所以在个别时段内最大的重力波扰动出现在 120 km 以上的低热层。例如，在 MY35 的 Ls=240°附近的南半球地区，热层重力波振幅明显强于中间层。Yiğit 等[9]利用在 MAVEN 上的中性气体和离子质谱仪获取的原位测量数据提取了重力波参数，表明热层重力波密度扰动的幅值平均约为 20%，局部可达到 40%，这一量级明显大于中间层。诸多学者认为热层扰动的主要部分来自低层大气中产生的重力波[31, 32]。重力波谐波的传播取决于其相对于背景风的相速，传播方向与环境风的方向一致的谐波更容易耗散和/或破碎，而相反方向传播的谐波可以穿透到更高的高度。因此，在低层大气中产生各种频谱的重力波中，垂直波长较长、水平相速度较大的重力波最有可能达到热层高度。在低层大气中，赤道附近的低纬度区域数据覆盖稀薄，因此也未观测到 Creasey 等[33]在该区域发现的显著重力波活动。

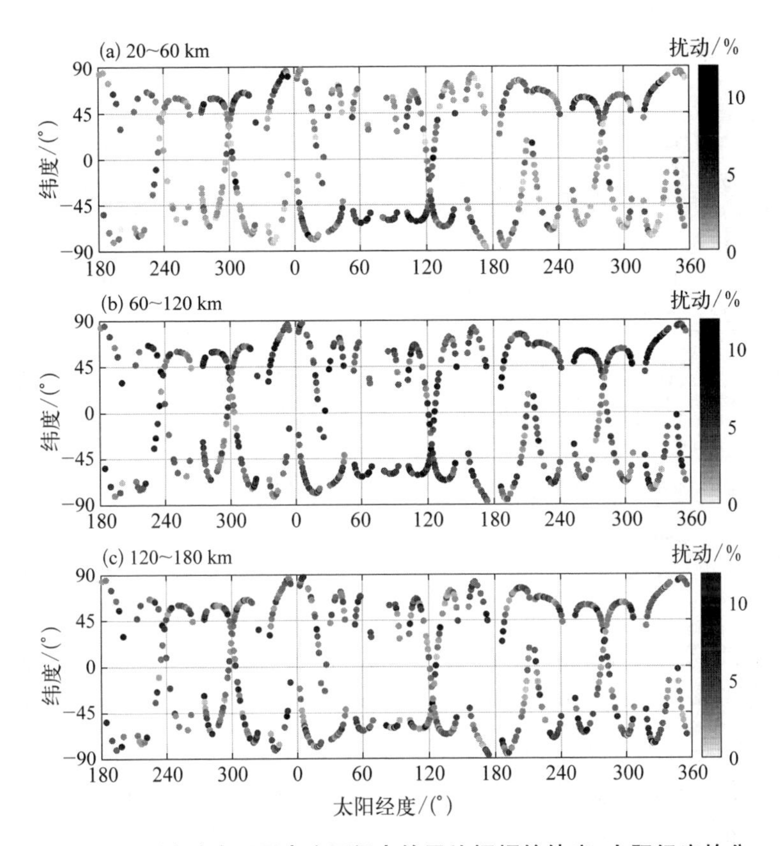

图 5-4　重力波在不同高度区间内的平均振幅的纬度-太阳经度的分布。(a) 对流层、(b) 中间层以及(c) 低热层。数据以 5°×5°(纬度×太阳经度)间隔进行划分,填色代表平均的归一化温度扰动的大小,注意所有不同层的振幅用相同色标表示

此外,我们发现中间层重力波活动有明显的半球不对称性。具体来看,上半年重力波振幅大值位于南半球,而下半年北半球重力波活动更显著,且其峰值出现在高纬度地区,这与低层大气不同[33]。

5.1.3　重力波的纬度和季节变化

为了进一步探究重力波活动随纬度变化特征,我们展示了三个代表性纬度区间内重力波作为高度和时间的函数。由于该卫星数据在低纬度地区覆盖较稀少,我们以 45°为标准将所有数据划分为三个不同的纬度区间,如图 5-5 所示,分别显示了重力波振幅在北半球中高纬度、赤道附近中低纬度和南半球中高纬度地区

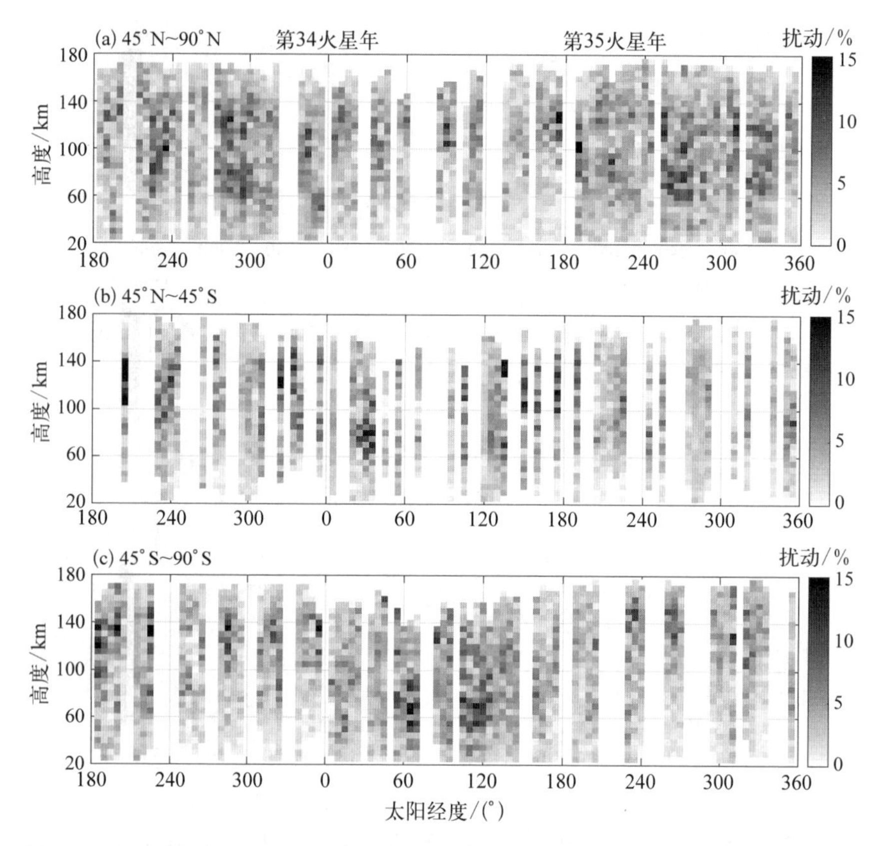

图 5-5 ACS/MIR 观测到的不同纬度区间内重力波活动的高度-太阳经度的分布。(a) 45°N~90°N,北半球中高纬度,(b) 45°N~45°S,赤道附近的中低纬度以及(c) 45°S~90°S,南半球中高纬度地区。数据以 5 km×5°(高度×太阳经度)的间隔进行划分,黑色虚线表示两个火星年间的划分,所有图都使用相同的色标

的高度-太阳经度截面。两个半球中高纬度的相互比较表明重力波活动的半球差异显著,持续存在的半球不对称性揭示了重力波活动的季节依赖。从中间层到低热层,在南北半球的中高纬度地区的重力波表现为相似的季节变化特征,也就是,与夏季半球相比,冬季半球重力波要强得多。如图 5-5(a)所示,在北半球中高纬度地区,重力波在下半年 Ls=270°附近的中间层到低热层达到最大值,而在南半球中高纬度区域中层大气重力波振幅在上半年更强[图 5-5(c)],即冬季半球的重力波更活跃,明显表现出半年周期性。首先考虑到,这可能与冬季半球

较强的行星波对大气背景的改变有关，使得背景大气更有利于重力波的垂直传播。而且，冬季大气层结更加稳定，即允许更大的重力波振幅增长而不发生破碎[34]。另外，低层大气中引力波的强大来源之一是冬季半球环极涡的不稳定性，这种机制在近日点期间在北半球最强[35, 36]。低层大气中生成的重力波，在向上传播过程中受到背景风的折射和过滤作用向极地移动，这也表明冬季半球的波场主要由快速重力波谐波组成，这些谐波在平均纬向急流的过滤下留存。

同时，注意到中间层大气在 MY35 上半年中低纬度区域出现显著的重力波活动，这与 Nakagawa 等[16]在中层大气中赤道和夏季低纬度发现的强波活动一致。在稀薄的火星大气中，夏季在赤道附近的低纬度地区有强烈的太阳加热不仅引起显著的潮汐波，而且还诱发了强对流[37, 38]，这会产生强烈、快速的重力波，有效地向上传播到高层大气[32]。

对于沙尘暴活动对重力波的影响，我们发现上述所发现的中层大气重力波在沙尘暴期间增强主要由 45°N～45°S 之间中低纬度地区重力波的振幅变大所贡献。如图 5－5(b)所示，虽然中低纬度区域内数据覆盖有限，但在 Ls＝190°～240°的大型沙尘暴期间的中间层到低热层能观察到明显的增强；同时，在尘暴发生的初期 Ls＝190°附近，南半球高纬度重力波在低热层也稍有增强，但在北半球没有明显变化。尘暴期间悬浮的尘埃颗粒通过吸收日照而产生局部加热，预计也会促进对流活动并产生波。我们推测，在全球沙尘暴期间，中层大气在中低纬度增强的波活动可能来自下方低层大气，在没有遇到临界层过滤时可以继续向上传播到中间层，正如在地球的中间层所看到的那样[39]。综上，中层大气重力波的季节特征主要由冬季半球重力波的振幅变化引起，而其在全球性沙尘暴期间的变化是主要受 45°N～45°S 之间中低纬度地区重力波的振幅变大所影响。

按照时间变化对重力波的季节特征做出进一步解释，如图 5－6 展示了季节平均的重力波振幅的高度-纬度截面分布。这里归一化温度扰动是通过对 5 km×5°的高度×纬度间隔平均计算得来。可以看出，中间层和低热层重力波的纬向不对称性特征明显，MY35 上半年在 60～120 km 处南半球中高纬度观测到强的重力波振幅，同时注意到北半球低纬度区域也出现了较强扰动，这与 Nakagawa 等[16]在 70～100 km 处赤道和北半球低纬度发现的强波扰动一致，可能与意外暖层导致的强逆温有关，从下方传播的重力波在遇到与强逆温有关的不稳定层时也会增强湍流活动以消除温度梯度。在 MY34 和 MY35 下半年的秋冬季节，北半球中高纬度地区在高度 60 km 以上的中间层至低热层出现了较大的重力波扰动。Kuroda 等[36]使用高分辨率火星大气环流模型研究表明，极地地区大的纬向温度梯度加大了中纬度平均西风急流的斜压不稳定性导致重力波的生成增多，这种激发机制在近日点季节期间的北半球最强。图 5－6(a)～(f)中，在近日点季节中层大气重力波的最大值可能与这些来源有关。进一步印证了冬季半球强，夏季半球弱的重力波气候特征，这表明中层大气重力波的全球分布具有很强的季节依赖性。

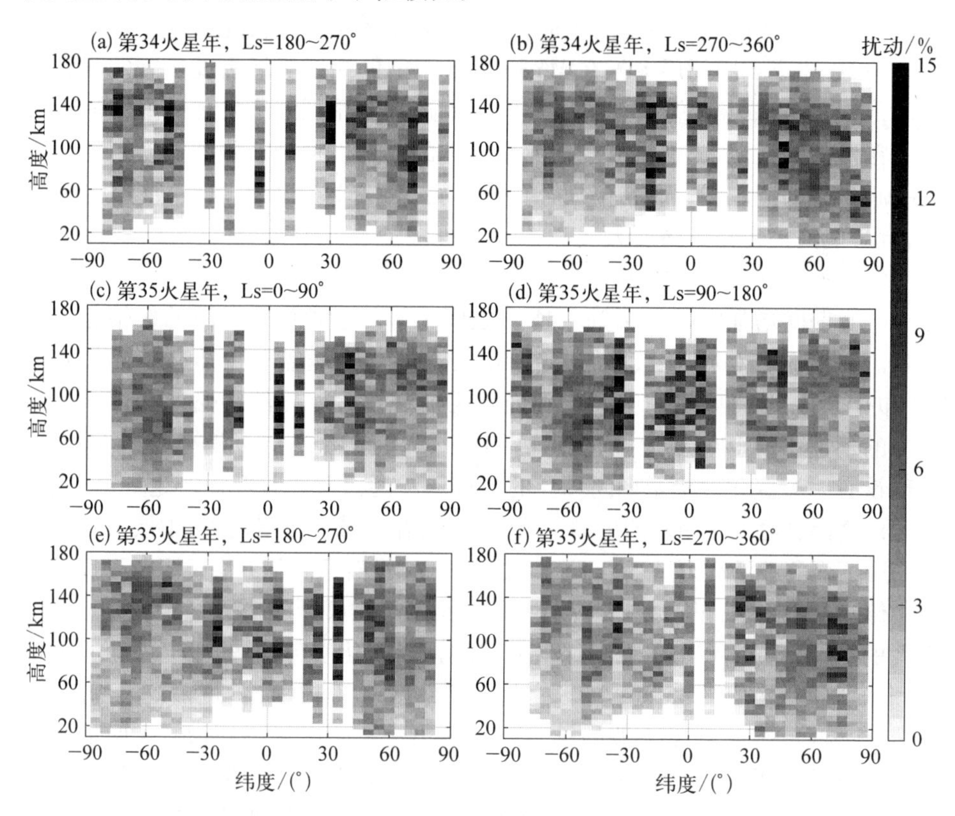

图 5－6　不同季节的重力波活动的高度-纬度分布。 (a)～(b) MY34 秋冬季，(c)～(f) MY35 一年四季(春季，Ls＝0～90°；夏季，Ls＝90°～180°；秋季，Ls＝180～270°；冬季，Ls＝270°～360°)。数据以 5 km×5°高度×纬度的间隔进行划分，填色代表重力波扰动值的大小，图中的空白表示数据缺失或不适合科学使用

另外，注意到中间层较强的重力波活动位于中低纬度区域，而在上传到达热层后移动到更高纬度的极区附近，这些特征在图 5－6(e)与(f)中特别明显，说明重力波的向极传播特征。Tsuda 等[40]和 Miyoshi 等[41]的工作表明，在地球大气的中间层/热层中，高纬度地区的重力波扰动强于低纬度地区，而在较低高度的平流

层,重力波的能量更多地集中在低纬度地区。重力波的这种向极传播的原因是北半球的西向急流核随着高度移动到更高纬度[42]。同样的,火星上,Creasey 等[33]利用 MGS 加速计数据报告了冬季在热层的南北半球高纬度地区的显著密度波动。极地地区大的纬度温度梯度促进了中纬度平均西风急流的斜压不稳定性,这导致重力波的生成增加。另外,Medvedev 等[7]和 Kuroda 等[36]利用火星大气环流模式也表明,低层大气中的重力波活动在低纬度地区最大,在平均风对向上传播的重力波施加的折射和过滤的作用下,在高层大气中重力波活动的峰值向中高纬度转移。空间变化的背景风对入射的某些频谱的谐波产生临界层过滤,并调制其他谐波的传播和耗散,在这种情况下最突出的现象是多普勒频移。

5.1.4 中高层重力波活动特征的解释

5.1.4.1 沙尘暴对中高层重力波的影响

为了更详细得探究沙尘暴期间中层大气重力波的变化,我们使用 Lomb - Scargle 周期图方法提取了 20~160 km 高度内重力波主导振幅,该方法已广泛地用于火星大气重力波主导振幅的提取并被证明能得到可靠的结果[43, 44]。最大振幅一般出现在中间层顶附近,因此主导振幅的变化可以代表中间层大气的一般特征。不同纬度区间内的主导振幅随着太阳经度的演变如图 5 - 7 所示,并用不同的颜色区分了日侧和夜侧振幅。沙尘暴随着时间的推移特征展示在图 5 - 7(d)中。首先,可以看出日侧的重力波振幅显著强于夜侧,这与在热层中观测到的夜侧重力波更活跃的特征不同。其次,在 MY34 全球性沙尘暴发生的 Ls = 180°~240°期间,45°N~45°S 之间中低纬度地区的重力波振幅达到最大值,相比较于其他纬度增强最明显,说明沙尘暴期间重力波发生的变化主要受到 45°N~45°S 之间波动增强的影响。同时注意到,在 MY34 和 Ls = 320°~330°的 C 风暴峰值期间,南半球中高纬度地区重力波振幅的增强与之对应。

重力波振幅增加的一个可能原因是它们在波源区域的增加。沙尘暴对低层大气的总体影响:风暴期间大气气溶胶数量的增加导致火星对流层的斜压和对流稳定增强,以及温度梯度减小导致平均纬向流更稳定,从而抑制大尺度惯性重力波的产生,这有效地抑制了低层大气中重力波生成的主要机制。火星气候探测器(Mars Climate Sounder, MCS)的多年观测记录证明,在 MY34 全球沙尘暴期间,30 km 以下低层大气中的重力波活动显著减少[4]。Kuroda 等[28]采用高分辨率模型研究表明,沙尘暴期间低层大气中重力波的生成减少。我们的研究中也没有发现沙尘暴期间低层中大气重力波有增强的证据[图 5 - 3(b)]。

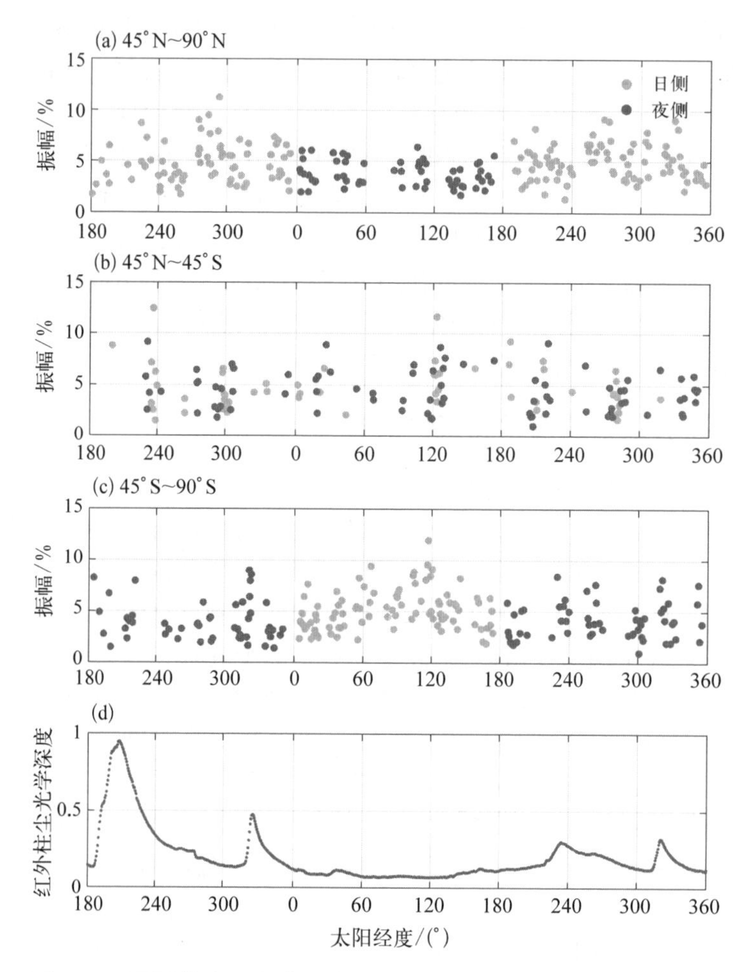

图 5-7　不同纬度区间内重力波的主导振幅随太阳经度的变化。(a) 45°N~90°N 北半球中高纬度,(b) 45°N~45°S 赤道附近的中低纬度,以及(c) 45°S~90°S 南半球中高纬度地区。(d) 柱状沙尘光学深度(column dust optical depth)

另一个可能的解释与重力波的向上传播过程有关,向上传播主要取决于背景风和波的消散,例如非线性破碎和分子扩散[45-47]。重力波谐波在其水平相速度接近环境风速时被平均流吸收。波中较大的局部垂直梯度使谐波容易分解和/或增强消散。在沙尘暴期间,由于风暴引起的辐射加热,中间层和低热层环流的改进调节了重力波的向上传播/减少过滤,这也会导致上中层重力波活动的增强。Kuroda 等[28]利用高分辨率的 GCM 模拟表明，全球性沙尘事件期间，低层大气中沙尘活动的增加导致中层大气纬向环流的变化。考虑到在较低大气层中以相反方向移动的谐波组成的重力波的广谱，改善的环流系统选择性地过滤了这些波，使它们能够更深地传播到高层大气中，这种通过平均流对重力波的选择性过滤作用已被广泛用于解释地球大气中的几种现象[1, 48]。因此，在低层大气中增加的沙尘影响下，波的垂直传播通过背景流得到了改善，这可以解释在本研究中观察到的火星上层热层中重力波活动的增加。然而，需要注意的是，在 Kuroda 等[28]的研究中，对流产生的重力波并没有得到解决。因此，对流产生重力波的可能性，以及热层急流不稳定性和次生波的可能性都不能忽略。

5.1.4.2　重力波振幅和背景温度的关系

图 5－8 展示了各高度区间内归一化温度扰动与背景大气温度的关系，波动的振幅通过对廓线的归一化扰动在各高度范围内平均获得，每个点的填色代表地方时切点。从图 5－8(a)～(c)中可以看出，重力波的平均振幅随高度增加而增大，在 20～60 km 的低对流层平均振幅在 5%左右，在中间层及热层有部分较大振幅能超过 10%，这种增长与预期一致。总的来看，重力波的振幅在中间层达到最大，且能看出这些大的振幅更多地分布在日侧。另外，就重力波振幅对地方时的依赖关系来看，在对流层和中间层区域，日侧振幅明显强于夜侧，而在热层区域，发现夜侧的振幅更多地分布在日侧振幅之上，也就是夜侧更强，我们的结果与热层的原位测量研究结果一致[12, 49]。Terada 等[12]在 Ar 密度中发现的小尺度扰动在夜侧的振幅是日侧的 2 倍。值得注意的是，我们在各个高度区间内都没有发

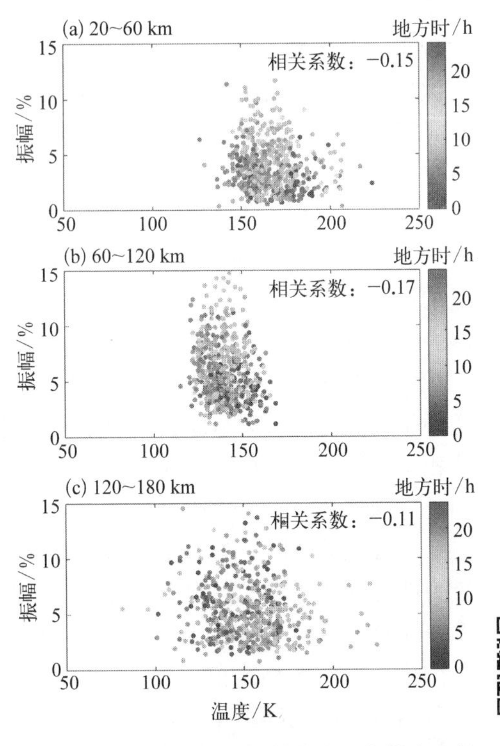

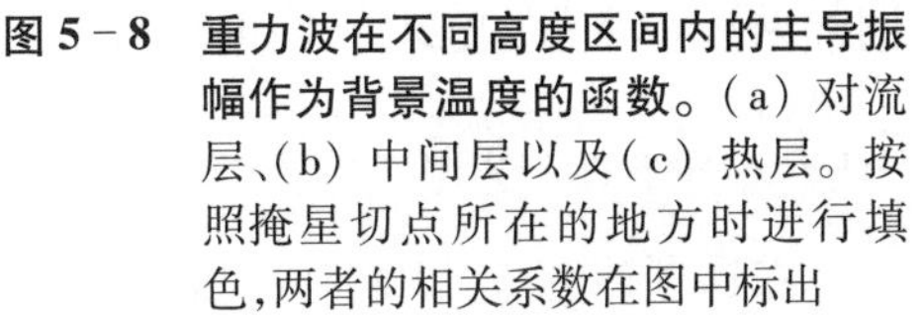
图 5－8　重力波在不同高度区间内的主导振幅作为背景温度的函数。(a) 对流层、(b) 中间层以及(c) 热层。按照掩星切点所在的地方时进行填色，两者的相关系数在图中标出

现振幅与背景温度具有显著的反相关关系，尽管在所有高度都显示出了微弱的负趋势，但量级很小。60~120 km 的中间层相关系数最大仅约-0.18，说明对流不稳定性在中间层中的有限作用，而重力波活动更多地受到别的耗散过程调控。Yiğit 等[9]使用一维光谱非线性重力波模型研究表明，170 km 高度以下重力波的幅度主要是由与密度分层相关的增长率和分子黏性引起的阻尼率 β mol 之间的平衡决定，而该高度的非线性破碎/饱和远小于 β mol。

使用 MAVEN 上的 NGIMS 进行的原位测量表明，热层的重力波扰动与背景温度之间存在明显的反相关[3, 11, 12]，这种反相关关系被认为是由于对流不稳定导致的重力波饱和/破碎，限制了重力波振幅随高度增加而增长。在热层中，极紫外辐射（extreme ultraviolet, EUV）加热被分子传导所抵消，温度的垂直梯度很小使背景温度剖面呈等温状态。Terada 等[12]去除振幅对背景温度的依赖后，发现重力波振幅几乎不会随着经纬度等其他因素而发生显著变化，表明热层重力波振幅的主要变化与背景温度有关。

120~180 km 弱的反相关性可能因为该高度的大气不再满足等温条件，ACS/TGO 掩星数据仅仅覆盖了外逸层底下面有限的高度范围，部分温度廓线甚至不到 150 km，其中 dT/dz 不再可以忽略。同样的，Jesch 等[50]从 100~130 km 高度的 TGO 空气制动期间的加速度计测量中也没有发现重力波振幅与背景温度之间有明显的反相关。这一结果与 Vals 等[51]的研究一致，他们比较了 MGS（火星环球勘测者）、ODY（火星奥德赛）和 MRO（火星勘测轨道飞行器）上获取的空气制动数据，发现在较低的热层重力波引起的相对密度扰动既不与温度相关也不与静态稳定性相关。他们认为造成这一现象的可能原因是 Terada 等[12]的讨论很大程度上依赖于大气的等温特性，大部分 NGIMS/MAVEN 观测都是在温度的垂直梯度很小的外逸层底附近进行的，所以这个假设很好地适用于 MAVEN - NGIMS 的测量。另一个可能的原因是更为复杂的重力波阻尼过程，可能意味着低热层中观察到的重力波受饱和过程的控制作用有限。热层中，随着高度增加分子黏性引起的阻尼率 β 超过与密度分层相关的增长率，非线性破碎/饱和也慢慢增大[9]。因此，在我们研究覆盖的高度范围内，波振幅由密度减小引起的波增长和多种耗散过程导致的波衰减之间的平衡决定，非线性阻尼（不稳定性）与分子扩散的阻尼在不同的谐波中竞争，波源特性和临界层过滤等多种效应混合的影响也不能忽视。

5.1.5 结论与讨论

在这项研究中，我们利用搭载在 TGO 上的 ACS 测量的 20~180 km 的温度数据，分析了 1.5 个火星年内对流层到低热层中重力波活动的气候特征，包括时间演变和空间分布。在所选择的 MY34 和 MY35 下半年的轨道覆盖基本相似，允许对这季节内的重力波活动进行比较。在此期间，对流层到低热层中重力波扰动的振幅随着不同的高度、纬度和季节而显示出明显的变化，这种复杂的变化受太阳辐照度和沙尘暴的综合影响。我们得到的主要结论如下：

（1）最强重力波活动所在高度随季节变化显著，一般呈现出在下半年高于上半年的特征，在高度分布上出现两个极大值区域。

（2）在全球性沙尘事件期间，在 60～140 km 的中间层到低热层中重力波的振幅也显示出强于 MY35 同时期，最大的幅值出现在 120 km 以上的低热层。中层大气重力波在沙尘暴期间增强主要由 45°N～45°S 中低纬度地区重力波的振幅变大所贡献。

（3）重力波的振幅在中间层呈现出最大值，说明该区域存在非常强烈的波破碎/耗散 。对于部分能避免中间层顶滤波效应而到达热层的波动将随着高度增加继续呈指数增长，从而达到更大的振幅。

（4）从中间层到低热层，在南北半球的中高纬度地区的重力波表现为相似的季节变化特征，上半年重力波振幅大值位于南半球，而下半年北半球重力波活动更显著，与夏季半球相比，冬季半球重力波要强得多。

（5）季节平均重力波活动来看，中间层较强的重力波活动位于中低纬度区域，而在上传到达热层后移动到更高纬度的极区附近，说明重力波的向极传播特征。

本研究中获得的对流层到低热层中的重力波的振幅一般小于背景温度的 15%，我们首次用观测数据说明火星全球性沙尘暴期间中层大气中重力波的增强现象。需要注意的是，ACS/MIR 掩星的足迹坐标较多位于高纬度，而这些尘暴活动主要集中在赤道附近，该观测方式只是部分地捕捉到了尘暴期间的重力波活动特征。

5.2　火星热层大气重力波的波数谱分析

5.2.1　引言

重力波是具有垂直传播性质的小尺度扰动，以浮力为恢复力，常见于行星的层结大气中[2, 31, 52, 53]。地球上的重力波通常是在低层大气中的各种来源产生,如对流、锋面、急流和地形[32, 54, 55]。重力波的振幅将随着向上传播而呈指数增长,最终通过对流或剪切不稳定性而破碎,并将动量和能量释放到背景大气中[1, 56]。这会给大气环流带来深远的热力和动力影响[57, 58]。火星低层大气中的重力波对高层大气发挥着同样重要的作用[9]。火星大气环流模型(Mars General Circulation Model, MGCM)揭示了重力波对火星大尺度环流的直接影响,而各种观测结果也为认识重力波的结构特征提供了重要依据。在低层大气中产生的重力波在其垂直向上传播过程中不仅会影响密度和温度等参数的时空变化,还会调制中性成分的运动[1, 46, 59]。在高热层中重力波的动量传输过程会改变平均流,加热或冷却局地大气,导致火星的能量收支发生变化[48, 60]。另外,重力波引起的温度扰动将促使火星中层大气中 CO_2冰云的形成[8, 61],这是影响火星任务空气制动阶段的一个重要问题。也有模拟研究表明,重力波对高层大气的加热效应有助于大气逃逸的发生[9]。为了进一步了解火星大气环境及其演化机制,研究火星大气的重力波动力学特征尤为重要。

当重力波传播到一定高度时发生对流或者动力不稳定,波能量损失。振幅受到湍流的限制,不再随着高度增加而继续增加,这个过程叫作饱和[1, 57]。基于对流不稳定性引起饱和的假设建立了饱和波的垂直波数谱的半经验公式[62, 63]。在地球大气中,利用雷达、火箭烟迹和激光雷达观测,已经获得了不同大气区域的重力波扰动垂直波数谱,谱特征揭示了有关重力波的波源和耗散过程的一些信息。这些观测研究表明,重力波的谱形状具有相当程度的"普适"特性,遵循-3 的对数斜率,这与理论模式的预期一致[62, 63]。过去也有相关学者对火星上重力波的垂直波数谱进行了部分研究。Ando 等[64]利用火星环球勘测者(Mars Global Surveyor, MGS)的无线电掩星测量,研究了火星低层大气温度曲线的垂直波数谱。他们发现,地球上饱和重力波的普适谱也适用于火星大气。在 2.5~15 km 的垂直波长范围内,谱密度随波数下降,频谱的幂律指数一般在-3 左右,这些结果与在地球平流层和中间层得到的结果相似。他们还在金星大气中发现了类似的频谱特征,频谱倾向于遵循饱和重力波的半经验频谱,表明金星上重力波通过饱和以及辐射阻尼消散[65]。2020 年,Nakagawa 等[16]利用 MAVEN 上的紫外成像光谱仪(Imaging Ultraviolet Spectrograph, IUVS)观测到的温度曲线,分析了火星中层大气中波扰动的垂直传播情况。他们发现,火星大气中间层的垂直波数谱显示出与地球大气层相似的特征。长波随高度增长,而 CO_2的辐射冷却可以有效地消散短波。但由于傅里叶分析方法的局限性,他们的结果包括了重力波和热力潮汐的综合影响。

火星热层中重力波的谱结构特征尚未见相关研究，但准确构建 MGCM 需要重力波的真实参数信息，包括动力输送和重力波破碎引起的湍流扩散等动力学过程。除了来自下方的内波外，来自上方的太阳风强迫是可能参与大气垂直相互作用过程的另一个重要因素[56, 61]。太阳活动通过紫外线辐射改变了电子和离子的密度和温度，从而对火星热层产生大规模的动力学和热力学影响[66]。因此，选择太阳活动较低的时期研究火星热层中重力波的谱特征更有优势，此时太阳变化对上层大气的影响最小，而从下面向上传播的波特征更为直接。对重力波的波源特征和耗散过程等动力学特性有了更清楚的认识，可以给重力波参数化方案的改进提供指导。本节试图根据 MAVEN/NGIMS 上的中性气体和离子质谱仪的观测结果，首次对火星热层中重力波的垂直波数谱特征提供一个清晰的认知。

5.2.1.1 MAVEN/NGIMS 数据介绍

自 2014 年 10 月发射以来，MAVEN 航天器一直在测量火星的高层大气。它在周期为 4.5 h 的偏心轨道上运行，一般的近点高度为 150 km[67]。MAVEN 上的 NGIMS 仪器是一个四极质谱仪，旨在测量火星上层大气中 500 km 以下的中性物质和离子的丰度，具有单位质量分辨率[68]。为了分析太阳低值期间火星热层中重力波的谱特征，我们使用 NGIMS 原位测量的 CO_2 密度，并且只关注 160~220 km 的高度范围，因为波扰动在更高的高度变得不显著。220 km 以下的密度数据在以前的研究中被广泛使用，并被证明是可靠的[44, 69]。此外，只使用了每个轨道的入轨部分的数据，正如 Stone 等[70]所提到的，出轨数据可能受到仪器噪声的影响。本研究使用 NGIMS 产品的衍生数据：2 级、08 版和 01 修订版。在本研究考虑的高度范围内，观测到的主要是垂直变化。如 Manju 等[69]所提出的，160~220 km 高度内密度的垂直变化要远远大于水平变化。Siddle 等[49]也利用 NGIMS 的温度和密度剖面提取扰动，并将其解释为垂直传播的重力波。因此，我们实质上是研究重力波的垂直传播特性。

为了合适地选择太阳活动的低值期，我们研究了太阳黑子数随时间的变化，太阳黑子数通常用来表示太阳活动的强度[71, 72]。图 5－9(a)显示了自 2008 年第 24 个太阳周期以来，过去 13 年的太阳黑子数量(Sn)的时间序列，包含日平均值、月平均值和平滑后的月平均值。图 5－9(b)显示了太阳黑子数随相应由太阳经度表示的火星时间的变化情况。太阳黑子数据来自比利时皇家天文台的 SILSO 世界数据中心。我们发现，MAVEN 自 2014 年以来一直在太阳周期的下降阶段运行。为了分析太阳活动低值期间的重力波谱特征，我们使用了

2019 年 3 月 24 日至 2020 年 2 月 25 日最近一次太阳最小值期间的 NGIMS 测量，对应于第 35 火星年(MY35)的 Ls = 0°~180°，平均太阳黑子数量非常低。此外，我们还选择了 MY33 的上半年进行比较分析，这是 MAVEN 运行以来获得全年完整观测数据的第一个火星年，在此期间太阳活动相对更加活跃。

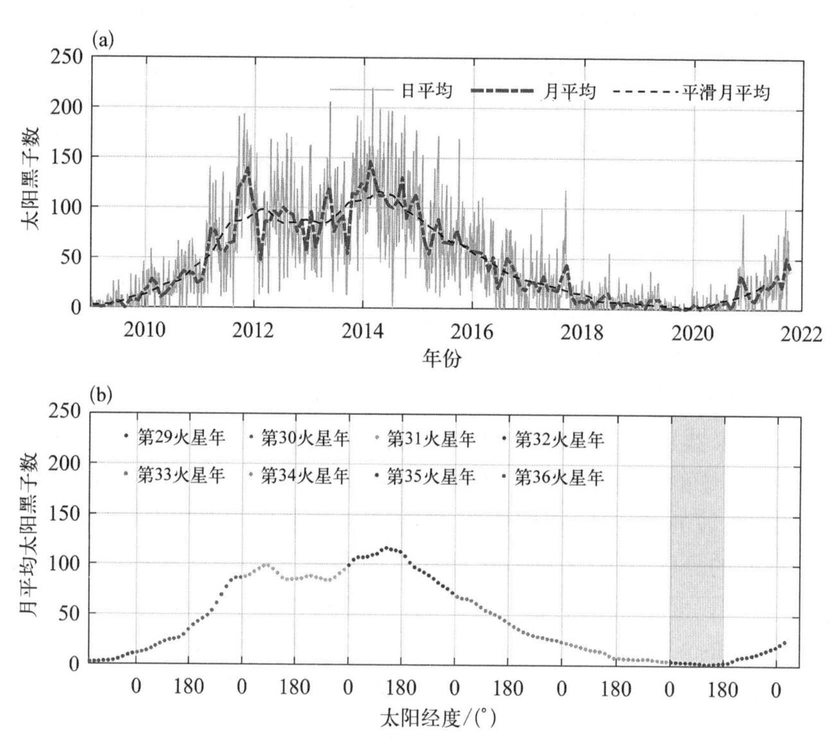

图 5-9 太阳活动随时间的变化图。(a) 过去 13 年太阳黑子数(Sn)的时间序列，(b) 月太阳黑子数(Sn)随太阳经度的变化，不同颜色的点线表示相应的火星年

图 5-10 显示了本研究中使用的 MY33[图 5-10(a)~(d)]和 MY35[图 5-10(e)~(h)]的 NGIMS 数据时空覆盖，在此期间，MAVEN 具有可比较的纬度和地方时间覆盖。图 5-10(a)显示了以高度-纬度表示的 MY33 的轨道覆盖情况，可以看出，春季轨道扫描大多在南半球，而夏季轨道则集中在北半球。在图 5-10(b)中可以看到类似的分布。相比之下，无论是春季还是夏季，MY35 的轨道覆盖在纬度上分布更加均匀，在 75°N~75°S 的纬度范围内获得了数据，经度几乎覆盖火星全球。图 5-10(c)和图 5-10(d)描述了近点的纬度

随地方时和太阳经度的变化。就地方时覆盖来说，MY33 内 0~12 h 的采样轨道在各纬度处分布相对均匀,而在 12~24 h,轨道覆盖集中在各半球的高纬度地区,MY35 的情况则相反。然而,轨道随着地方时不断变化。不论是在夜侧还是日侧,测量结果都在纬度上覆盖均匀。还要注意的是,数据覆盖有间歇性的空白,主要是由于航天器运行期间有深浸(deep dip, DD)活动,以及在太阳会合和航天器与地球通信期间无法进行观测[67]。总的来说,MY35 期间的轨道覆盖率与 MY33 基本相似,纬度覆盖率比 MY33 略好。相似的轨道覆盖率允许对这两个时期的重力波活动进行比较。

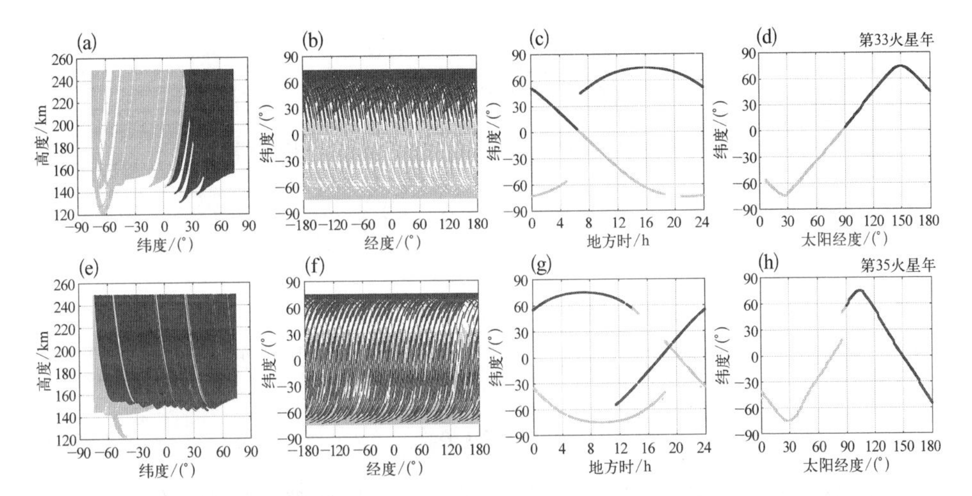

图 5-10　在太阳经度 Ls = 0° ~ 180° 期间 NGIMS 数据的时空覆盖图。从上到下分别是 MY33 和 MY35(春季,Ls = 0~90°;夏季,Ls = 90° ~ 180°)。覆盖范围显示为(a) 高度和纬度、(b) 纬度和经度、(c) 纬度和地方时,以及(d) 纬度和太阳经度的函数。MY35 的数据覆盖率在(e) ~ (h)图框中以相同的格式显示

5.2.1.2　温度的计算及重力波扰动提取

本书使用重力波的归一化温度扰动来获得垂直波数谱,因此需要从 NGIMS CO_2密度推导出温度廓线。首先,根据静力学平衡方程[70, 73],从上边界到给定高度进行积分可以得到 CO_2的局部分压:

$$P = P_0 + GMm\int_{r}^{r_0} N(r)\ \frac{\mathrm{d}r}{r^2} \tag{5-2}$$

其中,r 和 r_0 分别是离火星中心和火星上边界的距离;G、M、m 分别是万有引力常数、火星的质量和 CO_2的分子量;$N(r)$ 是数密度;P 是特定高度上的气压;P_0

是上边界的气压,通过将密度曲线高度范围内的前三点拟合到静平衡模型[69]而确定。具体来说,通过对理想气体定律求导数可得

$$\frac{1}{P}\frac{\mathrm{d}P}{\mathrm{d}r}=\frac{1}{T}\frac{\mathrm{d}T}{\mathrm{d}r}+\frac{1}{N}\frac{\mathrm{d}N}{\mathrm{d}r} \tag{5-3}$$

用静力学平衡方程来代替 $\mathrm{d}P/\mathrm{d}r$,温度梯度等于常数乘以 α。

$$\frac{\mathrm{d}P}{\mathrm{d}r}=-Ng=-N\frac{GM}{r^2} \tag{5-4}$$

$$\frac{\mathrm{d}T}{\mathrm{d}r}=-\alpha\frac{g}{c_p}=-\alpha\frac{GM}{r^2c_p} \tag{5-5}$$

通过替换方程(5-3)中的 $\mathrm{d}P/\mathrm{d}r$ 和 $\mathrm{d}T/\mathrm{d}r$,我们可以得到

$$\frac{\mathrm{d}\log N}{\mathrm{d}r}=\frac{GM}{r^2T_0}\left(\frac{\alpha}{c_p}-\frac{1}{R}\right) \tag{5-6}$$

其中,R 是比气体常数;c_p 为定压比热容;$\alpha=0$[69, 73]。因此,可以用已知的密度曲线从公式(5-6)中计算出 T_0,根据理想气体定律,用已知的 T_0 和密度得到 P_0 的值。

$$P=NKT \tag{5-7}$$

其中,K 是玻尔兹曼常数。然后,根据公式(5-2)估计整个剖面的气压 P。然后,将气压 P 与数密度代入理想气体方程,可以计算出整个剖面的温度,公式为

$$T=\frac{P}{NK} \tag{5-8}$$

可以根据上面获得的温度廓线来提取重力波温度扰动。每个剖面的垂直分辨率随高度而变化,本研究中使用的所有剖面的平均垂直分辨率约为 0.5 km。为了便于处理和简化垂直波数的谱分析,将每个温度剖面以 0.5 km 的均匀间隔插值。波引起的温度扰动 T' 等于从测量的瞬时温度 T 中减去背景温度 $\bar{T}$:

$$T'=T-\bar{T} \tag{5-9}$$

我们使用七阶多项式拟合来排除大尺度波的影响,得到背景温度 $\bar{T}$,这种做法经常被用于提取地球[74]和火星大气中的重力波[12, 18, 50],并被证明能得到

合理的结果。然后,用背景温度对估算的扰动进行归一化处理,得到重力波的归一化温度扰动 ($T'/\bar{T}$)。

Brunt-Väisälä 频率 N 可以通过以下方式得到:

$$N = \sqrt{\frac{g}{\bar{T}}\left(\frac{\partial \bar{T}}{\partial z} + \frac{g}{c_p}\right)} \tag{5-10}$$

其中,g 是重力加速度;c_p 是定压比热容,对于火星大气,通常取 0.844 kJ/(kg·K)。

图 5-11(a)~(d)显示了在 MY33 的 2101 号轨道上观测到的 CO_2 密度、估计温度和背景温度、归一化温度扰动和 Brunt-Väisälä 频率的概况。图 5-11(e)~(h)显示了 MY35 的 8829 号轨道。请注意,在本研究中使用的 CO_2 密度廓线在插值处理后大多是连续的。图 5-11(b)和图 5-11(f)中的估计温度与以前的研究结果[49, 70]一致,验证了我们计算流程的准确性。图 5-11(c)和图 5-11(g)

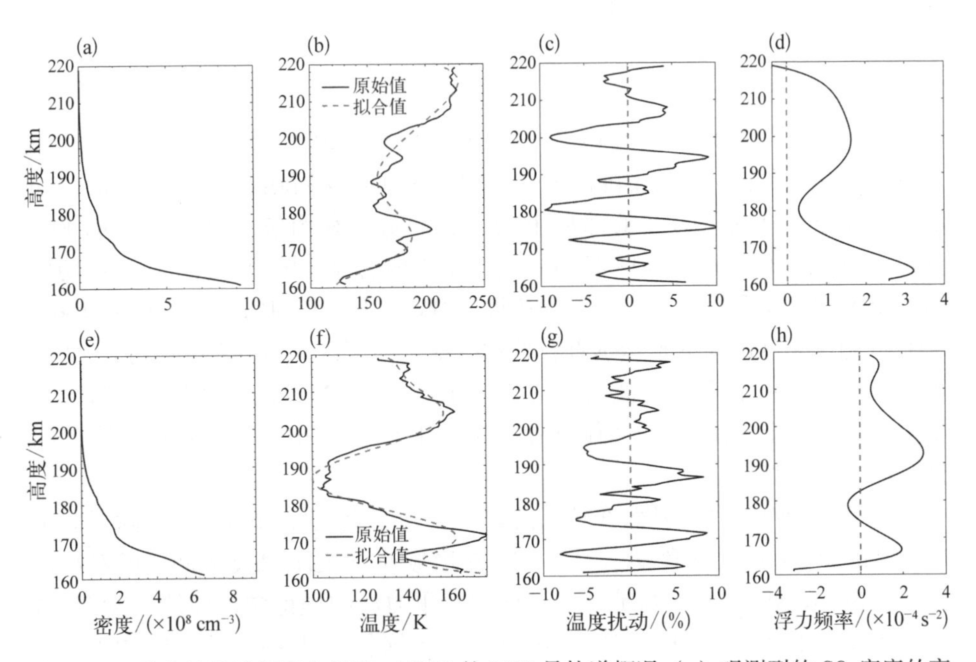

图 5-11　重力波扰动提取个例图。MY33 的 2101 号轨道概况,(a) 观测到的 CO_2 密度的高度廓线,(b) 估算的温度(实线)和对数据的七阶多项式拟合(虚线),(c) 归一化的温度扰动,以及(d) Brunt-Väisälä 频率。(e)~(h) 是相同的,但在 MY35 的第 8829 号轨道上

显示,波引起的温度扰动振幅小于平均背景温度的10%。在图5-11(h)中,Brunt-Väisälä 频率 N^2 在大约180 km处小于零,表明在这个高度的火星大气中可能存在由波破碎引起的对流不稳定性。

在本研究中,重力波的垂直波数谱也是由归一化的温度扰动计算出来的。温度扰动的谱分析是采用包含汉宁窗的1024点快速傅里叶变换(fast Fourier transform, FFT)进行的。为了研究谱密度对高度的依赖性,分别分析了160~200 km和180~220 km两个高度区间。由于垂直分辨率为0.5 km,我们得到最小垂直波长为1 km。地球大气中饱和重力波的垂直波数谱的半经验曲线可以根据理论预测计算得到[62, 63],它可以写成:

$$F_{T'/\bar{T}} = \frac{1}{4\pi^2} \frac{N^4}{10g^2k_z^3} \tag{5-11}$$

与文献[64]中的公式1相同,其中 N 是 Brunt-Väisälä 频率; g 是重力加速度; k_Z 为垂直波数,单位为周期/m。

5.2.2 不同纬度内的垂直波数谱特征

通过将温度廓线划分为两个高度范围,即160~200 km和180~220 km,我们可以研究波在热层大气中随高度传播的变化;同时将温度廓线按照不同的纬度区间划分来研究重力波的纬度上的变化趋势。利用包含汉宁窗口的FFT分析了160~200 km和180~220 km高度范围内的温度扰动以获得信号的功率谱。图5-12显示了在太阳活动低值期的MY35上半年,160~200 km和180~220 km两个高度区间的平均垂直波数功率谱。纬度区间按30°间隔划分,然后用不同的线表示,饱和重力波的理论谱也由公式(5-2)给出。最明显的特征是功率谱密度随着波数的增大而减小,这与地球平流层、中间层和热层中得到的谱结构特征相似[62]。

在160~200 km的高度,在较高波数 $k>0.1$(垂直波长<10 km)处,除了北半球春季的45°N ~75°N和夏季15°S~15°N区域外,其他各纬度区间内的对数谱斜率约为-3,谱密度几乎与地球大气的饱和重力波的理论频谱曲线相吻合,这说明在火星热层大气中也因对流不稳定引起的饱和,这与图5-11(h)中单个剖面中发现对流不稳定的事实一致。而在低波数 $k<0.1$(垂直波长>10 km)时,谱斜率变得更平坦。相反,在180~220 km的高度,谱密度明显小于饱和谱[图5-12(c)(d)],表明在平均谱中不饱和的重力波所占比例更大。注意到,

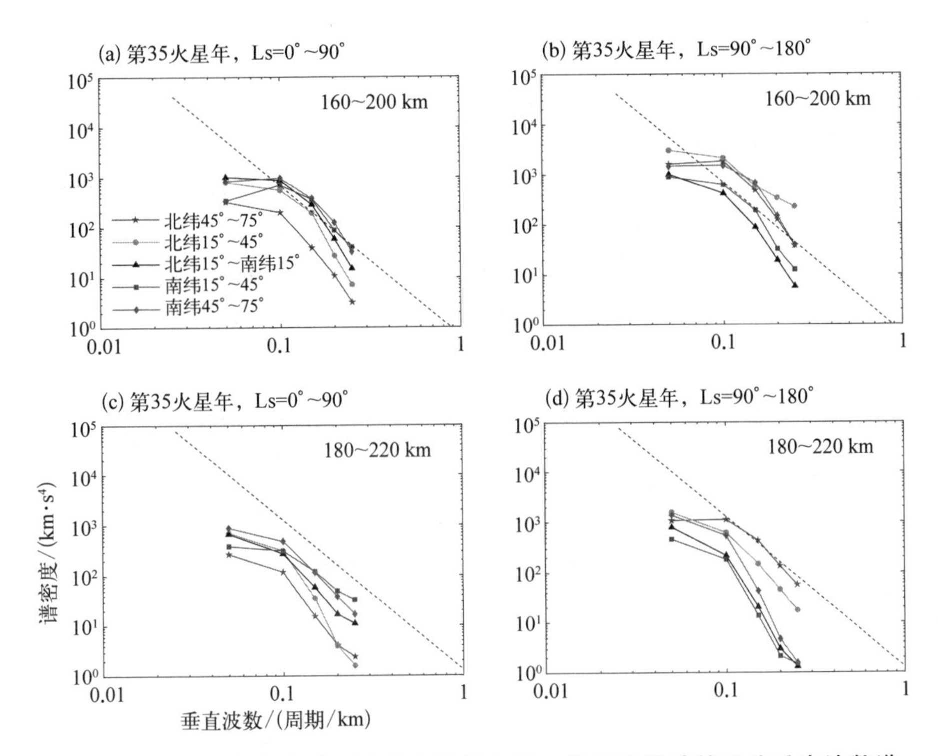

图 5－12　MY35 年北半球不同纬度区间内归一化温度扰动的平均垂直波数谱。 (a)(c) 春季(Ls = 0° ~ 90°)和(b)(d) 夏季(Ls = 90° ~ 180°)期间,高度范围为 160 ~ 200 km(上图)和 180 ~ 220 km(下图)。黑色虚线给出了饱和重力波的理论谱值。带有不同标记的线对应于它们各自的纬度范围

在 $k>0.1$ 的大波数区域也可以看到接近-3 的幂律频谱指数,但谱功率小于饱和值近一个数量级。

火星热层中 160 ~ 200 km 处的功率谱值明显高于 180 ~ 220 km 处的功率谱值,这意味着小尺度重力波在向热层上部传播的过程中有所衰减,这可能是由波的耗散增加引起的。Yiğit 等[75] 使用一维谱非线性重力波模型表明非线性相互作用和分子黏性是火星热层中最主要的波消散机制,可以限制波幅的增长。另外,Weinstock 等[76] 的工作表明,与尺度有关的非线性扩散对解释观测到的谱形状很重要。这两个高度范围内谱密度的差异表明,较短的重力波在从下往上垂直传播时优先被耗散。在 $k>0.1$ 的高波数区域,谱密度减小得更明显。谱密度随波数的这种变化与内重力波在其源头上方区域的预期变化一致,因为通过饱和进行的波耗散倾向于在较短垂直尺度的波向上传播时衰减它

们[1]。England 等[11]从 NGIMS 数据中获得的水平波数功率谱的研究也表明,波的耗散和破碎/饱和往往优先抑制较短波长。值得注意的是,图 5-12(a)中 45°~75°N 和图 5-12(b)中 15°S~15°N 的谱密度小于饱和重力波的理论曲线值,且随高度衰减。45°~75°N 范围内的频谱密度小,可能是由于数据量不足造成的。表 5-1 总结了分析中使用的温度廓线的数量,显示出卫星在春季对北半球的采样偏差。然而,对于 15°S~15°N,夏季该区域的数据覆盖全面且均匀,但谱值小于饱和重力波谱且随高度增加而减小,表明在热层大气中还有其他过程耗散重力波,如非线性相互作用和分子黏性。

表 5-1 分析中使用的 MY35 和 MY33 的温度廓线的数量

火星年	第 35 火星年				第 33 火星年			
高度	160~200 km		180~220 km		160~200 km		180~220 km	
太阳经度	0°~90°	90°~180°	0°~90°	90°~180°	0°~90°	90°~180°	0°~90°	90°~180°
纬度	数量	数量	数量	数量	数量	数量	数量	数量
45°N~75°N	38	238	38	214	0	546	0	533
15°N~45°N	51	124	71	120	0	208	16	225
15°N~15°S	147	139	146	136	166	18	188	0
15°S~45°S	131	137	87	128	215	0	208	0
45°S~75°S	372	68	333	103	332	0	299	0

就重力波活动的季节性变化而言,春季较大的振幅出现在南半球,其次是赤道附近的低纬度地区,然后是北半球。造成这种差异的原因主要是受纬度数据覆盖不均匀的影响。如表 5-1 所示,MAVEN 在春季对北半球中高纬度地区的采样情况很差。具体来说,MY35 年春季,位于北半球 15°N 以北的温度廓线的数量不到 100 条,远远少于南半球各纬度的数量。而在 MY33 的春季,北半球几乎没有数据。MY35 夏季的数据覆盖率很好,最强的重力波位于 15°N~45°N 的中纬度地区,其次是南半球,最弱的是赤道地区。Yiğit 等[77]揭示了类似的结果,即重力波引起的密度波动在南半球的北方春季时要大得多,他们认为,由于 MAVEN 在春季的采样情况不佳,应谨慎解释这一差异。同样,在解释本书中不同纬度的重力波分布时,我们应该考虑到部分可能的影响是由数据覆盖的偏差造成的。

图 5-13 显示了 MY33 春季和夏季的平均垂直波数功率谱，总体特征与 MY35 相似，谱密度随波数增大而减小。在 160~200 km 高度，垂直波数谱遵循斜率为-3 的幂律依赖，谱密度与地球大气饱和重力波的理论值差不多。与 MY35 相比，MY33 的频谱密度较小，且在高低层之间的差异更明显。重力波从低层传播到上热层过程中衰减更强，可能是因为波在传播过程中遇到分子黏性造成的更强阻尼[46, 47, 78]。一方面，较高的太阳辐射产生较高的热层温度，导致对流不稳定引起的饱和对波的衰减作用更强，从而减小了重力波的振幅。另一方面，由于分子扩散引起的耗散增强，也会减小降低重力波振幅。Yiğit 等[79]研究表明，分子扩散的系数随着极紫外光通量和热层温度的升高而增大。这些谱特征表明，在 MY33 的高太阳活动期内，重力波扰动对背景温度的依赖性更多。而在 MY35 年重力波垂直波数谱密度更大且波在向上传播过程中衰减不明显，表明经历了更有利的传播条件。

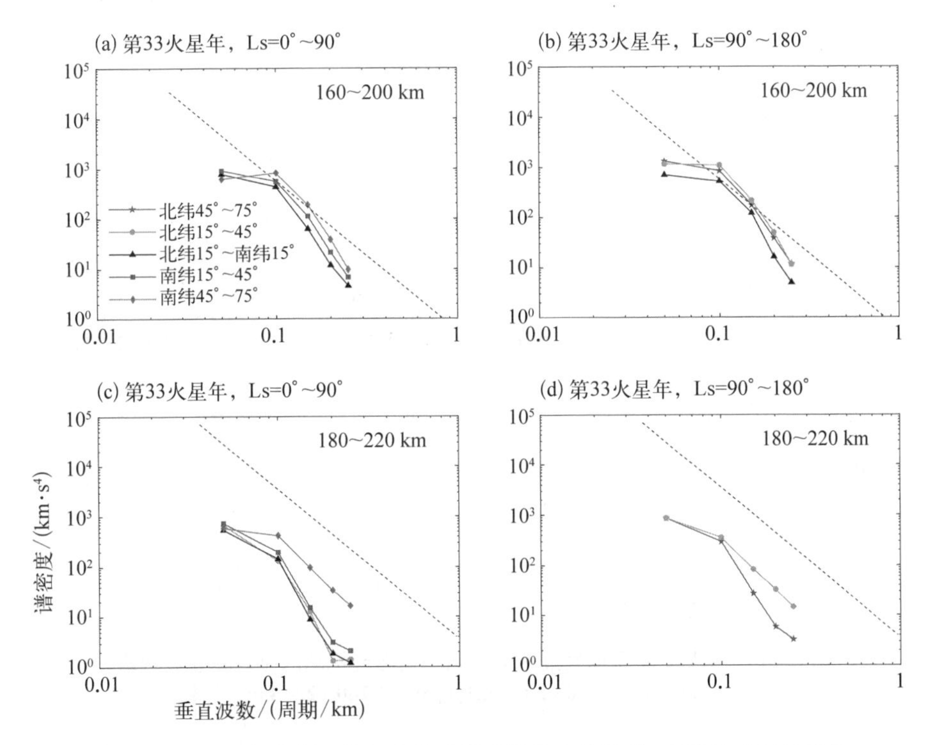

图 5-13　MY33 内归一化温度扰动的平均垂直波数谱。图框(a)(b)高度范围为 160~200 km，(c)(d)高度范围为 180~220 km

5.2.3 不同经度间内的垂直波数谱特征

图 5－14 和图 5－15 描述了不同经度区间的谱特征。整体上呈现出与图 5－12类似的谱特征，谱斜率基本符合饱和谱，谱密度随高度增加而减小。此外，不同经度范围内的谱密度基本相似，重力波活动与地形的位置之间似乎没有明显关联。这表明，区域性分布的重力波的振幅可能更多的是受传播效应的控制，例如通过饱和或临界层过滤[1]，而不是受激发这些波的波源控制。Terada 等[12]也认为上热层的重力波活动与特定地形之间的关联较弱，几乎没有发现重力波随经度变化的证据。

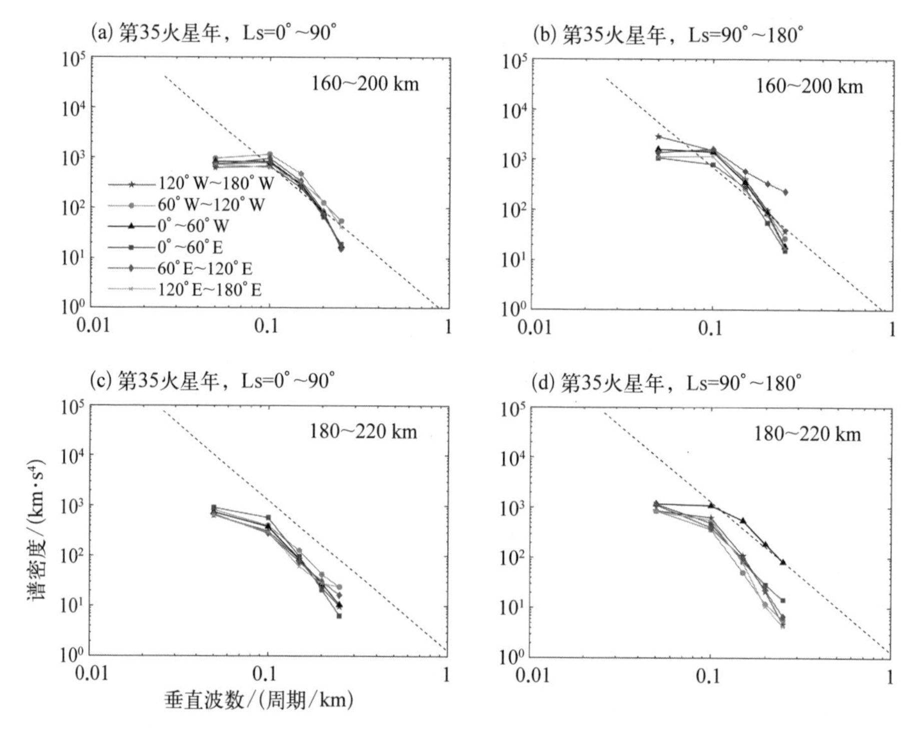

图 5－14 MY35 中不同经度区间内归一化温度扰动的平均垂直波数谱，高度范围为 160～200 km（上图）和 180～220 km（下图）

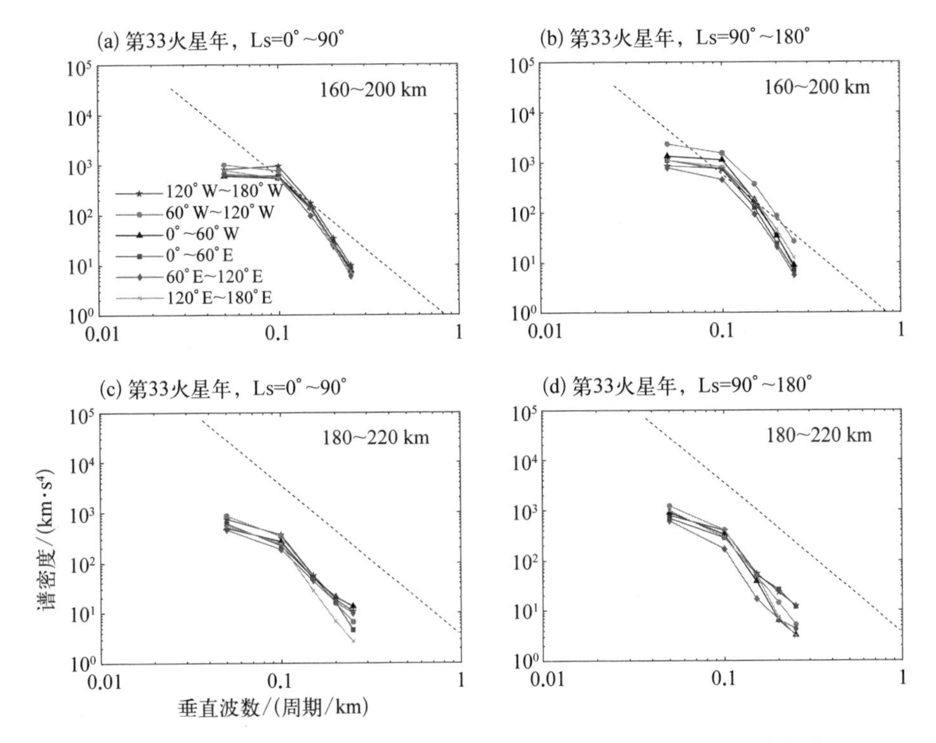

图 5-15　MY33 中不同经度区间内归一化温度扰动的平均垂直波数谱，高度范围为 160~200 km(上图)和 180~220 km(下图)

5.2.4　不同地方时内的垂直波数谱特征

接下来将研究重力波活动对地方时的依赖性。显示了 MY35 上半年根据不同地方时间隔的季节性平均垂直波数谱。在 160~200 km[图 5-16(a)与(b)]，每个地方时区间内的谱密度与饱和重力波理论谱基本一致，幂律指数在-3 左右，表明该高度重力波的饱和状态。具体来说，春季的最大谱密度在日侧的 6~12 h 内，这与以往重力波活动在夜侧更活跃的结论不同。然而，夏季的结果显示，重力波振幅在夜侧(0~6 h，18~24 h)明显强于日侧(6~12 h，12~18 h)。Terada 等[12]研究表明，对流饱和是决定火星热层重力波振幅的主要过程。振幅与背景温度成反比，因此重力波在夜间更加活跃。然而，这些结论是基于无风大气的假设，这时温度变化可以控制重力波的变化。一般来说，重力波引起的热层温度扰动是由重力波谐波产生的，这些谐波从低层大气传播中幸存下来，取决于波源和背景平均风的过滤。以前的研究已经表明风如何影响重力波频谱以及耗散[66, 78]。

在本研究中，太阳活动低值期 MY35 春季最强的重力波在日侧的 6~12 h 内,这与以前的认识相反。在此,我们推断最大功率谱随地方时表现出的春夏季节差异可能与平均背景风的过滤有关,但风场作用于重力波的详细机制尚不清楚。

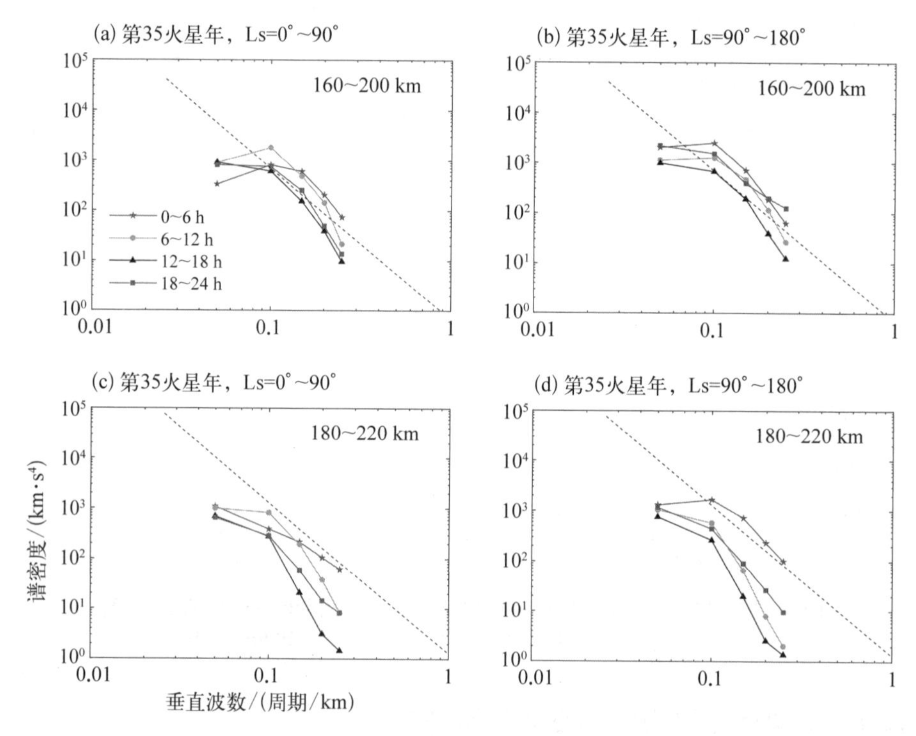

图 5-16 在 MY35 的 160~200 km(上图)和 180~220 km(下图)的高度范围内，不同地方时区间内归一化温度扰动的平均垂直波数谱

180~220 km 内的谱值明显小于 160~200 km,表明重力波随着高度的增加而衰减。需注意,无论在春季还是夏季,扰动在 12~18 h 内衰减得最明显,表明重力波扰动从中午到黄昏受背景温度控制,因为这段时间内温度变化更明显。我们认为,从中午到黄昏,是对流饱和/破碎产生了主要的耗散效应。在夏季 0~6 h 的地方时内,两个高度区间的谱密度都大于饱和谱,且随高度变化不大,这表明不仅是饱和/破碎,还有其他过程可能影响热层重力波的传播。与上述图 5-12(b)中得到的结果一致。

图 5-17 显示了 MY33 年不同地方时段内重力波的谱特征。在春季和夏季,夜侧的谱密度都大于日侧,这与以往认为重力波活动在夜侧更活跃的看法

一致,如Yiğit等[61]首次用MAVEN数据表明重力波活动在夜间更强,Yiğit等[77]提供了关于夜侧重力波活动活跃的最新观测证据。在从下层向上传播到上层热层的过程中,日侧扰动衰减得更明显,可能是因为在白天太阳辐射的影响下,温度变化更明显。上述两点都表明重力波振幅与大气背景温度之间存在密切关系。

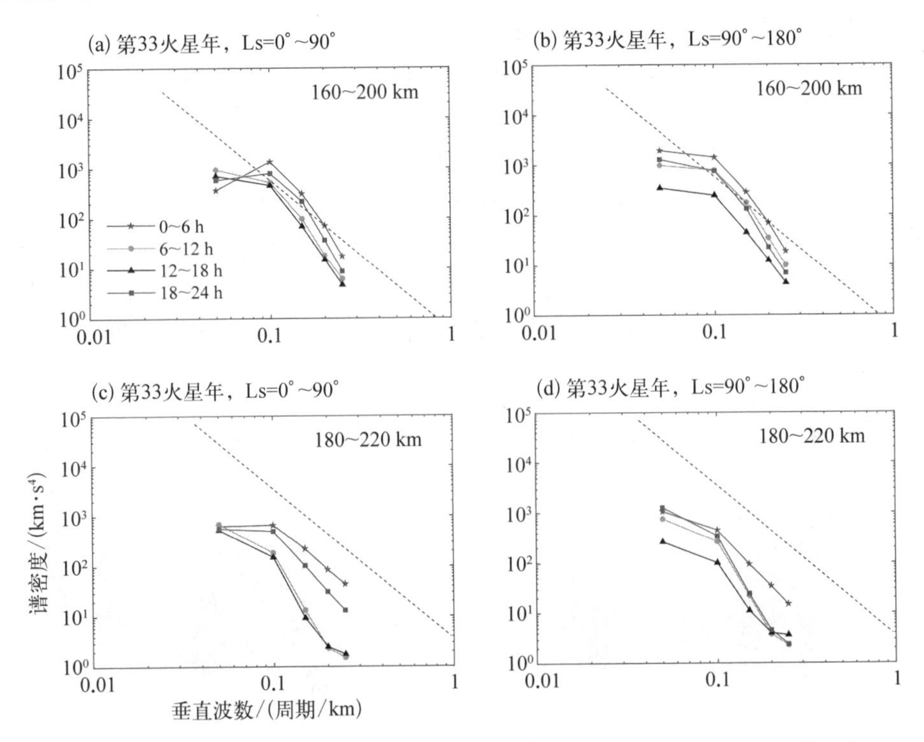

图5-17 在MY33的160~200 km(上图)和180~220 km(下图)的高度范围内,不同地方时区间内归一化温度扰动的平均垂直波数谱

5.2.5 可能的波源及传播过程解释

5.2.5.1 热层大气扰动的可能波源

一般来说,热层中的重力波包括从中低层大气传播的谐波,以及由上层太阳风强迫的局部激发的波。关于上方的波源,地球上热层扰动的主要激发源来自以粒子沉降形式沉积在极地的磁层能量。与地球不同,火星上没有行星尺度的磁场,但是沉降的O^+的能量可能会激发火星上热层的扰动[80-82]。Fang等[82]估计,由于O^+的沉降导致的火星上热层的温度扰动可高达3%左右,且扰动在

200~250 km 的高度上振幅较大。然而,本研究从 MAVEN/NGIMS 测量获得的小尺度扰动在 200 km 以上振幅已经不明显[如图 5-18(c)与(d)所示],在太阳活动高低值期间最强扰动都位于 200 km 以下。这可能是 O^+沉降产生的扰动不够大,不足以产生任何明显的影响。因此,在本研究中我们认为来自上方的太阳风强迫对热层扰动的局部激发作用不显著。

火星低层大气中的重力波由多种机制激发产生,包括地形源、对流和天气系统的不稳定性[4]。观测和模拟结果表明,具有间歇性的重力波源随季节在空间上发生变化[33, 36]。平均而言,非地形激发是重力波在低层大气中产生的主要过程[77]。我们的研究也发现热层中重力波谱密度几乎不随经度变化,重力波活动与特定地形特征之间的关联较弱。然而,在不同的纬度区间内,谱密度存在着明显的差异。尽管我们的结果部分受到卫星采样偏差的影响,但热层大气中重力波活动随纬度的变化客观存在。图 5-18 显示了在 MY33 和 MY35 的

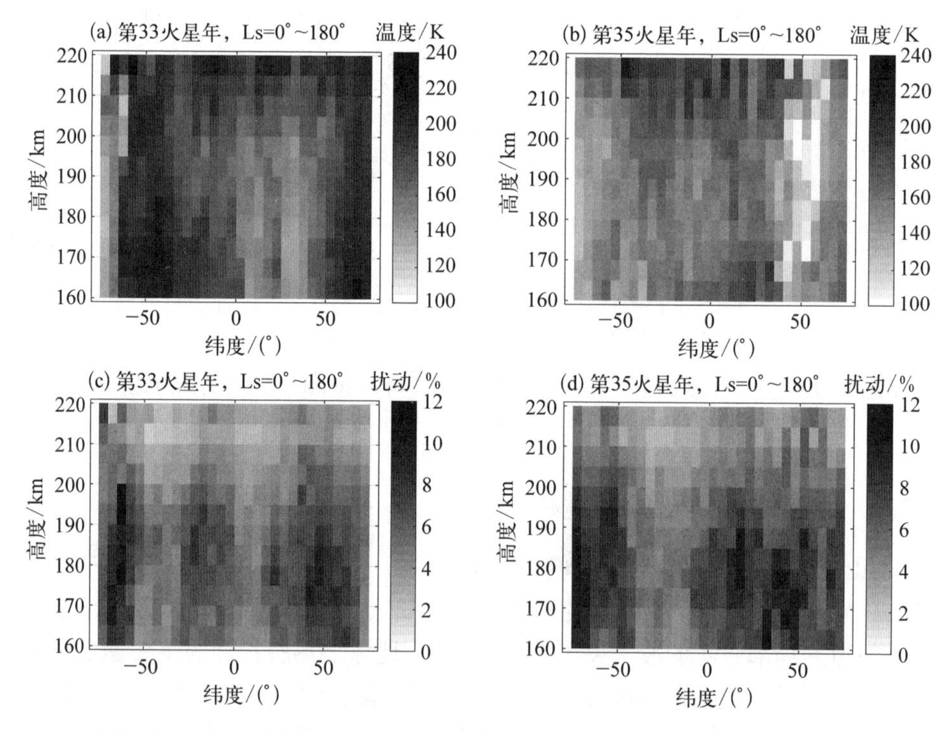

图 5-18 MY33 和 MY35 上半年的温度(a)(b)和归一化温度扰动(c)(d)的高度-纬度分布。数据以 5°×5 km(纬度×高度)的间隔进行划分

上半年,160~200 km 的背景温度和归一化温度扰动的高度-纬度分布。总的来说,MY35 上半年的温度明显低于 MY33 期间,而重力波引起的小尺度扰动则更强。平均振幅小于 15%,这与以前的研究结果大体一致[12, 33, 69, 83]。重力波活动的分布在纬度上差异很大。较大的扰动值位于北半球 50°N 左右,以及南半球的极地地区,而最小的扰动值则位于赤道附近。地球[41, 84]和火星[60, 85]的大气环流模型(GCM)的模拟显示,对于来自低层大气的重力波波源,其能量随着高度的增加而向极地移动,导致热层低纬度地区的重力波活动相对较弱。在本研究中,我们发现的重力波活动在纬度上的差异与这些结论一致。因此,我们推断热层扰动可能由来自低层大气的非地形过程产生。

5.2.5.2　热层扰动的可能耗散过程

热层中重力波的性质由低层大气中波源的性质、传播条件和阻尼过程共同决定。30 km 以下的低层大气中,重力波的振幅通常在赤道附近的低纬度地区较大[33],而热层中强的波扰动则出现在极区。显然,仅由波源本身并不能解释观测到的重力波在热层中的分布。我们根据温度扰动的垂直波数谱来分析重力波的可能耗散过程。图 5 - 12 和图 5 - 13 所示的重力波谱密度与饱和重力波的理论谱基本一致,在平均谱中饱和波的统计权重更大,表明重力波的振幅主要由对流不稳定性引起的饱和决定。同时意味着在地球大气中通过准经验构造并得到验证的饱和谱理论也适用于火星热层。Eckermann 等[86]通过数值模拟估计了无风大气假设下火星上各种重力波阻尼过程的相对重要性。对于长垂直波长模式(λ_z>15 km),波饱和在火星上层热层中是主要通量沉积机制。我们发现在火星热层中确实存在由对流不稳定性引起的波饱和过程。饱和的重力波将加速平均流并诱发湍流,从而导致动量和能量的重新分配。然而,线性对流不稳定性理论只能在有限程度上解释热大气层中重力波活动的特点。要注意的风和相关波的折射在重力波传播和耗散的过程中特别重要[47, 78]。对于热层中的重力波来说,波阻尼的主要机制是分子扩散和热传导,而非线性波阻尼是次要的,也就是说,对流不稳定性在热层中限制重力波的振幅方面只起了很小的作用。在 MY35 年夏季,15°S~15°N 区间不饱和重力波的谱值随着高度的增加而衰减,这表明其他耗散过程的作用,如分子扩散(分子黏性和热传导)。另外,Forbes 等[83]研究表明,火星上层热层的温度变化对周期为 27 天的太阳极紫外光通量的反应比金星大,CO_2 15 μm 的辐射冷却在火星热层中不太重要。金星上热层中重力波振幅的昼夜差异可能是由于 CO_2 15 μm 辐射阻尼的调制效应[12]。在这项研究中,用观测数据揭示了火星热层中除饱和外其他可能的耗散过程在限制重力波振幅方面发挥作用。

为了解释重力波活动对地方时的依赖性,我们研究了 MY33 和 MY35 上半年的背景温度和重力波扰动的地方时-高度截面,如图 5-19 所示。总的来说,MY35 的扰动比 MY33 强,最大振幅出现在上午 5~10 h 内,与图 5-16 所示结果一致。但这些结果与以前的认识不同,即 GW 活动在夜侧更活跃。而且最强扰动的分布并不对应于较低的背景温度,进一步表明火星热层的扰动不仅受背景温度的控制,还可能受到其他因素的影响,如分子扩散。Yiğit 等[77]使用一个一维谱非线性重力波模型研究了重力波对地方时的依赖性,提出对流不稳定机制在解释上热层重力波振幅的昼夜差异方面可能发挥有限的作用。

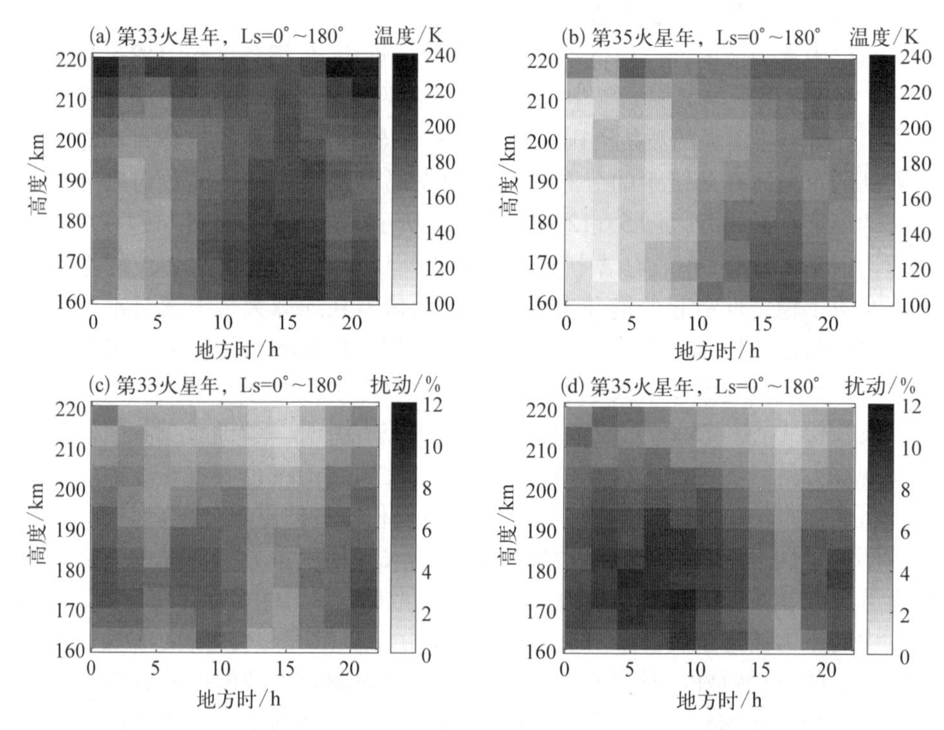

图 5-19 MY33 和 MY35 上半年的温度[(a)与(b)]和归一化温度扰动[(c)与(d)]的地方时-纬度分布。数据以 2 h×5 km(地方时×高度)的间隔进行划分

5.2.6 结论与讨论

在这项研究中,我们利用搭载在 MAVEN 上的 NGIMS 测量 160~220 km 高

度的 CO_2 密度数据，分析了太阳活动低值期间 MY35 火星热层中重力波活动的谱特征，并选择了太阳活动相对较高的 MY33 进行比较分析。在所选择的季节内 MAVEN 具有良好的地方时和纬度/经度覆盖，而且在全球范围内的轨道扫描相似。在此期间，热层中重力波扰动的谱密度随着不同的高度、纬度、季节和地方时而显示出明显的变化。这种复杂的变化受太阳辐照度和 MAVEN 轨道缓慢进动的综合影响。我们得到的主要结论如下：

（1）火星热层大气中归一化温度扰动的垂直波数谱的斜率约为-3，谱密度几乎与饱和重力波的理论预测曲线一致。功率谱密度随着波数的增大而减小，这与地球大气中获得的谱结构特征相似。为地球大气层开发的准经验饱和谱理论也适用于火星热层的重力波。

（2）火星热层中重力波的最强扰动在 160～200 km 之间，这与以前对重力波的观测结果一致（例如文献[77]），重力波在向上传播过程中被衰减，短波优先被耗散。

（3）与 MY33 相比，在 MY35 的低太阳活动中，重力波活动更加活跃，向上传播时衰减更小，表明波经历了更有利的传播条件。

（4）热层中重力波的振幅在不同纬度区间内有很大的变化，赤道附近的扰动小，极区的扰动较强。此外，重力波的谱密度显示出明显的季节性，春季较大的振幅出现在南半球中高纬度，而夏季北半球的重力波活动更强。这种季节性可能由重力波本身的变化和有限的卫星采样范围共同造成。

（5）MY35 春季最强的谱密度出现在 6～12 h，这表明在太阳活动低值期，火星热层中扰动的幅度受背景温度的控制更小，同时还有其他因素，如分子黏性和热传导的耗散效应影响。

本研究中获得的热层中的大多数重力波的垂直波长分布在 4～20 km 的阈值范围之间。我们讨论了火星热层中重力波的可能来源，这些重力波更可能是由非地形过程产生的来自中低层大气的向上传播的谐波，而由沉降粒子在热层中局部激发的重力波并不明显。对流不稳定引起的波饱和在热层的较低高度上对决定重力波振幅很重要。然而，对于热层来说，在地球[84]和火星[77]上由背景风调制的耗散过程占主导地位，辐射阻尼在火星热层并不重要[85]。但我们的统计分析不能明确区分波源性质以及不同耗散过程在火星热层中的相对重要性。需要对特定季节重力波活动的全球分布进行更精细的观测，并对波的激发、传播过程和耗散进行全面的理论建模。

5.3 本章小结

在本章中,我们首次用观测数据分析了1.5个火星年内从对流层到低热层中重力波活动的气候特征,并说明火星全球性沙尘暴发生期间中层大气中重力波的增强现象,可能是由于沙尘暴期间更多的沙尘颗粒通过吸收太阳辐射加热中间层大气,驱动环流结构发生有利于重力波传播的变化。对流不稳定引起的波饱和在低热层高度上对决定重力波振幅很重要。然而,我们研究发现在中间层中对流不稳定性在限制重力波振幅方面的有限作用,而重力波活动可能更多地受到波源和临界层过滤等多种效应混合的影响。需要注意的是,ACS/MIR掩星的足迹坐标较多位于高纬度,而这些尘暴活动主要集中在赤道附近,该观测方式只是部分地捕捉到了尘暴期间的重力波活动特征。

其次,我们利用搭载在MAVEN上的NGIMS测量的160~220 km高度CO_2密度数据,分析了太阳活动低值期间火星热层中重力波活动的垂直波数谱特征,并选择了太阳活动相对较高年份来进行比较分析。在此期间,热层中重力波扰动的谱密度随着不同的高度、纬度、季节和地方时而显示出明显的变化。这种复杂的变化受太阳辐照度和MAVEN轨道缓慢进动的综合影响。我们讨论了火星热层中重力波的可能来源,这些重力波更可能是由非地形过程产生的来自中低层大气的向上传播的谐波,而由沉降粒子在热层中局部激发的重力波并不明显。

重力波具有激发源多样化、波普宽广、传播条件难以准确观测和描述的特征,如何在火星大气环流模式中合理量化重力波的影响是目前亟待解决的问题。重力波具有宽广和多维的特征谱,这是无法从现有的一系列观测中推断重力波的气候特征的原因之一。每种观测技术常常只对频谱的某些部分敏感,而对其他部分完全不敏感。而且,重力波的垂直波长、固有频率和相速度会随着背景大气的变化而显著改变。这些观测的局限性造成了从各种数据得到的重力波特征的差异。只有把这种由于背景大气影响产生的重力波变化与重力波源变化引起的重力波变化区分开,我们才可能对重力波气候观测结果进行准确地论释。

对于热层来说,在地球和火星上由背景风调制的耗散过程占主导地位,辐射阻尼在火星热层并不重要。然而,我们基于观测数据的统计分析不能明确区分波源性质和不同耗散过程在火星热层中的相对重要性，以及沙尘暴影响重力波的动力机制，这需要更多的观测数据积累，在未来工作中对特定季节重力波活动的全球分布进行更精细的研究，并对波的激发、传播过程和耗散进行全面的理论建模，进一步解释沙尘暴对重力波的影响机理。

参考文献

[1] FRITTS D C, ALEXANDER M J. Gravity wave dynamics and effects in the middle atmosphere [J]. Reviews of Geophysics, 2003, 41(1): 1003.

[2] MEDVEDEV A S, YIĞIT E. Gravity waves in planetary atmospheres: Their effects and parameterization in global circulation models [J]. Atmosphere, 2019, 10(9): 531.

[3] YIĞIT E, MEDVEDEV A S. Internal wave coupling processes in Earth's atmosphere [J]. Advances in Space Research, 2015, 55(4): 983 - 1003.

[4] HEAVENS N G, KASS D M, KLEINBÖHL A, et al. A multiannual record of gravity wave activity in Mars's lower atmosphere from on-planet observations by the Mars Climate Sounder [J]. Icarus, 2020, 341: 113630.

[5] GUBENKO V N, KIRILLOVICH I A, PAVELYEV A G. Characteristics of internal waves in the Martian atmosphere obtained on the basis of an analysis of vertical temperature profiles of the Mars Global Surveyor mission [J]. Cosmic Research, 2015, 53(2): 133 - 142.

[6] WU Z, LI T, HEAVENS N G, et al. Earth-like thermal and dynamical coupling processes in the Martian climate system [J]. Earth-Science Reviews, 2022, 229: 104023.

[7] MEDVEDEV A S, YIĞIT E, HARTOGH P, et al. Influence of gravity waves on the Martian atmosphere: General circulation modeling [J]. Journal of Geophysical Research: Planets, 2011, 116(E10): E10004.

[8] SPIGA A, GONZÁLEZ-GALINDO F, LÓPEZ-VALVERDE M Á, et al. Gravity waves, cold pockets and CO_2 clouds in the Martian mesosphere [J]. Geophysical Research Letters, 2012, 39(2): L02201.

[9] YIĞIT E, MEDVEDEV A S, BENNA M, et al. Dust storm-enhanced gravity wave activity in the Martian thermosphere observed by MAVEN and implication for atmospheric escape [J]. Geophysical Research Letters, 2021, 48(5): e2020GL092095.

[10] SLIPSKI M, JAKOSKY B, BENNA M, et al. Variability of Martian turbopause altitudes [J]. Journal of Geophysical Research: Planets, 2018, 123(11): 2939 - 2957.

[11] ENGLAND S L, LIU G, YIĞIT E, et al. MAVEN NGIMS observations of atmospheric gravity waves in the Martian thermosphere [J]. Journal of Geophysical Research: Space

Physics, 2017, 122(2): 2310 - 2335.

[12] TERADA N, LEBLANC F, NAKAGAWA H, et al. Global distribution and parameter dependences of gravity wave activity in the Martian upper thermosphere derived from MAVEN/NGIMS observations [J]. Journal of Geophysical Research: Space Physics, 2017, 122(2): 2374 - 2397.

[13] JI Q, ZHU X, SHENG Z, et al. Spectral analysis of gravity waves in the Martian Thermosphere during low solar activity based on MAVEN/NGIMS observations [J]. The Astrophysical Journal, 2022, 938(2): 97 - 109.

[14] CREASEY J E, FORBES J M, HINSON D P. Global and seasonal distribution of gravity wave activity in Mars' lower atmosphere derived from MGS radio occultation data [J]. Geophysical Research Letters, 2006, 33(1): L01803.

[15] WU Z, LI J, LI T, et al. Gravity waves in different atmospheric layers during Martian dust storms [J]. Journal of Geophysical Research: Planets, 2022, 127(4): e2021JE007170.

[16] NAKAGAWA H, TERADA N, JAIN S K, et al. Vertical propagation of wave perturbations in the middle atmosphere on Mars by MAVEN/IUVS [J]. Journal of Geophysical Research: Planets, 2020, 125(9): 1 - 14.

[17] SAUNDERS W R, PERSON M J, WITHERS P. Observations of gravity waves in the Middle Atmosphere of Mars [J]. The Astronomical Journal, 2021, 161(6): 280.

[18] STARICHENKO E D, BELYAEV D A, MEDVEDEV A S, et al. Gravity wave activity in the Martian atmosphere at altitudes 20 - 160 km from ACS/TGO occultation measurements [J]. Journal of Geophysical Research: Planets, 2021, 126(8): e2021JE006899.

[19] KORABLEV O, MONTMESSIN F, TROKHIMOVSKIY A, et al. The Atmospheric Chemistry Suite (ACS) of three spectrometers for the ExoMars 2016 trace gas orbiter [J]. Space Science Reviews, 2018, 214(1): 1 - 62.

[20] BELYAEV D A, FEDOROVA A A, TROKHIMOVSKIY A, et al. Thermal structure of the middle and upper atmosphere of Mars from ACS/TGO CO_2 spectroscopy [J]. Journal of Geophysical Research: Planets, 2022, 127(10): e2022JE007286.

[21] FEDOROVA A A, MONTMESSIN F, KORABLEV O, et al. Stormy water on Mars: The distribution and saturation of atmospheric water during the dusty season [J]. Science, 2020, 367(6475): 297 - 300.

[22] HE Y, ZHU X, SHENG Z, et al. Observations of inertia gravity waves in the Western Pacific and their characteristic in the 2015/2016 quasi-biennial oscillation disruption [J]. Journal of Geophysical Research: Atmospheres, 2022, 127(22): e2022JD037208.

[23] ZHANG J, JI Q, SHENG Z, et al. Observation based climatology Martian atmospheric waves perturbation Datasets [J]. Scientific Data,2023, 10(1): 1 - 13.

[24] LOMB N R. Least-squares frequency analysis of unequally spaced data [J]. Astrophysics

Space Science, 1976, 39(2): 447 - 462.

[25] SCARGLE J D. Studies in astronomical time series analysis. II-Statistical aspects of spectral analysis of unevenly spaced data [J]. The Astrophysical Journal, 1982, 263: 835 - 853.

[26] OFFERMANN D, JARISCH M, SCHMIDT H, et al. The "wave turbopause" [J]. Journal of Atmospheric Solar-Terrestrial Physics, 2007, 69(17 - 18): 2139 - 2158.

[27] KASS D, KLEINBÖHL A, MCCLEESE D, et al. Interannual similarity in the Martian atmosphere during the dust storm season [J]. Geophysical Research Letters, 2016, 43(12): 6111 - 6118.

[28] KURODA T, MEDVEDEV A S, YIĞIT E. Gravity wave activity in the atmosphere of Mars during the 2018 global dust storm: Simulations with a high-resolution model [J]. Journal of Geophysical Research: Planets, 2020, 125(11): e2020JE006556.

[29] MONTABONE L, SPIGA A, KASS D M, et al. Martian year 34 column dust climatology from Mars climate sounder observations: Reconstructed maps and model simulations [J]. Journal of Geophysical Research: Planets, 2020, 125(8): e2019JE006111.

[30] YIĞIT E, MEDVEDEV A S, HARTOGH P. Influence of gravity waves on the climatology of high-altitude Martian carbon dioxide ice clouds [C]. Copernicus Publications Göttingen, Göttingen, 2018: 1631 - 1646.

[31] FRITTS D C, WANG L, TOLSON R H. Mean and gravity wave structures and variability in the Mars upper atmosphere inferred from Mars Global Surveyor and Mars Odyssey aerobraking densities [J]. Journal of Geophysical Research: Space Physics, 2006, 111(A12): A12304.

[32] IMAMURA T, WATANABE A, MAEJIMA Y. Convective generation and vertical propagation of fast gravity waves on Mars: One-and two-dimensional modeling [J]. Icarus, 2016, 267: 51 - 63.

[33] CREASEY J E, FORBES J M, HINSON D P. Global and seasonal distribution of gravity wave activity in Mars' lower atmosphere derived from MGS radio occultation data [J]. Geophysical Research Letters, 2006, 33(1): L01803.

[34] LU X, LIU A Z, SWENSON G R, et al. Gravity wave propagation and dissipation from the stratosphere to the lower thermosphere [J]. Journal of Geophysical Research: Atmospheres, 2009, 114(D11): D11101.

[35] KURODA T, MEDVEDEV A S, HARTOGH P, et al. Seasonal changes of the baroclinic wave activity in the northern hemisphere of Mars simulated with a GCM [J]. Geophysical Research Letters, 2007, 34(9): 1 - 6.

[36] KURODA T, YIĞIT E, MEDVEDEV A S. Annual cycle of gravity wave activity derived from a high-resolution Martian general circulation model [J]. Journal of Geophysical Research: Planets, 2019, 124(6): 1618 - 1632.

[37] MICHAELS T I, RAFKIN S C. Large-eddy simulation of atmospheric convection on Mars

[J]. Quarterly Journal of the Royal Meteorological Society, 2004, 130(599): 1251-1274.

[38] ODAKA M, NAKAJIMA K, TAKEHIRO S-I, et al. A numerical study of the Martian atmospheric convection with a two-dimensional anelastic model [J]. Earth, Planets Space, 1998, 50(5): 431-437.

[39] MIYOSHI Y, FUJIWARA H. Gravity waves in the equatorial thermosphere and their relation to lower atmospheric variability [J]. Earth, Planets Space, 2009, 61(4): 471-478.

[40] TSUDA T, NISHIDA M, ROCKEN C, et al. A global morphology of gravity wave activity in the stratosphere revealed by the GPS occultation data (GPS/MET) [J]. Journal of Geophysical Research: Atmospheres, 2000, 105(D6): 7257-7273.

[41] MIYOSHI Y, FUJIWARA H, JIN H, et al. A global view of gravity waves in the thermosphere simulated by a general circulation model [J]. Journal of Geophysical Research: Space Physics, 2014, 119(7): 5807-5820.

[42] SATO K, WATANABE S, KAWATANI Y, et al. On the origins of mesospheric gravity waves [J]. Geophysical Research Letters, 2009, 36(19): L19801.

[43] LEELAVATHI V, VENKATESWARA RAO N, RAO S. Interannual variability of atmospheric gravity waves in the Martian thermosphere: Effects of the 2018 planet-encircling dust event [J]. Journal of Geophysical Research: Planets, 2020, 125(12): e2020JE006649.

[44] RAO N, LEELAVATHI V, RAO S. Variability of temperatures and gravity wave activity in the Martian thermosphere during low solar irradiance [J]. Icarus, 2021, 393: 114753.

[45] HICKEY M, WALTERSCHEID R, SCHUBERT G. A full-wave model for a binary gas thermosphere: Effects of thermal conductivity and viscosity [J]. Journal of Geophysical Research: Space Physics, 2015, 120(4): 3074-3083.

[46] PARISH H F, SCHUBERT G, HICKEY M P, et al. Propagation of tropospheric gravity waves into the upper atmosphere of Mars [J]. Icarus, 2009, 203(1): 28-37.

[47] YIĞIT E, AYLWARD A D, MEDVEDEV A S. Parameterization of the effects of vertically propagating gravity waves for thermosphere general circulation models: Sensitivity study [J]. Journal of Geophysical Research: Atmospheres, 2008, 113(D19): D19106.

[48] MEDVEDEV A S, YIĞIT E. Thermal effects of internal gravity waves in the Martian upper atmosphere [J]. Geophysical Research Letters, 2012, 39(5): L05201.

[49] SIDDLE A, MUELLER-WODARG I, STONE S, et al. Global characteristics of gravity waves in the upper atmosphere of Mars as measured by MAVEN/NGIMS [J]. Icarus, 2019, 333: 12-21.

[50] JESCH D, MEDVEDEV A S, CASTELLINI F, et al. Density fluctuations in the lower thermosphere of Mars retrieved from the ExoMars Trace Gas Orbiter (TGO) aerobraking

[J]. Atmosphere, 2019, 10(10): 620.

[51] VALS M, SPIGA A, FORGET F, et al. Study of gravity waves distribution and propagation in the thermosphere of Mars based on MGS, ODY, MRO and MAVEN density measurements [J]. Planetary Space Science, 2019, 178: 104708.

[52] MÜLLER-WODARG I, YELLE R, BORGGREN N, et al. Waves and horizontal structures in Titan's thermosphere [J]. Journal of Geophysical Research: Space Physics, 2006, 111 (A12): A12315.

[53] YOUNG L A, YELLE R V, YOUNG R, et al. Gravity waves in Jupiter's stratosphere, as measured by the Galileo ASI experiment [J]. Icarus, 2005, 173(1): 185 - 199.

[54] PICKERSGILL A O, HUNT G E. The formation of Martian lee waves generated by a crater [J]. Journal of Geophysical Research: Solid Earth, 1979, 84(B14): 8317 - 8331.

[55] SPIGA A, FAURE J, MADELEINE J B, et al. Rocket dust storms and detached dust layers in the Martian atmosphere [J]. Journal of Geophysical Research: Planets, 2013, 118(4): 746 - 767.

[56] YIĞIT E, KNÍŽOVÁ P K, GEORGIEVA K, et al. A review of vertical coupling in the Atmosphere - Ionosphere system: Effects of waves, sudden stratospheric warmings, space weather, and of solar activity [J]. Journal of Atmospheric Solar-Terrestrial Physics, 2016, 141: 1 - 12.

[57] LINDZEN R S. Turbulence and stress owing to gravity wave and tidal breakdown [J]. Journal of Geophysical Research: Oceans, 1981, 86(C10): 9707 - 9714.

[58] PALMER T, SHUTTS G, SWINBANK R. Alleviation of a systematic westerly bias in general circulation and numerical weather prediction models through an orographic gravity wave drag parametrization [J]. Quarterly Journal of the Royal Meteorological Society, 1986, 112(474): 1001 - 1039.

[59] MEDVEDEV A S, NAKAGAWA H, MOCKEL C, et al. Comparison of the Martian thermospheric density and temperature from IUVS/MAVEN data and general circulation modeling [J]. Geophysical Research Letters, 2016, 43(7): 3095 - 3104.

[60] KURODA T, MEDVEDEV A S, YIĞIT E, et al. A global view of gravity waves in the Martian atmosphere inferred from a high-resolution general circulation model [J]. Geophysical Research Letters, 2015, 42(21): 9213 - 9222.

[61] YIĞIT E, MEDVEDEV A S, HARTOGH P. Gravity waves and high-altitude CO_2 ice cloud formation in the Martian atmosphere [J]. Geophysical Research Letters, 2015, 42(11): 4294 - 4300.

[62] SMITH S A, FRITTS D C, VANZANDT T E. Evidence for a saturated spectrum of atmospheric gravity waves [J]. Journal of Atmospheric Sciences, 1987, 44(10): 1404 - 1410.

[63] TSUDA T, VANZANDT T E, MIZUMOTO M, et al. Spectral analysis of temperature and Brunt-Väisälä frequency fluctuations observed by radiosondes [J]. Journal of Geophysical Research: Atmospheres, 1991, 96(D9): 17265 - 17278.

[64] ANDO H, IMAMURA T, TSUDA T. Vertical wavenumber spectra of gravity waves in the Martian atmosphere obtained from Mars Global Surveyor radio occultation data [J]. Journal of the Atmospheric Sciences, 2012, 69(9): 2906 - 2912.

[65] ANDO H, IMAMURA T, TSUDA T, et al. Vertical wavenumber spectra of gravity waves in the Venus atmosphere obtained from Venus Express radio occultation data: Evidence for saturation [J]. Journal of the Atmospheric Sciences, 2015, 72(6): 2318 - 2329.

[66] YIĞIT E. Ionospheres and Plasma Environments: Volume 2 [M]. Berlin: Springer, 2017.

[67] JAKOSKY B M, LIN R P, GREBOWSKY J M, et al. The Mars Atmosphere and Volatile Evolution (MAVEN) mission [J]. Space Science Reviews, 2015, 195(1): 3 - 48.

[68] MAHAFFY P R, BENNA M, KING T, et al. The Neutral Gas and Ion Mass Spectrometer on the Mars Atmosphere and Volatile Evolution mission [J]. Space Science Reviews, 2015, 195(1): 49 - 73.

[69] MANJU G, MRIDULA N. First estimations of gravity wave potential energy in the Martian thermosphere: An analysis using MAVEN NGIMS data [J]. Monthly Notices of the Royal Astronomical Society, 2021, 501(1): 1072 - 1077.

[70] STONE S W, YELLE R V, BENNA M, et al. Thermal structure of the Martian upper atmosphere from MAVEN NGIMS [J]. Journal of Geophysical Research: Planets, 2018, 123(11): 2842 - 2867.

[71] KIESS C, REZAEI R, SCHMIDT W. Properties of sunspot umbrae observed in cycle 24 [J]. Astronomy Astrophysics, 2014, 565: A52.

[72] YIĞIT E, MEDVEDEV A S, HARTOGH P. Variations of the Martian thermospheric gravity-wave activity during the recent solar minimum as observed by MAVEN [J]. The Astrophysical Journal, 2021, 920(2): 69.

[73] SNOWDEN D, YELLE R, CUI J, et al. The thermal structure of Titan's upper atmosphere, I: Temperature profiles from Cassini INMS observations [J]. Icarus, 2013, 226(1): 552 - 582.

[74] SPIGA A, TEITELBAUM H, ZEITLIN V. Identification of the sources of inertia-gravity waves in the Andes Cordillera region[J]Annales Geophysicae, 2008, 26(9): 2551 - 2568.

[75] YIĞIT E, MEDVEDEV A S, HARTOGH P. Variations of the Martian thermospheric gravity-wave activity during the recent solar minimum as observed by MAVEN [J]. The Astrophysical Journal, 2021b, 920(2): 69.

[76] WEINSTOCK J. Saturated and unsaturated spectra of gravity waves and scale-dependent diffusion [J]. Journal of Atmospheric Sciences, 1990, 47(18): 2211 - 2226.

[77] YIĞIT E, MEDVEDEV A S, HARTOGH P J T A J. Variations of the Martian thermospheric gravity-wave activity during the recent solar minimum as observed by MAVEN [J]. The Astrophysical Journal, 2021, 920(2): 69.
[78] MEDVEDEV A S, YIĞIT E, HARTOGH P. Estimates of gravity wave drag on Mars: Indication of a possible lower thermospheric wind reversal [J]. Icarus, 2011, 211(1): 909 - 912.
[79] YIĞIT E, MEDVEDEV A S. Internal gravity waves in the thermosphere during low and high solar activity: Simulation study [J]. Journal of Geophysical Research: Space Physics, 2010, 115(A8): A00G02.
[80] LEBLANC F, JOHNSON R E. Role of molecular species in pickup ion sputtering of the Martian atmosphere [J]. Journal of Geophysical Research: Planets, 2002, 107(E2): 5 - 1 - 5 - 6.
[81] CHAUFRAY J-Y, MODOLO R, LEBLANC F, et al. Mars solar wind interaction: Formation of the Martian corona and atmospheric loss to space [J]. Journal of Geophysical Research: Planets, 2007, 112(E9): E09009.
[82] FANG X, BOUGHER S W, JOHNSON R E, et al. The importance of pickup oxygen ion precipitation to the Mars upper atmosphere under extreme solar wind conditions [J]. Geophysical Research Letters, 2013, 40(10): 1922 - 1927.
[83] FORBES J M, BRUINSMA S, LEMOINE F G. Solar rotation effects on the thermospheres of Mars and Earth [J]. Science, 2006, 312(5778): 1366 - 1368.
[84] YIĞIT E, MEDVEDEV A S. Heating and cooling of the thermosphere by internal gravity waves [J]. Geophysical Research Letters, 2009, 36(14): L14807.
[85] MEDVEDEV A, YIĞIT E, HARTOGH P, et al. Influence of gravity waves on the Martian atmosphere: General circulation modeling [J]. Journal of Geophysical Research: Planets, 2011b, 116(10): E10004.
[86] ECKERMANN S D, MA J, ZHU X. Scale-dependent infrared radiative damping rates on Mars and their role in the deposition of gravity-wave momentum flux [J]. Icarus, 2011, 211(1): 429 - 442.

第六章　基于数值模拟的火星大气研究

6.1　引言

火星大气的数值模拟主要关注对火星大气三大气候循环（CO_2、水、沙尘）的模拟。为高效地实现这一模拟，目前主流火星大气环流模式都基于地球大气环流模式进行修改完善，包括增加三大循环的模拟模块、应用行星历法计时、对具体物理过程进行修改等。如法国动力气象实验室的火星行星气候模式[1]（Mars PCM－LMDZ）、火星天气研究与预报模型[2]（MarsWRF）和地球物理流体动力学实验室的火星大气环流模型[3, 4]（GFDL Mars GCM）等都是基于其地球版本进行修改完善，从而使其适合火星大气的数值模拟的。同时，由于观测资料的低覆盖率，目前仅有火星大气波扰动数据集[5]（MAWPD）和火星沙尘活动数据库[6]（Mars Dust Activity Database，MDAD）等少数几个完全基于观测的数据集。目前大多数火星大气数据集都是使用资料同化方法融合模式和观测结果从而构建的，如火星大气集合再分析系统数据集[7]（EMARS）、火星分析校正数据同化[8]（MACDA）等。同时，也有完全基于模式结果构建的数据集，如火星气候数据库[9]（MCD）等。本章将对以上主要大气模式及相关数据集进行介绍，并展示大气波动及沙尘暴模拟的最新成果。

6.2　主要大气模式及相关数据集

6.2.1　主要大气模式的研究现状

6.2.1.1　法国动力气象实验室的行星气候模式

法国动力气象实验室（Laboratoire de Météorologie Dynamique，LMD）行星气

候模式[1]的火星版本为火星行星气候模式（Mars Planetary Climate Model，Mars PCM）。其命名方式[10]为火星行星气候模式-动力核心（Mars PCM-Dynamico），如火星分析修正数据同化（Mars Analysis Correction Data Assimilation，MACDA）数据集1.0版本使用的英国光谱（UK-spectral）动力核心的火星行星气候模式被称作Mars PCM-UK-spectral，而本书中第六章使用的动力核心为LMDZ（Laboratoire de Météorologie Dynamique Zoom）的火星行星气候模式则为Mars PCM – LMDZ。在2022年官方更改模型名称以前，该模式曾被称作动力气象实验室火星大气环流模式（LMD Martian General Circulation Model，LMD Martian GCM）[11]。

LMDZ模型（LMD代表实验室，Z代表“缩放”）是20世纪70年代以来在LMD动力气象实验室开发的大气环流模型，其目前已有地球和多种行星版本（火星、泰坦、金星、巨行星、系外行星）。在其地球版本中，LMDZ是皮埃尔·西蒙·拉普拉斯研究所（IPSL）的“综合气候模型”的大气组成部分，其开发由“建模集群”进行协调，并参与了关于未来气候变化的重大国际研究工作。在行星版本方面，LMDZ版本的开发主要围绕太阳系的太空探索，近期还涉及了寻找太阳系外行星。LMDZ首先是一个研究工具。LMDZ开发中反复出现的一个问题是轻巧性和灵活性。因此，LMD实验室不断对模型的气候性能进行评估。LMDZ还允许模拟卫星观测，包括模拟大气快速辐射传输模型（Radiative Transfer for TOVS，RTTOV）、国际卫星云气候计划（International Satellite Cloud Climatology Project，ISCCP）、云气溶胶激光雷达和红外探路卫星观测（Cloud-Aerosol Lidar and Infrared Pathfinder Satellite Observations，CALIPSO）等的探测，并且可以在半操作模式下使用，实现实时引导或非实时引导的缩放版本、污染物运输和逆向运输等。

本书开展的大部分火星气候模型研制工作是基于法国动力气象实验室（LMD）现有开源的火星全球环流模型展开的。LMD实验室在皮埃尔·莫雷尔（Pierre Morel）的倡议下于1968年创建，隶属于法国国家科学研究中心（CNRS）。它目前是一个拥有约180名雇员的国际实验室，其中一半是常驻人员、研究人员、工程师和行政人员，此外还有约40名博士生。LMD实验室于1998年成为巴黎综合理工学院、巴黎高等师范学院和索邦大学三个大学的联合研究单位。2009年，其与法国国立路桥学校（ENPC）签署了合作伙伴协议。LMD实验室由其所属的研究联合会皮埃尔·西蒙·拉普拉斯研究所（IPSL）（SIRTA观测站与数据中心）的6个科学及保障（行政组、IT组、技术组）团队和2个托管机构组成。LMD的工作主要围绕气候建模，巴黎综合理工学院的

SIRTA 观测站点,行星学或服务器和数据库。同时,LMD 与法国国家太空研究中心(CNES)有着密切的关系。LMD 不仅利用了大量的空间数据并为新任务提供支撑,而且还生产了三种测量辐射平衡(ScaraB)的仪器,其中两种正在俄罗斯执行任务,另外一种则是法-印联合的热带珍珠号(Megha-Tropiques)卫星任务的一部分(于 2011 年底发射)。LMD 还积极参与了 CNES 探空气球仪器的开发。LMD 以理论方法为基础,结合观测仪器发展和数值建模来研究气候、污染和行星大气。它处于动态和物理过程研究的最前沿,开展气象和气候现象的演变和预测的相关研究。2014~2018 年,LMD 开发了一个科学项目,该项目聚焦探测(特别是空间探测)和建模方面的未来发展。该实验室在大气和气候的过程、动力学和物理学的基础理论研究以及应用研究方面都颇有建树,特别是在与全球变暖及其影响的预测有关的问题方面。

LMDZ 模型的火星版本 Mars PCM - LMDZ 是一个从地表到外逸层的火星大气三维模型,包括一个网格点动力学核心,用于求解球体和物理核心上的流体动力学方程[12]。模型的物理部分从 2001 年 6 月开始提供,包括非局热力学平衡(non local thermodynamic equilibrium,NLTE)辐射传输程序,当时有效高度可达 120 km,示踪物传输、水汽和冰的水循环、“双模式”沙尘传输模式,以及可选的光化学和热层延伸可达 250 km。Mars PCM - LMDZ 于 2002 年 11 月以来推出可用的模型版本,包括动力核心 LMDZ3.3 和 NetCDF 格式的输入输出数据。本书中使用的是最新版本的模型,较初始版本有了全方位的改良,包括对辐射传输[1]、沙尘循环[13-15]、重力波[16, 17]、水循环[18, 19]、PBL 混合[20]、光化学[21]及其他物理过程[22]的改进。

6.2.1.2 火星天气研究与预报模型

火星天气研究与预报模型[2](Mars Weather Research and Forecasting Model, MarsWRF)是行星天气研究与预报模型[23](Planetary Weather Research and Forecasting Model, PlanetWRF)的火星版本。原始 PlanetWRF V3.0.1.2 基于 NCAR WRF V3.0.1。目前的 PlanetWRF V3.3.1 则基于 NCAR WRF V3.3.1。

WRF 模式始于 20 世纪 90 年代后期,由美国国家大气研究中心(NCAR)、国家海洋和大气管理局(NOAA)、预报系统实验室(FSL)、空军气象局(AFWA)、海军研究实验室(NRL)、俄克拉荷马大学(OU)和联邦航空管理局(FAA)等多部门合作构建。该模式的大部分工作由 NCAR、NOAA 和 AFWA 完成或支持。WRF 是目前最先进的中尺度模式之一,被用于研究和业务预报,旨在加快新的科学和建模发展,并将其应用到实际预报中。该代码主要基于 Fortran 90 编写,并已被设计运行在各种单处理器、分布式和共享内存并行处理器计算机上。该模式虽然完全从头开始编写,被设计以取代先前由 NCAR 管理的中尺度模式第五版(Mesoscale Model Version 5, MM5),并继承了该模式的知识体系与细节改进,包括动力核心和物理参数化方面的改进。

WRF 具有两个动力(计算)核心(或求解器)、一个数据同化系统和一个允许并行计算和系统可扩展性的软件架构。WRF 动力内核具有很好的通用性,因此该模型服务于从米级到数千千米的广泛气象应用。核心以通量形式整合了完全可压缩的欧拉方程。处理了全三维的科里奥利和曲率效应。WRF 是一个基于水平 Arakawa C 网格的格点模式[24]。在垂向上,采用地形追随的静水压力(hydrostatic pressure)坐标。对于水平计算,5 阶平流是典型的,时间积分通常使用 3 阶龙格-库塔法(Runge-Kutta methods)求解,并对声波和快速重力波模式进行时间步长处理[25]。WRF 在边界条件定义和地图投影方面可用性很强,存在执行周期性、对称、开放和强制边界条件的运行时选项。

对于研究人员来说,WRF 可以产生基于实际大气条件(即观察和分析)或理想化条件的模拟。WRF 为业务预报提供了一个灵活和计算高效的平台,同时代表了开发人员在物理、数值和数据同化方面的最新进展。WRF 目前已在美国国家环境预报中心(NCEP)和其他国家气象中心投入使用,并在实验室、大学和公司进行实时预报配置。截至 2021 年,WRF 在全球 160 多个国家共拥有累计超过 57 800 的注册用户,NCAR 定期为其提供指导。

虽然 WRF 是一个精细全面的地球数值预报模式,但距离一个能够被广泛地应用于其他行星的数值预报模式还存在较大差距。首先,它没有被配置为可以模拟一个完全的球形领域。其次,它被编写为只适用于地球。因此,为了实现将其应用于其他行星的目的,有必要在使用地图投影、全球网格的极点处实施新的边界条件、模型常数的泛化和时间约定等方面做进一步的工作,使模型更具普适性。为解决以上问题,WRF 在非保形地图投影(non-conformal map projections)、极区边界条件、广义行星参数和历法等方面都做了改进,以形成可应用于其他行星的 PlanetWRF。

目前,PlanetWRF 已应用于火星、土卫六、木星/土星、冥王星和金星等。对于火星,MarsWRF 已被用于模拟几十米尺度的边界层对流结构,以及全球尺度环流系统的大气环流模式(GCM)。

MarsWRF 是基于美国国家大气研究中心(NCAR)的天气研究和预报模式[26, 27](Weather Research and Forecasting Model, WRF)修改得到的。模型开发

主要由 NASA 应用信息系统研究(AISR)计划支持,并得到 NASA 火星基础研究、外行星研究和行星大气研究计划的额外资助。该模型具有广义的映射投影、多尺度和嵌套能力,模糊了全球、中尺度和微尺度模型之间的区别,能够在多尺度上研究大气过程之间的耦合。该模型也可以在单、双或三维度上运行。该模式具有广义的地图投影、多尺度和嵌套(缩放以获得在部分区域上的更高分辨率)的能力,显著区别于全球和中尺度模式。因此,该模型能够在包括全球在内的多种尺度上研究大气过程之间的耦合。广义计算网格还允许模型在运行时以单、双或三维度模式进行配置,允许在不需要切换模型动力学核心或数值求解器的情况下,测试建模物理过程的维度和有效性的影响。

目前 MarsWRF 已能够较好地模拟火星的三个主要气候循环,即 CO_2、水和沙尘。MarsWRF 中实施了一个详细的 CO_2冰微物理方案,一方面通过分析探测器数据推断 CO_2冰云,另一方面也着眼于古气候,因为 CO_2冰云可能在气候演化中发挥重要作用。对于全球水循环,MarsWRF 已将其以水汽和水冰输送的形式引入模型中,并通过次表层水扩散和交换模型与不断演变的地表水冰盖进行交换,最终实现全球水循环以及与沙尘循环关系的年代际长度模拟。对于沙尘循环,MarsWRF 则使用模拟小尺度对流过程(例如尘卷风)和大尺度风应力的抬升参数化方案,并使用辐射和动态可交互的沙尘进行模拟,实现对于沙尘不透明度季节循环、沙尘暴发生和演变的动力学以及地表沙尘分布演变的模拟。

MarsWRF 也被用于气候变化与古气候研究。迄今为止,该模型主要进行了两类主要的古气候研究:第一类本质上是研究当轨道要素变化时,气候如何改变挥发物丰度值;第二类则是增加 CO_2的量,并增加额外的温室气体(如 SO_2),以模拟研究古气候环流和气候。

6.2.1.3 地球物理流体动力学实验室的火星大气环流模型

地球物理流体动力学实验室的火星大气环流模式(Geophysical Fluid Dynamics Laboratory Mars General Circulation Model, GFDL Mars GCM)是 GFDL Skyhi GCM[3, 4]的火星适应版本。

GFDL 专注于促进人们对物理、动力学、化学和生物地球化学过程的科学理解,这些过程控制着大气、海洋、陆地和冰成分的行为及其与生态系统的相互作用。其内的科学家开发并使用地球系统模型和计算机模拟,以完善气候系统各个方面的研究和预测。GFDL 的科学家专注于与社会相关的模型构建、飓风研究、天气和海洋预测、季节预报、了解区域和全球气候变化等。自 1955 年以来,

GFDL 在气候变化建模方面开创了世界上许多研究的先河。GFDL 的研究涵盖了全球和区域气候的可预报性和敏感性，大气、海洋、海冰和陆地的结构、变化、动力和相互作用。而大气、海洋和陆地的影响方式，又受到各种微量成分的影响。因此该实验室的研究融合了气象学、海洋学、水文学、经典物理学、流体动力学、化学、应用数学、数值分析等多种学科。GFDL 的研究得到了大气和海洋科学计划(Atmospheric and Oceanic Sciences Program)的支持，该计划是与普林斯顿大学合作的项目。在该计划下，普林斯顿大学的教师、研究科学家和研究生参与到实验室的理论、分析、数值和观测研究中。同时，该计划得到了 NOAA 的部分资助。

GFDL Skyhi GCM 是普林斯顿大学的地球物理流体动力学实验室科学家利用超级计算机和数据存储资源，开发和使用动力学、数值模型和计算机模拟来提高我们对大气、海洋和气候行为理解和预测的模型，其已经成为理解控制地球气候的物理和生物地球化学过程的关键工具。GFDL 模式成功地再现了观测到的 20 世纪气候从大陆到全球尺度的演变，包括厄尔尼诺和非洲萨赫勒干旱的动态，并提供了良好的季节预测技巧。

GFDL Mars GCM 目前已被应用于研究火星沙尘[28]、热力潮汐[4, 29]、表面风[30]、水循环[31, 32]、瞬变波和气旋[33, 34]以及火星古气候学研究[35]等领域，同时还被用于构建目前被广泛应用的火星大气集合再分析系统数据集[7](Ensemble Mars Atmosphere Reanalysis System，EMARS)。该模型包括火星的三个主要气候循环(CO_2、水、沙尘)，包括水循环过程中大气水汽和冰的输送及与地表水冰沉积物进行的物质交换、沙尘和 CO_2气体的辐射相互作用等。模式的地形数据来源于火星轨道器激光测高仪(Mars Orbiter Laser Altimeter，MOLA)的网格化数据，地表温度的计算基于 12 层次表层模型和地表能量平衡方程。在模式的辐射方案中，将沙尘作为可见光波段的吸收体和散射体(单次散射反照率为 0.92)。在热红外波段中，则只考虑沙尘的吸收和发射[29]。其中，沙尘由 3 个粒子半径分别为 0.3 μm、1.2 μm 和 2.5 μm 的辐射活性示踪物表示，并经历平流和沉降过程。GFDL Mars GCM 模拟了辐射活跃的多相态 CO_2循环(能够模拟 CO_2 的相变和相变潜热)和辐射活跃的水冰云循环。此外，GFDL Mars GCM 采用亚网格尺度地形拖曳的重力波参数化方案[36]。

6.2.2　基于火星大气模式的数据集的研究现状

基于火星大气模式的数据集主要包括部分基于模式的再分析(reanalysis)

数据集和完全基于模式的数据集。

再分析数据是应用单一的一致同化方案对长时段的资料进行数据同化后获得的较单一数据源而言更接近真实大气状况的估计数据。越来越多在轨航天器的火星大气观测数据,以及越来越复杂的火星大气数值模式,使得数据同化技术能够被应用于火星。火星是第一颗能够构建再分析数据库的地外行星[7, 8, 37-39]。火星大气再分析数据库已被用于对火星环状模[40]、大气沙尘暴的年际变化[41]及其对探测器的影响[42]、热力潮汐的年际变化[43]、沙尘暴[44]、热带水冰云[45]的辐射效应,以及火星天气可预报性[46]等领域的研究中。此外,除了部分基于火星大气模式的再分析数据库外,还有完全基于模式的火星气候数据库[9](MCD),其结果已被观测资料证实是可靠的。

6.2.2.1 火星大气集合再分析系统数据集

火星大气集合再分析系统数据集[7](Ensemble Mars Atmosphere Reanalysis System, EMARS)1.0 版本包含火星每小时格点化的大气变量,跨越火星年(MY)24 至 33 (地球年 1999~2017 年)。再分析资料通过将在空间和时间上稀疏的观测结果与空间和时间上密集的动力学模型模拟结果相结合,并通过不确定性加权对大气状态做出最佳估计。EMARS 使用局部集合变换卡尔曼滤波[47](local ensemble transform Kalman filter, LETKF)与 GFDL Mars GCM 进行数据同化。同化的观测资料包括热发射光谱仪[48](TES)和火星气候探测仪[49](MCS)的温度反演数据。EMARS 提供从 Ls = 103°、MY24 到 Ls = 105°、MY 33 间的水平分辨率为 6°经度× 5°纬度,垂直方向 28 个混合西格玛-压力(sigma-pressure)水平的数据。

EMARS 资料同化的模式部分为 GFDL Mars GCM。该模式使用了最初为地球大气层开发的动力内核,并已经做出适应于火星大气层物理的调整[4],并适应于数据同化框架[7]的工作。EMARS 使用的 GFDL Mars GCM 以有限体积(finite volume)动力学核心,水平分辨率为 6°经度× 5°纬度(60 × 36)。模式包含 28 个垂直层次,其中 13 层位于第一个大气标高(约 10 km)。垂直坐标为混合西格玛(sigma)-压力坐标,近地面处地形追随西格玛水平过渡到 2 Pa 以上的气压水平,网格间距随高度增加而大幅增加。

EMARS 资料同化的观测部分为 TES 和 MCS 的观测数据,其中从 Ls = 103°、MY24 到 Ls = 102°、MY27 使用热发射光谱仪(TES)的观测数据,从 Ls = 112°、MY 28 到 Ls = 105°、MY 33 使用火星气候探测仪 (MCS)的观测数据。TES 的观测覆盖时间为 1999~2004 年,MY 为 24~27。行星数据系统(Planetary

Data System,PDS)提供的 TES 天底(nadir)反演数据[48]提供了每火星日两次的温度、沙尘和水冰柱不透明度的(火星热带地区当地时间凌晨 2 点和下午 2 点)观测。TES 的垂直覆盖范围从地表到对流层顶约 40 km 处(共 21 个垂直分层),但在高对流层顶附近的分辨率较低[50]。EMARS 使用的第二台仪器是火星气候探测仪[49](Mars Climate Sounder, MCS)。MCS 自 2006 年 5 月 28 日起在火星探测轨道器(Mars Reconnaissance Orbiter, MRO)上运行。MCS 提供了温度、沙尘和水冰垂直廓线的临边反演数据[51]。原有的沿轨(along track)观测策略提供了每火星日两次的观测(热带地区当地时间凌晨 3 点和下午 3 点)。从 2010 年开始,增加了交叉轨道(cross track)观测[52],提供了每火星日六次的观测。2010~2014 年多轨(沿+交轨)观测值间隔与仅沿轨采样间隔交替出现,2014 年以后采用多轨抽样。为了避免观测模式的改变导致再分析气候态的变化,EMARS 只同化沿轨观测。MCS 的观测数据的垂直分辨率为 5 km,在垂直方向上拥有 105 个分层。

火星大气集合再分析系统数据集是首个针对火星的集合再分析数据集,使用多个探测器数据,并基于 GFDL Mars GCM 生成时间跨度达十个火星年的数据,可靠性较强。该数据集包括温度、风、地表气压、沙尘、水冰、CO_2地表冰等大气物理量的格点场数据,可应用于瞬变涡旋、极涡、热潮和沙尘暴的研究,以及航天器相关工作的研究。

6.2.2.2 火星分析校正资料数据同化

火星分析校正数据同化(MACDA)数据集 1.0 版本[8]包含了对火星大气和地表基本参数的再分析数据,时间跨度约为 3 个火星年(1999 年 2 月至 2004 年 8 月,约为 5.64 个地球年)。其使用了从 MGS[53]上的热发射光谱仪(TES)反演的热剖面和总沙尘光学厚度,并利用英国气象局开发的分析订正方案将数据同化到火星大气环流模型(MGCM)中。

MACDA 的数据同化所使用的模式部分是英国光谱(UK-spectral)动力核心的火星行星气候模式(Mars PCM-UK-spectral)。MACDA 是英国牛津大学和英国开放大学的联合项目。MACDA 数据集 1.0 版本提供从 Ls= 141°、MY24 到 Ls= 86°、MY27 期间,时间间隔为 2 火星时(Mars hours),水平分辨率为 5° × 5°,垂直方向为覆盖 610~0.034 Pa 的共 25 个 sigma 层。该 sigma 坐标取自其所使用的火星行星气候模式 Mars PCM-UK-spectral,在垂直方向不等距,越靠近模型顶部间距越宽,越靠近地面越密集。第一级(最下层)的高度间隔约为 5 m,最后一级(最上层)的高度间隔约为 98 km。Mars PCM-UK-spectral 模式中沙尘初始场采用康拉特(Conrath)分布[54]。Mars PCM-UK-spectral 是牛津大学和英国开放大学使用的光谱大气环流模型的早期版本,其与 Mars PCM - LMDZ 共享了部分火星物理参数化方案。为保证同化的可靠性,MACDA 在使用 Mars PCM-UK-spectral 时做出了一些调整。例如,在对沙尘资料进行同化时,MACDA 采用了两种策略。当观测可用时,根据对沙尘观测反演结果的分析确定增量并叠加至不断更新的 Mars PCM-UK-spectral 沙尘模拟场中,获得最终同化结果。当没有可用的沙尘观测时,则简单地保持 Mars PCM-UK-spectral 沙尘模拟结果不变,直到新的观测重新可用。此外,用于生成再分析资料的 Mars PCM-UK-spectral 没有调用过饱和条件下 CO_2 凝结的微物理模拟机制[1],而使用了一种简单的未饱和条件下 CO_2 冷凝和升华方案。同时,为了避免由于过饱和而导致过多的凝结,研究人员没有同化 CO_2 凝结温度以下的 TES 温度廓线[8](约 5 000 万条,占总数的 8.2 %)。

MACDA 所使用的观测资料为 MGS[53] 上搭载的热发射光谱仪(Thermal Emission Spectrometer, TES)在 1999 年 2 月~2004 年 8 月的观测数据。由于存在 TES 的某些临边(limb)廓线不可用的情况[48], MACDA 仅使用其天底(nadir)反演数据而不使用临边数据。太阳同步极轨卫星优秀的时空覆盖范围使其能够获得热带和中纬度范围内地方时为凌晨 2 点和下午 2 点左右的火星大气数据,轨道间隔约 30 个经度,相当于每个太阳日大约平均有 12 个完整的轨道。基于 TES 的吸收谱,研究者反演了对流层顶(约 40 km 高度)以下的大气热廓线和红外柱状沙尘光学厚度。这些数据几乎涵盖了从 MY24 北半球夏末到 MY27 北半球春末的三个完整的火星季节周期。

MACDA 的数据同化所使用的同化方案为分析校正[55](analysis correction, AC)。基于 AC 方案,MACDA 实现了对 TES 天底(nadir)反演数据和 Mars PCM-UK-spectral 的数据同化。分析校正方案是英国气象局(Meteorological Office)最初为地球资料同化开发的一种逐次订正方法。

由于 TES 反演的沙尘光学厚度在红外波段(波长约为 1 075 cm^{-1},即 9.3 μm),而 Mars PCM-UK-spectral 辐射方案的平均不透明度却基于可见光波段(约 670 nm)计算沙尘加热率,二者的波段不统一,无法直接同化。因此,MACDA 的研究人员将来自 TES 的红外波段沙尘不透明度乘以 2.0 的转换因子,使其转换至等效的可见光波段。转换因子包含了从吸收到完全消光(吸收和散射)的转换值,不同研究者所采用的转换因子各不相同[48, 56, 57]。对于粒径在 1.5~2.0 μm 范围内的沙尘,转换因子的平均值为 2.5 ± 0.6,具有较大的关联不确定度。MACDA 所选择的单一转换因子 2.0 可能低估了平均可见不透明度,但考虑到不同季节和地点的粒径存在较大的不确定性[58],因此转换因子的选择造成的实际影响仍有待研究。

MACDA 可被用于分析研究火星大气三个主要气候循环(CO_2、水、沙尘)、大气波动、高纬斜压波强度的日间停顿、火星边界层、极涡动力学和大气角动量的年际变率等。

6.2.2.3 火星气候数据库

火星气候数据库[1, 9](Mars Climate Database, MCD)的 6.1 版本(MCD V6.1)是欧洲空间局(European Space Agency, ESA)、国家空间研究中心(Centre National d'Etudes Spatiales, CNES)、法国大气环境空间观测实验室(Laboratoire Atmosphères, Observations Spatiales, LATMOS)、英国开放大学(Open University)、英国牛津大学(Oxford University)和西班牙安达卢西亚天体物理研究所(Instituto de Astrofisica de Andalucia)合作完成的。研究人员利用 Mars PCM - LMDZ 的模型输出建立的高级气象场数据库,并利用热发射光谱仪、热发射成像系统、火星气候探测仪和火星探测巡视器等最新观测资料对结果进行了验证。该数据集是完全开源的。

MCD V6.1 提供了从 MY24 到 MY35 的 12 个火星年数据。由于 Mars PCM - LMDZ 包含了完整的沙尘循环[13]和水循环[19],因此 MCD V6.1 可以提供几乎所有的主要气象要素的模拟结果,其包含了从地表到大约 300 km 高度的 5.625°×3.75°经纬度网格上存储的模拟数据的统计量:温度场、风场、密度、压力、辐射通量、大气成分(沙尘等)和气体浓度(CO_2 和水汽等)、对流统计等。MCD V6.1 的时间分辨率为每个火星日 12 个网格点。约 50~70 个火星日为 1 个火星月,12 个火星月为一个火星年。此外,数据库中还存储了每个月内数据的变异性和逐日振荡的信息,并提供了对这种变异性进行重构和综合软件工具。

MCD V6.1 不仅包含了 Mars PCM - LMDZ 的输出,还提供了环境数据的高空间分辨率插值等互补的后处理方案以及重建其变异性的手段。MCD V6.1 的数据调用方式与再分析数据库不同。当数据在某点被请求时,MCD 从数据库网格中对其进行空间和时间上的线性插值,并返回插值结果。线性插值保证了在该网格上表示的数据范围之外不产生多余值,但也导致了模型中产生的最大值和最小值一般不会反映在数据库输出中。因此,在使用在线数据库估计极端值时要小心,例如日较差或空间极大值和极小值。类似地,数据库可能会低估变量的快速变化率。MCD 可作为各类任务规划的工具,目前已应用于欧洲和美国的多个任务准备。

6.2.3 结论与讨论

本节介绍了几种用于模拟火星气候的模型,包括法国动力气象实验室行星气候模式、火星天气研究与预报模型、地球物理流体动力学实验室的火星大气环流模式。这些模型都包括了火星的三个主要气候循环(CO_2、水和沙尘),并且在不同方面进行了改进和优化,如辐射传输、沙尘循环、水循环、PBL 混合、光化学等。这些模型的应用领域包括火星沙尘、热力潮汐、表面风、水循环、瞬变波和气旋、古气候学研究等。

本节还介绍了基于火星大气模式的数据集,包括部分基于模式的再分析数据集和完全基于模式的数据集。再分析数据集是通过将在空间和时间上稀疏的观测结果与空间和时间上密集的动力学模型模拟结果相结合,并通过不确定性加权对大气状态做出最佳估计。随着技术发展,在轨航天器对于火星大气的观测数据不断积累,模拟火星大气的数值模式也不断迭代完善,二者共同支撑起了火星大气再分析数据库的构建。火星是第一颗能够构建再分析数据库的地外行星。再分析数据库已被用于对火星环状模、大气沙尘暴的年际变化及其对探测器的影响、热潮的年际变化、沙尘暴、热带水冰云的辐射效应,以及火星天气可预报性等领域的研究中。此外,还有完全基于模式的火星气候数据库,包括火星大气集合再分析系统数据集和火星分析校正数据同化。这些数据集提供了火星每小时格点化的大气变量,跨越火星年 24 至 35。这些数据集可用于分析研究火星大气三个主要气候循环、大气波动、高纬斜压波强度的日间停顿、火星边界层、极涡动力学和大气角动量的年际变率等。值得注意的是,完全基于模式的数据集 MCD V6.1 已具备作为各类任务规划工具的能力,目前已应用于欧洲和美国的多个任务准备。

6.3 大气模式模拟结果

多年来,火星大气环流的细节一直来自地球天气预报和气候研究中使用的模式改编的大气环流模式进行的数值模拟。在火星上,大气模式已经成功地再现了大部分可用的观测数据,因此在分析和解释数据方面非常有用。它们还被用来预测火星观测资料稀少地区的大气和气候行为,从而弥补观测的不足,特别是预测行星波和经向环流的行为[1]。此外,研究发现,在使用日平均太阳辐射版本的大气模式中,逆温急流完全消失,而在其他情况下逆温急流正常存在。这表明大气模式已成功模拟出了热力潮汐相关的动量通量散度对急流的驱动过程。

目前 Mars PCM－LMDZ[1, 59, 60]、MarsWRF[2, 25, 61]、GFDL Mars GCM[3, 4, 33, 34] 等模式被证明可以较好地模拟出基本符合观测结果的大气波动。在此,以 Mars PCM－LMDZ 为例,介绍火星大气模式对大气波动(潮汐波、行星波)的模拟结果。

6.3.1　基于数值模式的潮汐波模拟

Mars PCM－LMDZ 对纬向波数为 1 的周日迁移潮汐波(DW1)和周日东向潮汐波(DE1)的模拟结果如下。

模拟结果中的热力潮汐分布特征为:① 纬向分布上,DW1 明显比 DE1 更加对称。从 10～90 km,DW1 的三个主要活动带均为 45°S、赤道及 45°N(图 6－1)。而 DE1 在对流层低层及中间层高层则没有明显活动带,仅在 50～80 km 内有

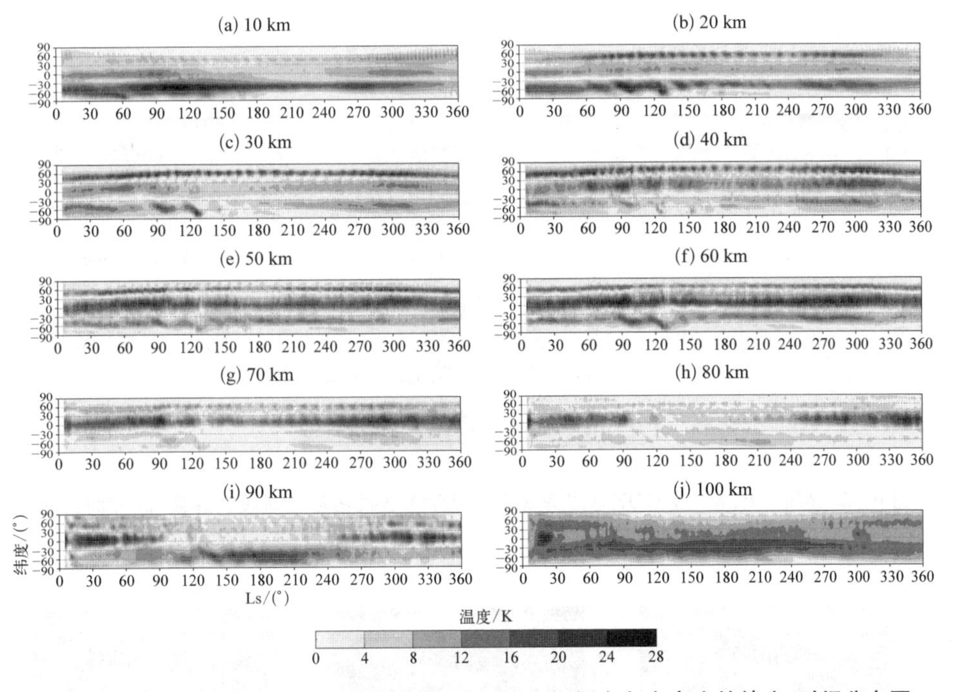

图 6－1　Mars PCM－LMDZ 模式所模拟的 DW1 振幅在各个高度的纬度-时间分布图

15°N 附近的活动带(图 6-4)。② 垂直分布上,DW1 振幅的三个主要的稳定高值区在 100 km 处 45° S、100 km 处 45° N 和 70 km 处赤道这三个区域附近(图 6-2)。DE1 振幅的主要稳定高值区则在 60 km 处 15°S 和 70 km 处 15°N 附近(图 6-5)。③ 根据相位结构,DW1 和 DE1 热力潮汐的上传随季节变化不大。DW1 全年都保持着清晰的 45°S、45°N 和赤道上空的上传波形相位结构(图 6-3)。DE1 则保持着 15°S 和 15°N 上空的上传波形相位结构(图 6-6)。DW1 和 DW1 在不同纬度的上传波形相位差可以解释其振幅结构中稳定高值区高度的不同。

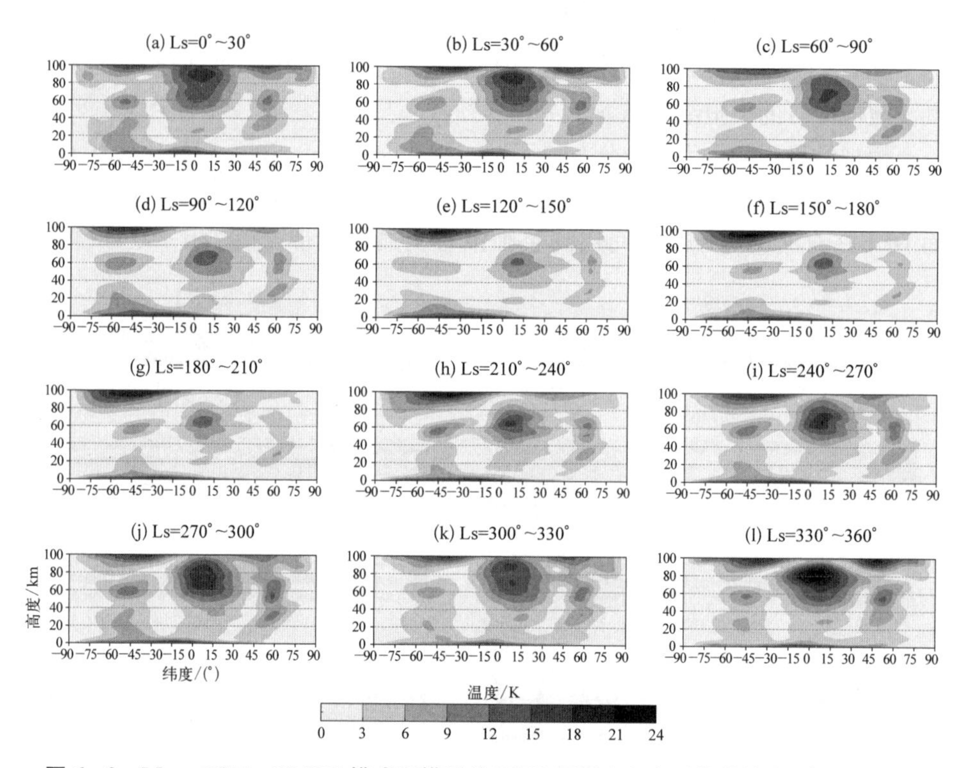

图 6-2 Mars PCM-LMDZ 模式所模拟的 DW1 振幅在各个时段的纬度-高度剖面图

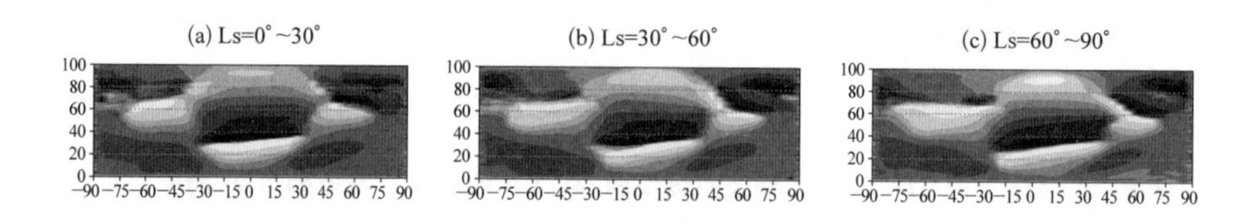

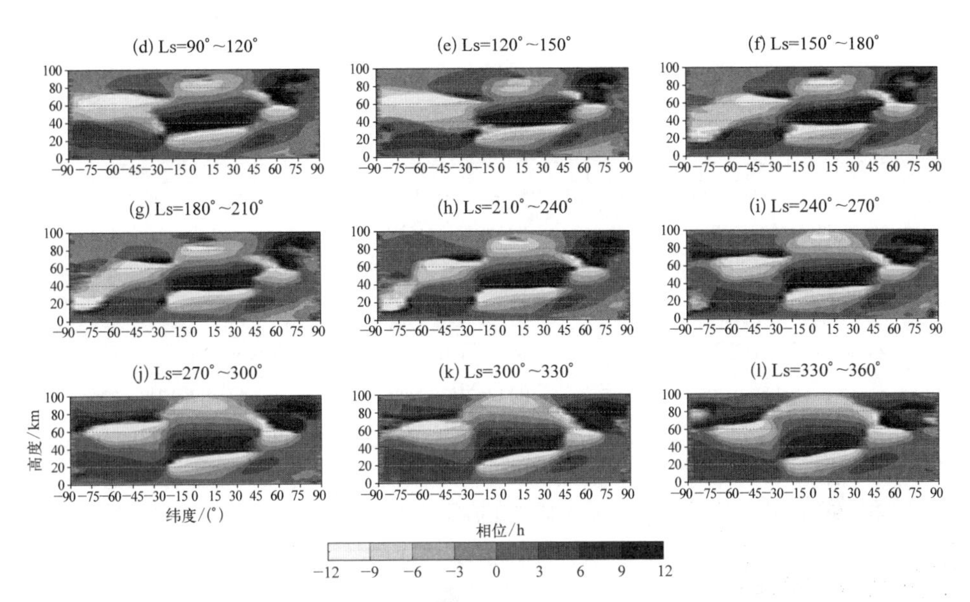

图 6-3　Mars PCM-LMDZ 模式所模拟的 DW1 相位在各个时段的纬度-高度剖面图

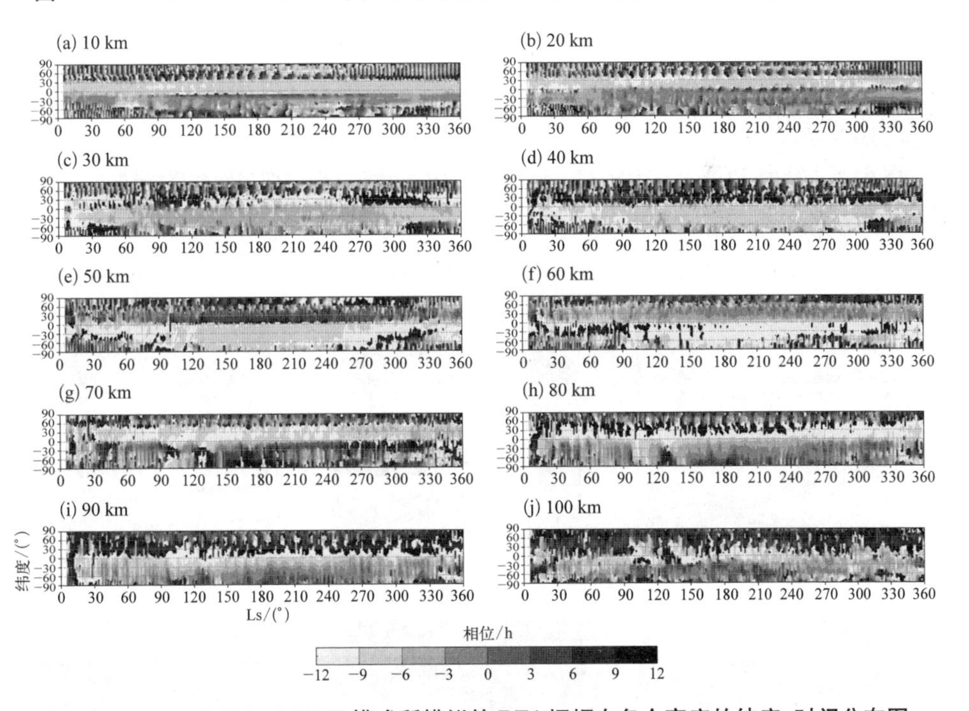

图 6-4　Mars PCM-LMDZ 模式所模拟的 DE1 振幅在各个高度的纬度-时间分布图

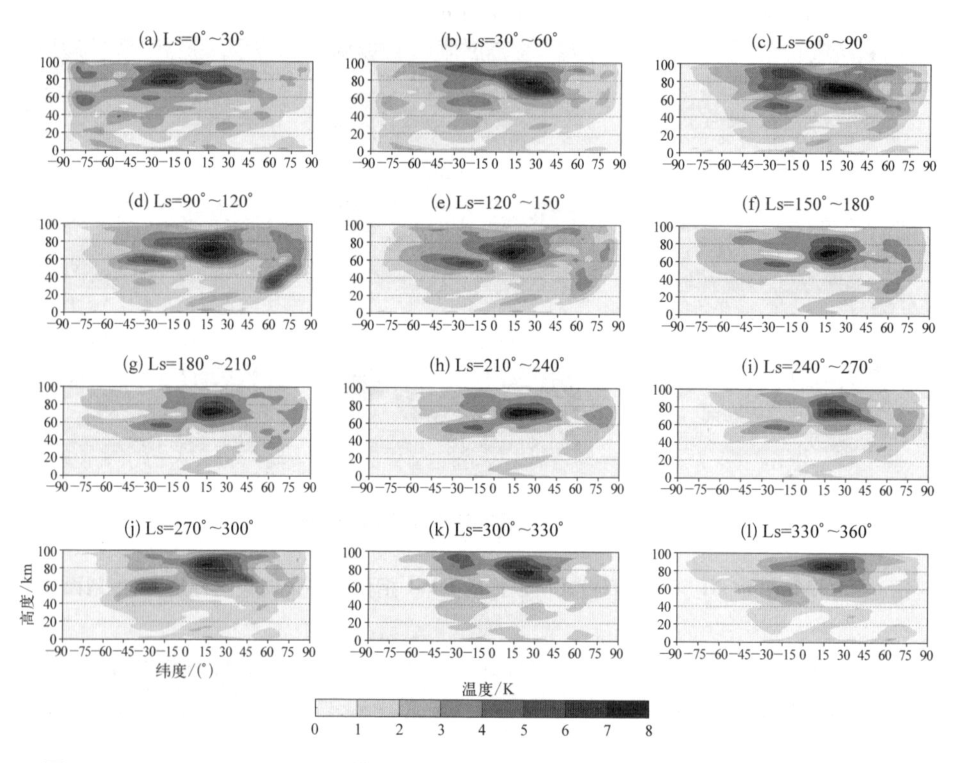

图 6-5 Mars PCM-LMDZ 模式所模拟的 DE1 振幅在各个时段的纬度-高度剖面图

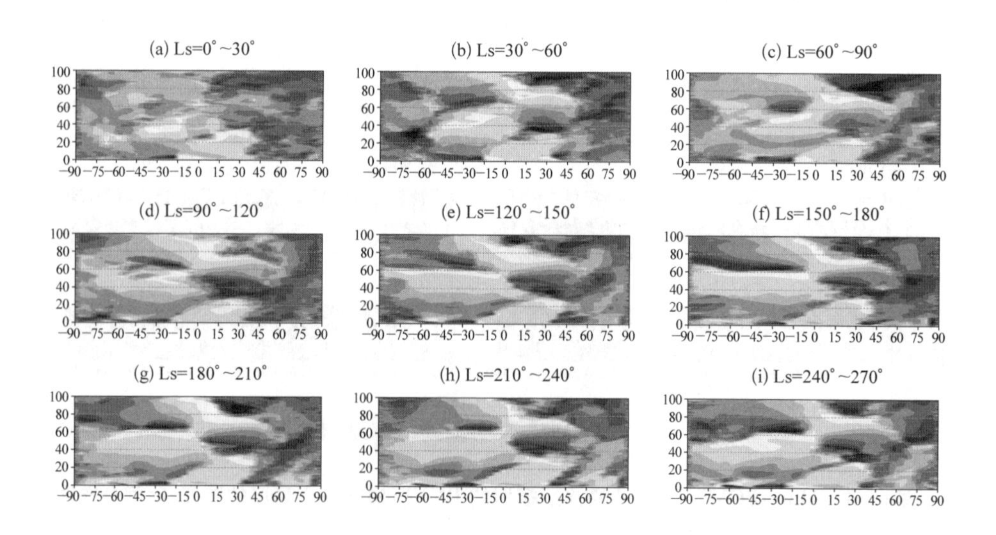

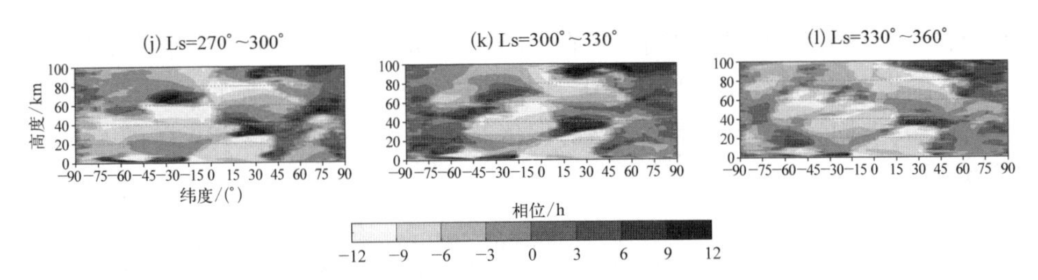

图 6-6　Mars PCM-LMDZ 模式所模拟的 DE1 相位在各个时段的纬度-高度剖面图

以上结果与 Wu 等[62]、Forbes 等[63]基于观测和模式的火星大气热力潮汐研究结果以及 Zurek[64]的理论结果相符。

6.3.2　基于数值模式的行星波模拟

Mars PCM-LMDZ 对纬向波数为 1 的定常行星波(SPW1)的模拟结果如下。

模拟结果中的定常行星波分布特征为：① 纬向分布上，从 10~100 km，SPW1 的主要活动带在 60°N 附近(图 6-7)；② 垂直分布上，SPW1 振幅的主要

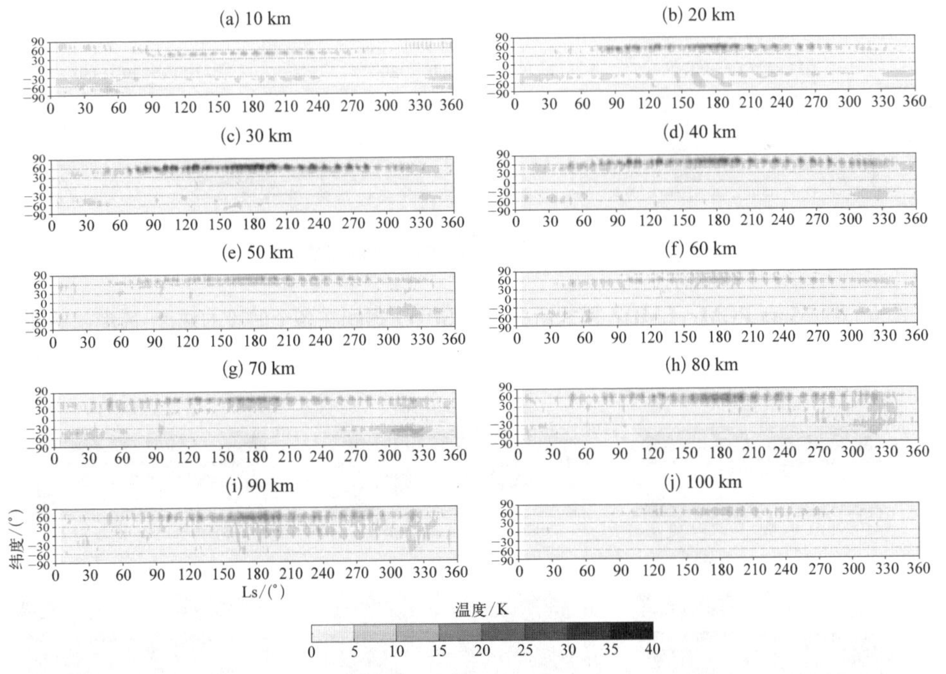

图 6-7　Mars PCM-LMDZ 模式所模拟的 SPW1 振幅在各个高度的纬度-时间分布图

高值区在 30 km 处 60°N、次高值区在 80 km 处 60°N(图 6-8);③ 季节变化上,SPW1 在北半球夏秋(Ls=90°~270°)时期最强,活跃于 60°N 附近。在北半球冬春时期,45°S 附近的 SPW1 略微增强,但依然弱于 60°N 附近的 SPW1(图 6-7~图 6-9)。

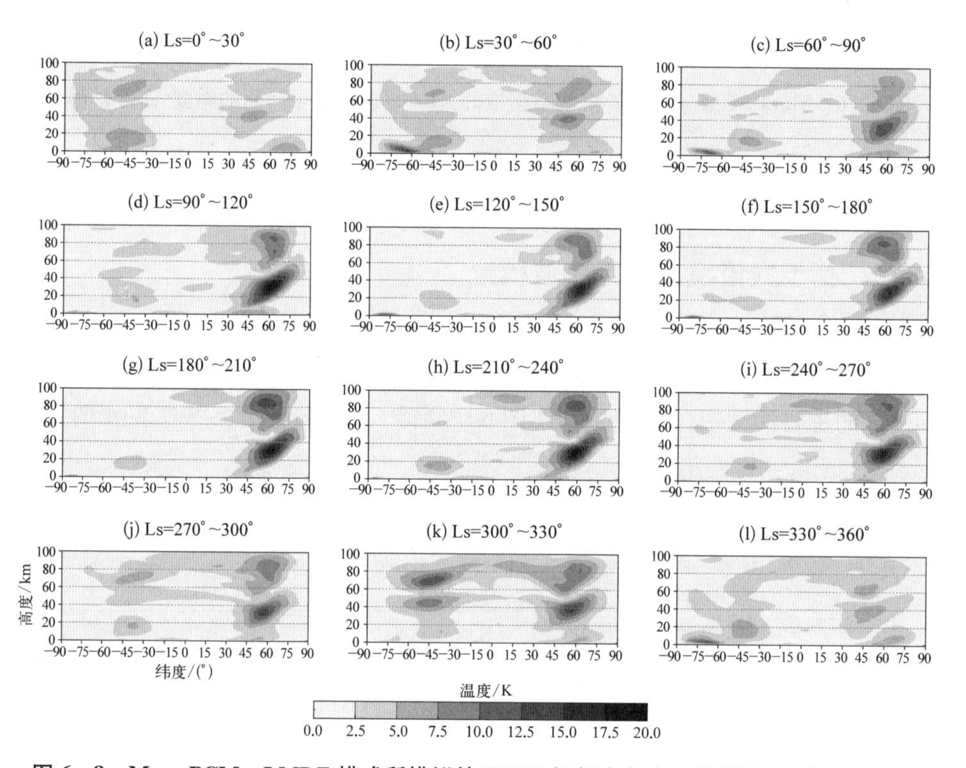

图 6-8 Mars PCM-LMDZ 模式所模拟的 SPW1 振幅在各个时段的纬度-高度剖面图

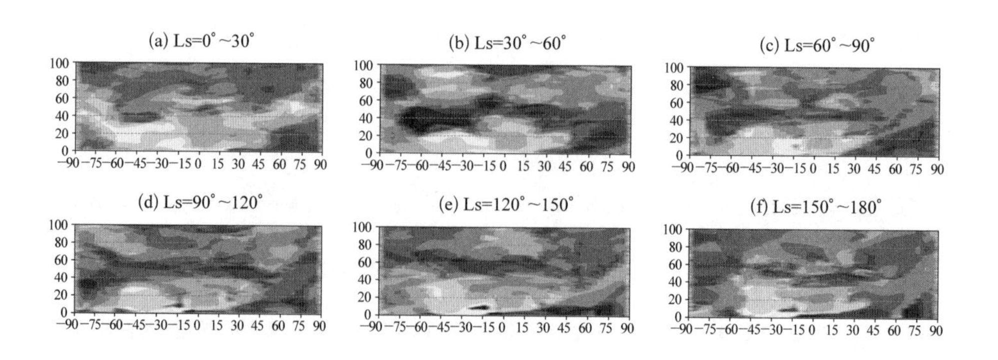

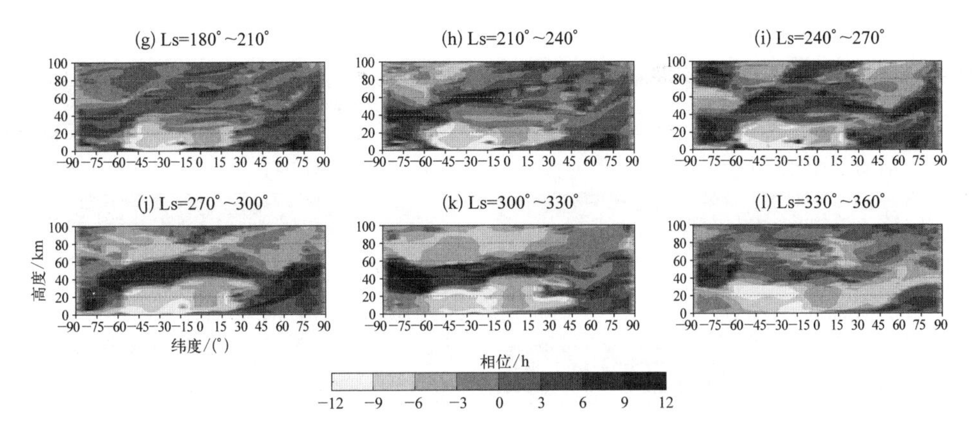

图 6-9　Mars PCM-LMDZ 模式所模拟的 SPW1 相位在各个时段的纬度-高度剖面图

以上结果与 Guzewich 等[65]、Banfield 等[66-68]基于观测以及 González 等[69]、Kuroda 等[70]基于模式得到的火星大气行星波研究结果相符。

6.3.3　基于数值模式的沙尘模拟

火星大气模式的辐射传输模块通常必须考虑 CO_2、沙尘、水汽、水冰粒子等的影响，臭氧的辐射效应一般可忽略不计。其中，沙尘粒子的辐射强迫无疑是不可忽略的，因此大多数火星大气模式都会完整模拟火星大气三大气候循环之一的沙尘循环。

目前 Mars PCM-LMDZ[71]、MarsWRF[2, 72]、GFDL Mars GCM[28, 73]等模式被证明可以较好地模拟出基本符合观测结果的大气波动。在此，以 Mars PCM-LMDZ 为例，介绍火星大气模式对沙尘活动的模拟结果。

Mars PCM-LMDZ 基于 Fouquart[74]的数值方案建立了沙尘对太阳辐射吸收和散射的辐射传输方程。该数值方案最初是为 LMD 实验室的地球大气环流模式开发的，目前被欧洲中期天气预报中心(European Centre for Medium-Range Weather Forecasts, ECMWF)的业务模式所使用。其中，向上和向下通量根据各层的反射率和透射率由 Delta-Eddington 近似(Delta-Eddington approximation)方法计算得到。Mars PCM-LMDZ 使用双宽带谱方案。同时，为了利用沙尘的谱特性，Mars PCM-LMDZ 在每个宽带内进行谱平均，从而得到平均散射系数(消光系数)、单次散射反照率和非对称性参数等物理量。

Mars PCM-LMDZ 对火星沙尘暴的模拟结果见图 6-10 和图 6-11。

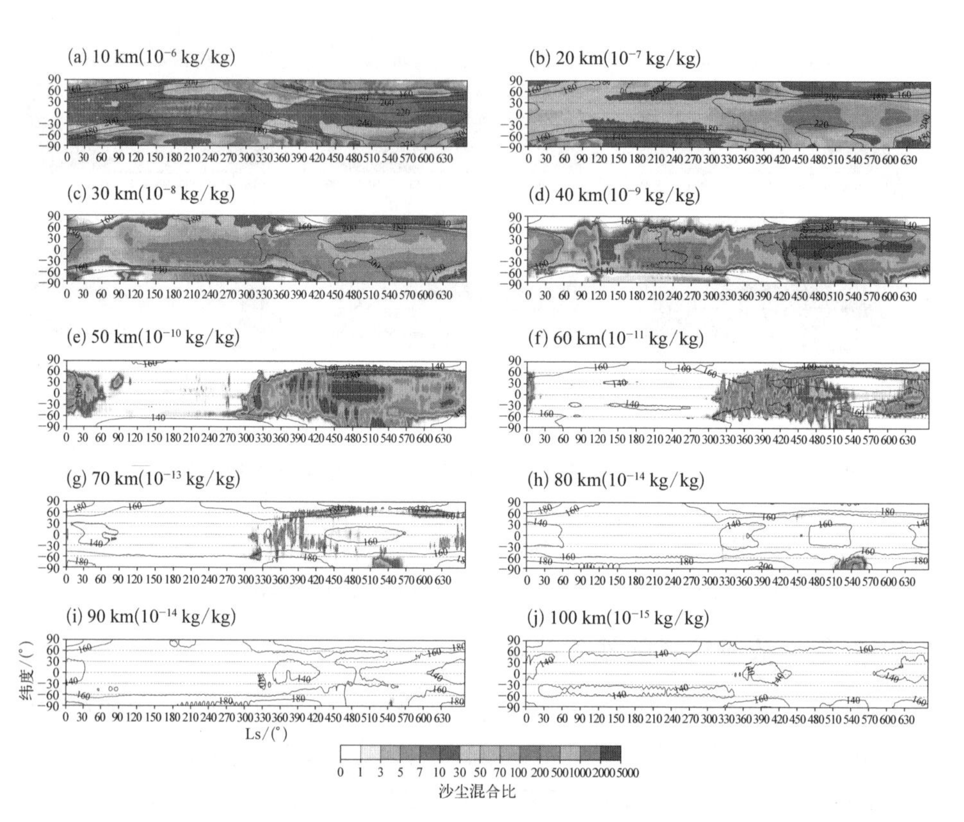

图 6-10 Mars PCM-LMDZ 模式所模拟的沙尘混合比(填色图,各分图的倍率见分图题)和温度(线)在各个高度的纬度-时间分布图

模拟结果中的沙尘分布特征为:① 垂直方向上,高度越高,沙尘混合比越小(图 6-10);② 在沙尘暴活跃季节(Ls=180°~270°)沙尘到达更高的高度,主体最高可至对流层顶(约 40 km)[图 6-10(e)、图 6-11(i)]且保持沙尘混合比高达 5×10^{-7} kg/kg;③ 纬向分布上,近地面沙尘主要分布于两极及高纬度地区,10 km 及以上沙尘则主要分布于赤道及中低纬度地区。

以上结果与 Battalio 等[6]、Kass 等[75]、Wu 等[76]基于观测的沙尘暴分析结果和 Bougher 等[77]基于模式的研究结果相符。由于所计算的是气候态沙尘分布,因此结果中并没有出现 Spiga 模拟[14]得到的高空独立沙尘层(high-altitude detached layer of dust)和火箭沙尘暴(rocket dust storms),这是由于做了气候态平均后小尺度现象被覆盖导致的。

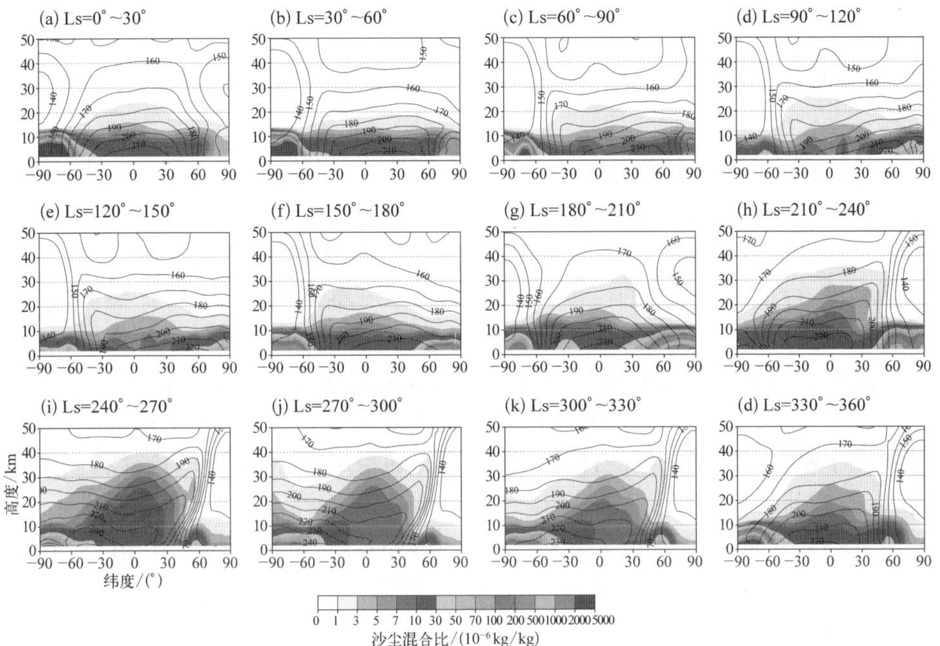

图 6－11　Mars PCM－LMDZ 模式所模拟的沙尘混合比(填色图)和温度(线)在各个时段的纬度-高度剖面图

6.3.4　结论与讨论

本节介绍了基于数值模式的火星大气热力潮汐、行星波和沙尘模拟的结果。其中,模式对于纬向波数为 1 的周日迁移潮汐波和周日东向潮汐波的模拟结果显示,DW1 比 DE1 更加对称,DW1 的主要活动带在南北纬 45°之间,而 DE1 在对流层低层和中间层高层则没有明显活动带。基于数值模式的行星波模拟结果显示,纬向波数为 1 的定常行星波的主要活动带在 60°N 附近,且在北半球夏秋期间最强。此外,模式对于火星沙尘暴的模拟结果显示沙尘混合比随高度增加而减小,沙尘主要分布在两极和高纬度地区以及赤道和中低纬度地区。这些结果和前人基于观测或模式所得结果吻合。

6.4 本章小结

总体而言，目前主流的火星大气模式都是基于其地球版本调整而来的，包括上述的法国动力气象实验室行星气候模式、火星天气研究与预报模型、地球物理流体动力学实验室的火星大气环流模式。本章以法国模式为例检验了其对于潮汐、行星波和沙尘的模拟，发现结果可以基本体现固有特征。然而，这些模式都是格点模式而非谱模式。谱模式在火星上并没有得到很好的发展，这很大程度上是由于谱模式更难在不同行星大气上构建适应版本进行并行使用导致的。下一步，发展可并行、易移植的谱模式将是一个有意义的工作，因为谱模式相比于格点模式有较好的计算精度和良好的稳定度，同时可以自动滤去高频噪声，且时间步长可控。

数据集方面，目前大多数火星大气数据集都是使用资料同化方法融合模式和观测结果而构建的，也有完全基于模式构建的。这是由火星的观测资料相对稀缺导致的。本书作者融合多种观测资料构建了完全基于观测的火星大气波扰动数据集，用以反映气候态大气波动，但分辨率相比模式数据集仍存在差距。基于模式构建的数据集分辨率虽高，却不可避免受到模式精度的局限性影响，其可靠性仍有待讨论，无法完全支撑起理论研究。在未来，当有了更多的火星大气探测数据时，有必要构建更高分辨率的观测数据集。

参考文献

[1] FORGET F, HOURDIN F, FOURNIER R, et al. Improved general circulation models of the Martian atmosphere from the surface to above 80 km [J]. Journal of Geophysical Research: Planets, 1999, 104(E10): 24155 - 24175.

[2] TOIGO A D, RICHARDSON M I, NEWMAN C E. MarsWRF: A general purpose, local to global numerical model for the martian climate and atmosphere [C]. California: ESA, 2007: 20 - 50.

[3] HAMILTON K. Interannual variability in the northern hemisphere winter middle atmosphere in control and perturbed experiments with the GFDL SKYHI General Circulation Model [J]. Journal of The Atmospheric Sciences, 1995, 52: 44 - 66.

[4] WILSON R J, HAMILTON K. Comprehensive model simulation of thermal tides in the Martian atmosphere [J]. Journal of Atmospheric Sciences, 1996, 53: 1290 - 1326.

[5] ZHANG J, JI Q Q, SHENG Z, et al. Observation based climatology Martian atmospheric waves perturbation Datasets [J]. Scientific Data, 2023, 10(1): 1 - 13.

[6] BATTALIO M, WANG H. The Mars Dust Activity Database (MDAD): A comprehensive statistical study of dust storm sequences [J]. Icarus, 2021, 354: 114059 - 114060.

[7] GREYBUSH S J, KALNAY E, WILSON R J, et al. The Ensemble Mars Atmosphere Reanalysis System (EMARS) Version 1.0 [J]. Geoscience Data Journal, 2019, 6(2): 137 - 150.

[8] MONTABONE L, MARSH K, LEWIS S R, et al. The Mars Analysis Correction Data Assimilation (MACDA) Dataset V1.0 [J]. Geoscience Data Journal, 2014, 1(2): 129 - 139.

[9] MILLOUR E, FORGET F, SPIGA A, et al. The Mars Climate Database (version 5.3); proceedings of the from Mars Express to ExoMars Scienfic Workshop [C]. Paris: LMD, 2018: ESA - ESAC.222.

[10] FORGET F, MILLOUR E, BIERJON A, et al. Challenges in Mars climate modelling with the LMD Mars Global Climate Model, now called the Mars "Planetary Climate Model" (PCM) [C]. Paris: Seventh International Workshop on the Mars Atmosphere: Modelling and Observations, 2022: 1102.

[11] TAKAHASHI Y O. Topographically induced north-south asymmetry of the meridional circulation in the Martian atmosphere [J]. Journal of Geophysical Research, 2003, 108(E3): 5018 - 5020.

[12] FORGET F, HOURDIN F, FOURNIER R, et al. Improved general circulation models of the Martian atmosphere from the surface to above 80 km [J]. Journal of Geophysical Research: Planets, 1999, 104(E10): 24155 - 24175.

[13] MADELEINE J B, FORGET F, MILLOUR E, et al. Revisiting the radiative impact of dust on Mars using the LMD Global Climate Model [J]. Journal of Geophysical Research: Planets, 2011, 116(E11): 1 - 13.

[14] SPIGA A, FAURE J, MADELEINE J-B, et al. Rocket dust storms and detached dust layers in the Martian atmosphere [J]. Journal of Geophysical Research: Planets, 2013, 118(4): 746 - 767.

[15] WANG C, FORGET F, BERTRAND T, et al. Parameterization of rocket dust storms on mars in the lmd martian gcm: Modeling details and validation [J]. Journal of Geophysical Research: Planets, 2018, 123(4): 982 - 1000.

[16] GILLI G, FORGET F, SPIGA A, et al. Impact of gravity waves on the middle atmosphere of mars: A non-orographic gravity wave parameterization based on global climate modeling

and MCS Observations [J]. Journal of Geophysical Research: Planets, 2020, 125(3): 1-31.

[17] LIU J, MILLOUR E, FORGET F, et al. New parameterization of non-orographic gravity wave scheme for lmd mars gcm and its impacts on the upper atmosphere [C]. Paris: LMD, 2022: 2105-2110.

[18] MADELEINE J B, FORGET F, MILLOUR E, et al. The influence of radiatively active water ice clouds on the Martian climate [J]. Geophysical Research Letters, 2012, 39(23): 1-5.

[19] NAVARRO T, MADELEINE J B, FORGET F, et al. Global climate modeling of the Martian water cycle with improved microphysics and radiatively active water ice clouds [J]. Journal of Geophysical Research: Planets, 2014, 119(7): 1479-1495.

[20] COLAïTIS A, SPIGA A, HOURDIN F, et al. A thermal plume model for the Martian convective boundary layer [J]. Journal of Geophysical Research: Planets, 2013, 118(7): 1468-1487.

[21] GONZáLEZ-GALINDO F, CHAUFRAY J Y, LÓPEZ-VALVERDE M A, et al. Three-dimensional Martian ionosphere model: I. The photochemical ionosphere below 180 km [J]. Journal of Geophysical Research: Planets, 2013, 118(10): 2105-23.

[22] FORGET F, MILLOUR M. Sixth International Workshop on the Mars Atmosphere: Modelling and Observations [C]. Granada: LMD, 2017.

[23] RICHARDSON M I, TOIGO A D, NEWMAN C E. PlanetWRF: A general purpose, local to global numerical model for planetary atmospheric and climate dynamics [J]. Journal of Geophysical Research: Planets, 2007, 112(E9): 1-29.

[24] ARAKAWA A, LAMB V. Methods of computational physics [J]. Academic Press, 1977, 17: 174-265.

[25] SKAMAROCK W C, KLEMP J B, DUDHIA J, et al. A description of the advanced research WRF model version 4 [J]. National Center for Atmospheric Research: Boulder, 2019, 145: 105-145.

[26] MICHALAKES J, DUDHIA J, GILL D, et al. Proceedings of the 11th workshop on the use of high performance computing in meteorology [C]. Singapore: ECMWF, 2005.

[27] SKAMAROCK W. A Description of the Advanced Research WRF Version 2, NCAR technical note, NCAR/TN-468+ STR [J]. NCAR Technical Notes, 2005, 1(1): 1-100.

[28] BASU S. Simulation of the Martian dust cycle with the GFDL Mars GCM [J]. Journal of Geophysical Research, 2004, 109(E11): 1-5.

[29] HINSON D P, WILSON R J. Temperature inversions, thermal tides, and water ice clouds in the Martian tropics [J]. Journal of Geophysical Research, 2004, 109(E1): 1-7.

[30] FENTON L K, RICHARDSON M I. Martian surface winds: Insensitivity to orbital changes

and implications for aeolian processes [J]. Journal of Geophysical Research, 2001, 106: 32885 - 32902.

[31] RICHARDSON M I, WILSON R J. Investigation of the nature and stability of the Martian seasonal water cycle with a general circulation model [J]. Journal of Geophysical Research, 2002, 107: 5031.

[32] RICHARDSON M I, WILSON R J, RODIN A V. Water ice clouds in the Martian atmosphere: General circulation model experiments with a simple cloud scheme [J]. Journal of Geophysical Research: Planets, 2002, 107(E9): 2 - 1 - 2 - 29.

[33] HINSON D P, WILSON R J. Transient eddies in the southern hemisphere of Mars [J]. Geophysical Research Letters, 2002, 29(7): 58 - 1 - 58 - 4.

[34] WANG H. Cyclones, tides, and the origin of a cross-equatorial dust storm on Mars [J]. Geophysical Research Letters, 2003, 30(9): 3 - 5.

[35] MISCHNA M A, RICHARDSON M I, WILSON R J, et al. On the orbital forcing of Martian water and CO_2 cycles: A general circulation model study with simplified volatile schemes [J]. Journal of Geophysical Research: Planets, 2003, 108(E6): 148 - 227.

[36] WAUGH D W, TOIGO A D, GUZEWICH S D, et al. Martian polar vortices: Comparison of reanalyses [J]. Journal of Geophysical Research: Planets, 2016, 121(9): 1770 - 1785.

[37] GREYBUSH S J, WILSON R J, HOFFMAN R N, et al. Ensemble Kalman filter data assimilation of Thermal Emission Spectrometer temperature retrievals into a Mars GCM [J]. Journal of Geophysical Research: Planets, 2012, 117(E11): 129219576.

[38] LEWIS S R, READ P L, CONRATH B J, et al. Assimilation of Thermal Emission Spectrometer atmospheric data during the Mars Global Surveyor aerobraking period [J]. Icarus, 2007, 192(2): 327 - 347.

[39] MONTABONE L, LEWIS S, READ P, et al. Validation of martian meteorological data assimilation for MGS/TES using radio occultation measurements [J]. Icarus, 2006, 185(1): 113 - 132.

[40] BATTALIO J M, LORA J M. Annular modes of variability in the atmospheres of Mars and Titan [J]. Nature Astronomy, 2021, 5(11): 1139 - 1147.

[41] MONTABONE L, LEWIS S R, READ P L. Interannual variability of Martian dust storms in assimilation of several years of Mars global surveyor observations [J]. Advances in Space Research, 2005, 36(11): 2146 - 2155.

[42] MONTABONE L, LEWIS S R, READ P L, et al. Reconstructing the weather on Mars at the time of the MERs and Beagle 2 landings [J]. Geophysical Research Letters, 2006, 33(19): 2 - 4.

[43] LEWIS S R, BARKER P R. Atmospheric tides in a Mars general circulation model with data assimilation [J]. Advances in Space Research, 2005, 36(11): 2162 - 2168.

[44] MARTÍNEZ-ALVARADO O, MONTABONE L, LEWIS S R, et al. Transient teleconnection event at the onset of a planet-encircling dust storm on Mars [J]. Ann Geophys, 2009, 27(9): 3663-3676.

[45] WILSON R J, LEWIS S R, MONTABONE L, et al. Influence of water ice clouds on Martian tropical atmospheric temperatures [J]. Geophysical Research Letters, 2008, 35(7): 1-5.

[46] ROGBERG P, READ P L, LEWIS S R, et al. Assessing atmospheric predictability on Mars using numerical weather prediction and data assimilation [J]. Quarterly Journal of the Royal Meteorological Society, 2010, 136(651): 1614-1635.

[47] HUNT B R, KOSTELICH E J, SZUNYOGH I. Efficient data assimilation for spatiotemporal chaos: A local ensemble transform Kalman filter [J]. Physica D: Nonlinear Phenomena, 2007, 230(1): 112-126.

[48] SMITH M D, PEARL J C, CONRATH B J, et al. Thermal Emission Spectrometer results: Mars atmospheric thermal structure and aerosol distribution [J]. Journal of Geophysical Research: Planets, 2001, 106(E10): 23929-23945.

[49] MCCLEESE D J, SCHOFIELD J T, TAYLOR F W, et al. Mars Climate Sounder: An investigation of thermal and water vapor structure, dust and condensate distributions in the atmosphere, and energy balance of the polar regions [J]. Journal of Geophysical Research, 2007, 112(E5): 1-16.

[50] ELUSZKIEWICZ J, MONCET J L, SHEPHARD M, et al. Atmospheric and surface retrievals in the Mars polar regions from the Thermal Emission Spectrometer measurements [J]. Journal of Geophysical Research (Planets), 2008, 113: 10010.

[51] KLEINBÖHL A, SCHOFIELD J T, KASS D M, et al. Mars Climate Sounder limb profile retrieval of atmospheric temperature, pressure, and dust and water ice opacity [J]. Journal of Geophysical Research: Planets, 2009, 114(E10): 2009JE003358.

[52] KLEINBÖHL A, JOHN WILSON R, KASS D, et al. The semidiurnal tide in the middle atmosphere of Mars [J]. Geophysical Research Letters, 2013, 40(10): 1952-1959.

[53] ALBEE A L, ARVIDSON R E, PALLUCONI F, et al. Overview of the Mars Global Surveyor mission [J]. Journal of Geophysical Research: Planets, 2001, 106(E10): 23291-23316.

[54] CONRATH B J. Thermal structure of the Martian atmosphere during the dissipation of the dust storm of 1971 [J]. Icarus, 1975, 24(1): 36-46.

[55] LORENC A C, BELL R S, MACPHERSON B. The Meteorological Office analysis correction data assimilation scheme [J]. Quarterly Journal of the Royal Meteorological Society, 1991, 117(497): 59-89.

[56] LEMMON M T, WOLFF M J, SMITH M D, et al. Atmospheric imaging results from the Mars Exploration Rovers: Spirit and Opportunity [J]. Science, 2004, 306(5702): 1753-

1756.

[57] SMITH M D. Interannual variability in TES atmospheric observations of Mars during 1999 - 2003 [J]. Icarus, 2004, 167(1): 148 - 165.

[58] MONTABONE L, LEWIS S R, READ P L, et al. Validation of martian meteorological data assimilation for MGS/TES using radio occultation measurements [J]. Icarus, 2006, 185(1): 113 - 132.

[59] FAN S, GUERLET S, FORGET F, et al. Thermal tides in the martian atmosphere near northern summer solstice observed by acs/tirvim onboard TGO [J]. Geophysical Research Letters, 2022, 49(7): 3 - 9.

[60] TAKAHASHI Y O, FUJIWARA H, FUKUNISHI H. Vertical and latitudinal structure of the migrating diurnal tide in the Martian atmosphere: Numerical investigations [J]. Journal of Geophysical Research, 2006, 111(E1): 2 - 5.

[61] LEE C, LAWSON W G, RICHARDSON M I, et al. Thermal tides in the Martian middle atmosphere as seen by the Mars Climate Sounder [J]. Journal of Geophysical Research, 2009, 114(E3): 1 - 6.

[62] WU Z, LI T, DOU X. Seasonal variation of Martian middle atmosphere tides observed by the Mars Climate Sounder [J]. Journal of Geophysical Research: Planets, 2015, 120(12): 2206 - 2223.

[63] FORBES J M, ZHANG X, FORGET F, et al. Solar tides in the middle and upper atmosphere of Mars [J]. Journal of Geophysical Research: Space Physics, 2020, 125(9): 8140 - 8145.

[64] ZUREK R W. Diurnal tide in the Martian atmosphere [J]. Journal of the Atmospheric Sciences, 1976, 33(2): 321 - 337.

[65] GUZEWICH S D, TALAAT E R, WAUGH D W. Observations of planetary waves and nonmigrating tides by the Mars Climate Sounder [J]. Journal of Geophysical Research: Planets, 2012, 117(E3): 1 - 3.

[66] BANFIELD D, CONRATH B, PEARL J C, et al. Thermal tides and stationary waves on Mars as revealed by Mars Global Surveyor Thermal Emission Spectrometer [J]. Journal of Geophysical Research: Planets, 2000, 105(E4): 9521 - 9537.

[67] BANFIELD D, CONRATH B J, GIERASCH P J, et al. Traveling waves in the martian atmosphere from MGS TES Nadir data [J]. Icarus, 2004, 170(2): 365 - 403.

[68] BANFIELD D, CONRATH B J, SMITH M D, et al. Forced waves in the martian atmosphere from MGS TES nadir data [J]. Icarus, 2003, 161(2): 319 - 345.

[69] GONZÁLEZ-GALINDO F, FORGET F, LóPEZ-VALVERDE M A, et al. A ground-to-exosphere Martian general circulation model: 2. Atmosphere during solstice conditions—Thermospheric polar warming [J]. Journal of Geophysical Research: Planets, 2009, 114

(E8): 3-5.

[70] KURODA T, MEDVEDEV A S, HARTOGH P, et al. Seasonal changes of the baroclinic wave activity in the northern hemisphere of Mars simulated with a GCM [J]. Geophysical Research Letters, 2007, 34(9): 1-6.

[71] MONTABONE L, SPIGA A, KASS D M, et al. Martian Year 34 column dust climatology from Mars Climate Sounder Observations: Reconstructed maps and model simulations [J]. Journal of Geophysical Research: Planets, 2020, 125(8).

[72] NEWMAN C E, KAHANPÄÄ H, RICHARDSON M I, et al. MarsWRF convective vortex and dust devil predictions for Gale Crater over 3 Mars years and comparison with MSL-REMS observations [J]. Journal of Geophysical Research: Planets, 2019, 124(12): 3442-3468.

[73] BASU S, WILSON J, RICHARDSON M, et al. Simulation of spontaneous and variable global dust storms with the GFDL Mars GCM [J]. Journal of Geophysical Research, 2006, 111(E9): 6-7.

[74] FOUQUART Y, BONNEL B. Computations of solar heating of the Earth's atmosphere: A new parameterization[J]. Contributions to Atmospheric Physics, 1980, 53(1): 35-62.

[75] KASS D M, KLEINBÖHL A, MCCLEESE D J, et al. Interannual similarity in the Martian atmosphere during the dust storm season [J]. Geophysical Research Letters, 2016, 43(12): 6111-6118.

[76] WU Z, LI T, ZHANG X, et al. Dust tides and rapid meridional motions in the Martian atmosphere during major dust storms [J]. Nature Communications, 2020, 11(1): 614-616.

[77] BOUGHER S W, MURPHY J, HABERLE R M. Dust storm impacts on the Mars upper atmosphere [J]. Advances in Space Research, 1997, 19(8): 1255-1260.

第七章　火星大气垂直相互作用

7.1　引言

火星存在显著的垂直相互作用现象。垂直相互作用包括陆-气相互作用与大气层结之间的相互作用。陆-气相互作用是指陆地与大气之间通过一定的物理过程相互影响、相互作用，组成一个复杂的耦合系统。大气层结间相互作用是指大气层结间通过辐射、动力和化学过程进行的垂直相互作用。

相关研究[1-3]表明，垂直相互作用强度与行星气象学条件、地形不规则度、星体直径等存在显著关联，据此认为，火星垂直相互作用对其气候环境的影响作用可能并不亚于地球。由于重力较小，火星上地形尺度普遍较大，其上的塔尔西斯隆起(Tharsis Bulge, TB)地区拥有太阳系最大的火山，希腊盆地(Hellas Planitia)则横跨 7 000 km 且深达 8 km。同时，火星上的气压约为地球的 1/120。如此巨大的地形尺度与稀薄的空气，造成了陆地对大气的显著影响。如塔尔西斯隆起通过热力强迫与机械阻塞对火星大气环流造成了显著影响。不同大气层结间的耦合作用则源于大气内部的辐射、动力、化学等过程，对火星大气有着重要影响[4, 5]。由于火星没有平流层，因此对流层与中间层的耦合(中对耦合)主导了中低层大气活动。中对耦合导致了包括极地增温[6]、准半年振荡[7]等重要的大气现象。对流层的沙尘暴活动通过强迫风场改变哈得来环流，最终可导致中间层和热层高度上的冬季半球极地下沉经向环流绝热加热[8]，从而影响大气环流，而被改变的大气环流又对沙尘发展产生反作用。此外，火星上的垂直相互作用极大影响了化学成分(如水、臭氧等)、热力结构(如极地增温)、中尺度云团(如水和二氧化碳)等大气要素的再分布。垂直相互作用的存在对火星大气环流具有重要影响，直接关系到模式预报精度及轨道探测器的正常飞行工作，因此成为当下火星大气研究的重中之重。

我们首次将陆-气相互作用概念应用于火星，并基于此对火星的塔尔西斯隆起对火星气候的影响进行研究。现有研究对其他类地行星的高原如何塑造所在星球现代气候的认识有限。我们的结果证明塔尔西斯对火星气候存在重要影响且对于火星宜居性有重大影响,有望成为更多研究大型高原对类地行星影响的起点,特别是对类地行星可居留性的影响。例如,对吉祥天女(Lakshmi)高原的陆-气相互作用研究将有助于更好地理解镶嵌地块(Tessera)高原对金星的气候影响。

对于大气层结间相互作用,我们基于偏定向相干性对大气层结耦合模式结果进行分析,从频域角度研究大气层结耦合对火星低层沙尘信号上传的影响。对于陆-气相互作用,我们着重研究塔尔西斯隆起对于火星气候及环流的影响,分析陆-气相互作用在其中起到的作用。具体研究结构如图 7-1。

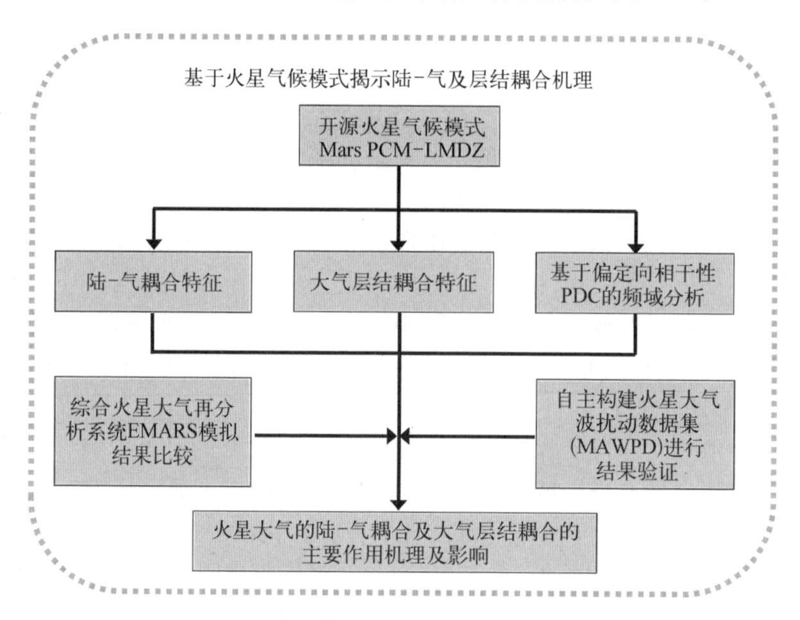

图 7-1 研究框架

7.2 火星陆-气相互作用

7.2.1 火星陆-气相互作用简介

青藏高原被称为地球的第三极,深刻影响着地球的行星宜居性。然而,此类大尺度高原地形是如何塑造其他类地行星上的现代气候目前还不清楚。我们通过研究发现的陆-气相互作用深刻影响火星大气环流及气候，这为理解全球变暖提供了一个新的视角，并首次展示了地球之外的第三极存在的可能性。

7.2.1.1　研究意义

目前关于其陆-气相互作用的研究较少，主要涉及对希腊盆地（Hellas Basin）沙尘强迫的研究[9, 10]。以地球青藏高原陆-气相互作用研究举例，大型高原由于其力学和热学效应在环流和气候方面具有重要意义[11, 12]。青藏高原在夏、冬两季分别是热源与冷源，导致不同季节的环流异常[11, 13-15]，形成东亚和南亚夏季风。此外，机械阻塞将西风带分为不同的分支[16, 17]。延迟和偏转效应于冬季在其南北两侧产生一个非对称的偶极子纬向偏差环流，导致亚洲气候变化[18]。同样，地形因素对其他类地行星气候环境的形成也至关重要。对于火星，目前研究较多的地形是TB和希腊盆地，但两者的相关陆-气相互作用过程均尚不清楚。而希腊盆地的相关研究则更多涉及其对季节间沙尘变化的短期强迫，其陆-气相互作用过程尚未被足够讨论。因此，有必要针对地形因素在火星行星气候环境的形成中起到的作用进行研究。我们将以TB为切入点研究陆-气相互作用过程。

7.2.1.2　研究现状

地球上的大型高原通过其机械和热效应影响环流和气候，以被充分研究的青藏高原（Tibetan Plateau，TP）为例，其在夏季是强热源，在冬季是弱冷源[11, 13-15]。夏季TP的热力强迫占据主导，感热驱动的空气泵导致了环流异常和东亚、南亚夏季风的形成[19, 20]。冬季TP的机械强迫主导，机械阻塞将西风分成不同的分支[16, 17]，继而在减速和偏转效应下产生不对称的偶极子纬向偏移环流[21]，导致亚洲气候变化。研究表明，其他类地行星上的高原对现代气候的形成也至关重要，例如，塔尔西斯隆起（Tharsis Bulge，TB）是一个巨大的凸起区域，拥有太阳系中最大的火山，对火星现代气候的形成起着重要作用[22, 23]。目前学者们已开展了关于TB的古气候学及总体气候效应的相关研究。古气候研究告诉我们，TB通过机械强迫形成了降水分布和地面风[24]并通过岩浆释放水和CO_2使大气变暖[25]。TB拥有太阳系内已知最大的火山——奥林波斯山，被认为对塑造火星的气候具有重要意义[25-27]。其他研究表明，由于地面粗糙度和高程差异，火星的南北二分地形产生了相对于赤道的不对称气候[28, 29]。它描述了火星气候更普遍的特征。

然而，目前仍然缺乏针对TB如何影响火星现代气候的形成而开展的研究，我们对除地球以外的其他陆地行星上的高原地区如何影响现代气候的形成仍然知之甚少。因此，我们研究的重点是解决TB如何影响火星现代气候形成的原理性问题。在此,针对高原气候影响类地行星的研究结果可被应用到行星宜居性和气候变化领域。

7.2.2 火星陆-气相互作用数值模拟

7.2.2.1 研究思路

在此采用以 Laboratoire de Météorologie Dynamique Zoom 为内核的行星气候模式 Mars Planetary Climate Model(Mars PCM - LMDZ)开展 4 个 100 火星年的火星大气模拟实验。基于被广泛使用的火星气候数据库 MCD V6.1 的气候态 EUV 初始场,根据 4 个实验的结果计算在不同地形条件下的全球气候准平衡态响应,即真实情况下的控制实验、无塔尔西斯隆起情况下的实验、仅塔尔西斯隆起情况下的实验,以及平坦情况下的实验。构建陆-气相互作用模型,探讨陆-气相互作用对于火星气候及环流的影响。

我们研究了 TB 是否以及如何成为火星全球气候变化的主要影响要素之一。基于四次模拟(图 7 - 2),我们确定了准平衡态(quasi equilibrium, QE)线性气候变化在移除 TB 后的瞬态响应[30](具体见 7.2.2.2 小节)。在此过程中,我们研究了火星大气温度、表面大气温度、大气顶(TOA)辐射通量、反照率、风、沙尘和感热,发现没有 TB 的火星更冷、反射性更强、沙尘更多。

我们还对 TB 在陆地-大气耦合中的独特作用进行了研究,并据此解释了准平衡态线性气候变化。由于其特殊的地理规模[30-32](覆盖约 25%的表面,平均海程高达 7 km)与表面特征[33, 34][无植被,富含二氧化硅、氧化铁(II)和氧化铝]和大气环境[35](干燥多尘的大气),与青藏高原相比,具有不同的力学和热学效应,这主要表现在三个方面:① TB 纵跨南北半球,其在不同半球的两部分区域上空大气热源在同一季节呈相反趋势;② TB 通过机械阻挡作用影响全年西风;③ 地表感热在热力学效应中占主导地位。

火星上的高原地形的气候影响可能与地球上的高原气候影响同样重要,受此启发,我们调查发现了火星上存在 TB 对大气环流的机械和热力强迫。高原气候影响在两颗星球上同时存在,这表明它们可能普遍存在于类地行星大气中,并揭示了气候演化的一个重要的共同来源,可供太阳系内外的类地行星研究参考。TB 对气候的影响首次提供了第三极存在于地球之外的证据,这有助于进一步理解行星宜居性,因为其所导致的更温暖和更少沙尘的对流层对未来人类在火星上的生存非常重要。值得注意的是,由于 TB,火星上的对流层温度升高了 5 K 以上,这也是理解全球变暖对地球影响的一个新角度。

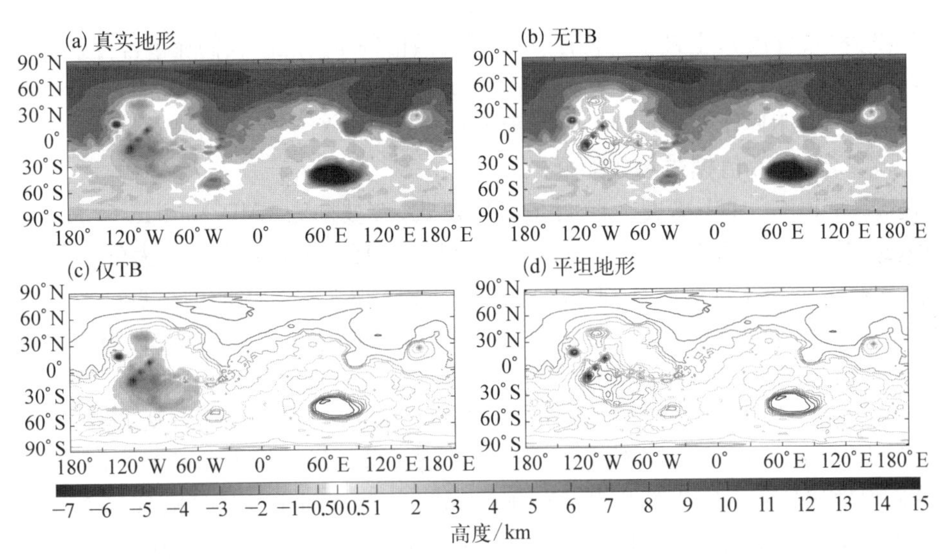

图 7－2 Mars PCM－LMDZ 模型模拟中的地形配置。(a) 真实地形(火星真实表面形貌)的对照试验,(b) 无塔尔西斯试验,(c) 仅塔尔西斯的试验,(d) 全球平坦地形试验。图中同时显示了使用的(阴影)和删除的(轮廓)地形。这里提到的 TB 区域从火星西部的亚马孙平原(Amazonis Planitia)(215°E)一直延伸到东部的克里斯平原(300°E),从阿尔巴山(Alba Mons)北侧(约 55°N)一直延伸到陶马西亚高原(Thaumasia Highlands)的南部(约 43°S)。地形以 1 km 的增量显示,等高线依据高程着色。为保证与周围地形有平滑的边缘连接,在模型计算中仅将 2 km 以上区域的部分视为 TB 的一部分

我们开展的四次模拟(配置细节见下节)基于火星行星气候模型,其动力学核心是 LMDZ[36, 37](火星 PCM－LMDZ,模型细节见下一小节)。由于日火距离大致相同的季节之间大气热源和环流的高度相似性,北半球春(秋)季和夏(冬)季的气候态结果几乎一致,因此在分析时我们通常只分析其中一个季节。同时,通过轨道器观测和模式的集合再分析资料(EMARS)来验证结论[38]。在讨论大气视热源时,我们也将 TB 分为 3 个区域,因为每个区域有显著的热力学差异。

为验证模型结果的可靠性,我们使用了火星大气集合再分析数据库 1.0(EMARS)[38]对模式结果进行验证。它基于来自火星环球勘测者热辐射光谱仪(Thermal Emission Spectrometer,TES;Ls = 103°、MY 24 至 Ls = 102°、MY 27)和来自火星气候探测仪(Mars Climate Sounder,MCS;Ls = 112°、MY 28 至 Ls = 105°、MY 33)的温度反演数据[39],通过局部集合变换卡尔曼滤波器(LETKF)融合地球物理流体动力学实验室 MGCM 的模式结果而生成。EMARS 的水平分辨率为 6°

(经度)×5°(纬度),垂直方向具有 28 个混合西格玛压力层。我们在包含背景大气信息的初始场文件中使用背景集合平均(background ensemble mean, back mean)数据(从 LETKF 分析开始的 1 小时预报),旨在获得对大气场的最佳估计。

7.2.2.2 数值模式参数配置

Mars PCM - LMDZ 是一个行星气候模式,曾被称为 LMD Martian GCM[29],其动力核心为 LMDZ 模型[37]。它是一个从地表到外逸层的火星大气三维模型,包括一个用于求解球体和物理核心上的流体动力学方程的网格点动力学核心[37]。我们使用 5.625°(经度)×3.75°(纬度)水平网格,每个太阳日具有 29 个混合西格玛压力层。

四个模拟的时间长度均为 100 个火星年。模拟的初始场取自从 LMD 实验室基于 Mars PCM - LMDZ 建立被广泛使用的火星气候数据库(MCD)V6.1[37, 40]过程中生成具有固定平均极紫外辐射(extreme ultraviolet, EUV)的气候态沙尘背景。这 4 个模拟实验在地形上有所不同,即与火星实际地形一致的“真实”情况(Real)、无 TB 地形的“无塔尔西斯隆起”情况(No Tharsis Bulge)、除 TB 地形外其余均为平坦地形的“仅塔尔西斯隆起”情况(Only Tharsis Bulge),以及在零高程表面(AREOID 坐标)具有全球平坦地形的“平坦”情况(Flat)。为了保证地形衔接处是合理的,保证 TB 与周围地形之间的平滑边缘连接,模型定义在 60°~145°W 和 43°S~55°N 范围内高于 2 km 的地形为 TB 的一部分。在这里,第 80~100 个火星年为准平衡态阶段。全球气候的准平衡态线性变化被定义为第 80~100 年的平均气候变化,即[(No Tharsis Bulge - Real) - (Only Tharsis Bulge - Flat)]/2。而气候态则指准平衡态阶段的平均值。

标准的气候态沙尘背景是对沙尘柱不透明度的季节演变和空间变化的模型描述。这是根据没有全球沙尘暴的年份(即 24、26、27、29、30 和 31 个火星年)的观测平均值构建的综合情景。上述火星年份的 MCD 沙尘观测数据是使用多个反演或估计的柱状光学深度数据集进行汇编和审查的[41-43]。4 个模拟的初始场是将从太阳接收的平均 EUV 输入与标准的气候态沙尘背景相结合得到的。

7.2.2.3 数值模拟结果

为了确定塔尔西斯隆起对火星环流和气候的影响,我们首先使用火星 PCM - LMDZ 模型模拟实验来确定理论大气条件。四次模拟(“真实”、“无 TB”、“仅 TB”和“平坦”)给出了由于 TB 的瞬时移除而引起的准平衡态变化,其中大部分与环流、沙尘、辐射和热的再分布有关。概括地说,它导致火星大气更冷(对流层温度更低)、更反光(行星反照率更高)、更多沙尘,这些结果很有可能导致火星更不宜居(图 7-3)。

气候态下,秋冬半球的高纬度西风带向赤道发展直至与 TB 相遇,被机械阻塞和热力强迫分割或转向。而在从模式中移除 TB 后,此种机械阻塞和热力强迫消失,全球西风带将进一步向中低纬度地区发展[图 7-3(f)]。在中纬度地区,将有更多的沙尘被更强的西风带通过扬尘作用带入大气。根据研究,沙尘活跃范围内会留下更多明亮的沙尘和空气中的沙尘颗粒,从而导致更高的反照率[44, 45]。行星反照率与火星地表温度有着密切联系,因为它直接决定火星吸收和反射太阳辐射的能量[46]。因此,北部(南部)高纬度地区较低(较高)的反照率[图 7-3(g)]导致了较高(较低)的地表温度[图 7-3(a)]。值得注意的是,尽管中低纬度地区(主要在南北纬 40°间)的行星反照率变化较小,但其内地表温度仍然大幅升高,并在很大程度上导致了火星全球平均地表温度升高超过 4.5 K(与气候学相比为 2.29%)。中低纬度地表温度的这一升高现象主要是由于"无 TB"模型中将 TB 去除后该区域的高程大幅降低。地形的变化也降低了 TB 周围 TOA 处的净发射通量[图 7-3(c)]。

此外,沙尘还通过光学作用改变了行星反照率。结果显示,北(南)半球反照率的准平衡态响应均为显著的正响应,且在中纬度处达到峰值 0.047(0.056),这导致 TOA 处的向外短波辐射急剧增加 10 W/m^2(12 W/m^2)。这种高度的正相关在很大程度上解释了 TOA 短波总辐射通量的增加(约 6 K)。为了维持辐射平衡,长波通量相应下降(约 6 K)。火星吸收的太阳辐射的减少也冷却了火星大气,特别是对流层[下降约 5 K,地表至 40 km 平均,图 7-3(b)],这在两个半球的两极上达到峰值。此外,更对称的南北地形将导致更强的哈得来环流[4, 29, 47, 48]并且大大增加了大气沙尘含量[49, 50][1.7×10^{-6} kg/kg,地面至 10 km,图 7-3(e)],这解释了大部分中间层(约 40~100 km)的温度变化,包括热带地区的冷却和绝热沉降导致的极地增暖(PW)[图 7-3(b)]。图 7-3(b)还显示,与先前研究发现的极地下沉经向哈得来环流导致的 10~20 K 压缩加热相比,移除 TB 后哈得来环流的温度强迫又额外增加了 15~25 K,峰值在南极上空 1 至 0.1 Pa(近 60~80 km)之间[51]。

需要注意的是,以上源于 TB 的机械和热力强迫对全球环流模式的影响是基于 TB 区域没有火山喷发的假设而获得的。这一假设来自火星 PCM-LMDZ 不涉及火山活动和相关化学过程的模拟[37]。在稀薄的火星大气中,扬尘过程需要较高的风速,而地表亮尘的反射及大气沙尘的散射会使一个区域变得

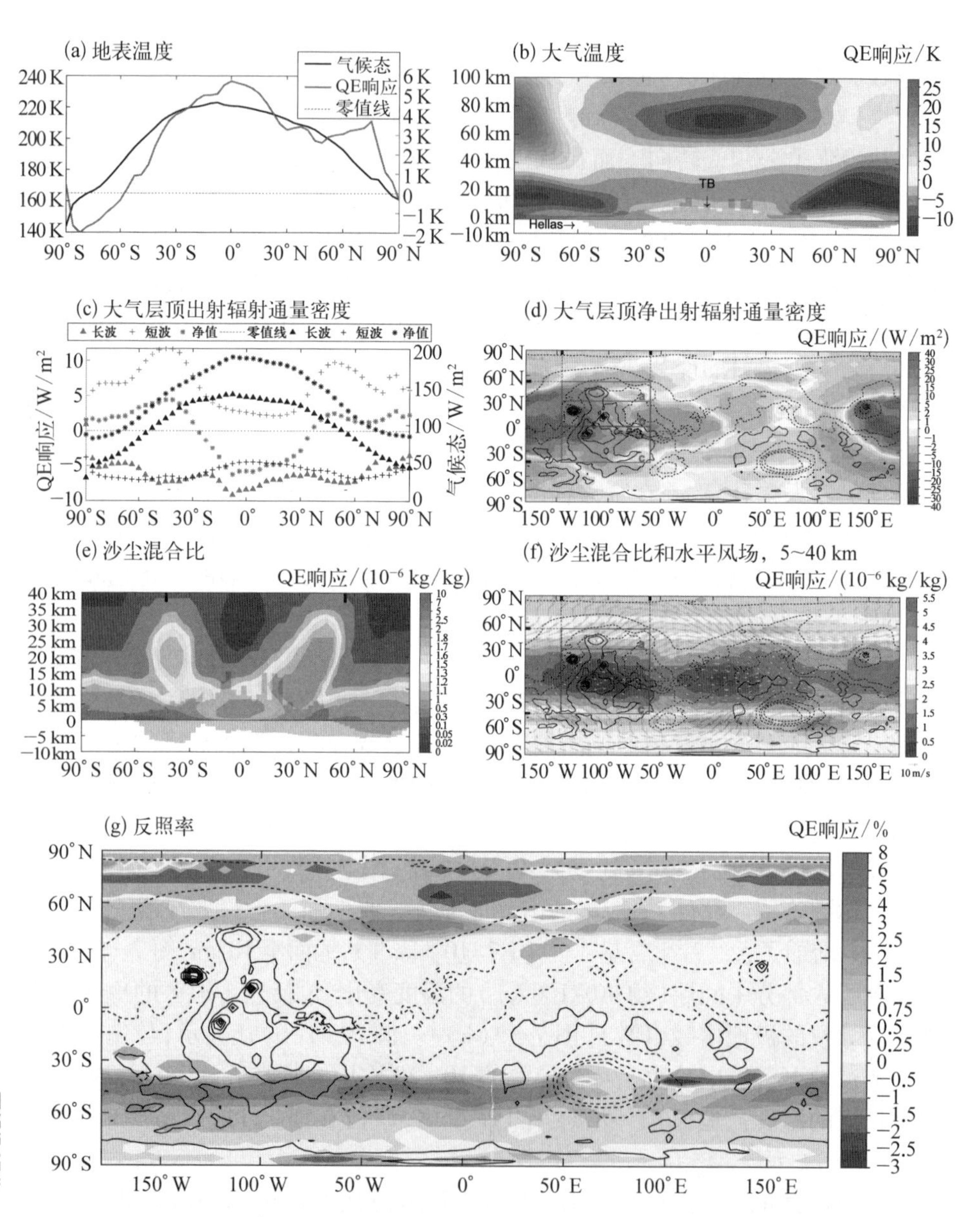

图 7-3 模型中由于移除塔尔西斯隆起(TB)而引起的火星气候准平衡态(QE)响应。(a)和(c),全球纬向平均;(b)和(e),纬度-高度剖面,每个纬度的最大(黑条)和最小(白条)高程在底部显示;(d)(f)(g),全球 5~40 km 平均结果分布图,地形等高线以 2 km 的增量显示,0 m 等高线和负等高线为点虚线

反照率上升[52]。因此从根本上说，环流的变化通过影响沙尘活动从而引起行星反照率的改变，进而引起温度变化，这一变化进而反作用于环流。因此，有必要确定 TB 在陆地-大气耦合中的作用，更准确地说，TB 如何通过机械和热力作用塑造全球环流。

7.2.3 火星陆-气相互作用原理

7.2.3.1 方法

火星大气与地球相比非常干燥。水汽是针对地球垂直相互作用研究的重要参数，然而火星含水量极低的事实使得有必要对研究方法进行调整。在此拟基于火星表面不含液态水循环等观测事实，从现有火星与地球大气湿度的比较出发，估算火星与地球潜热输送相对贡献大小，判断忽略火星大气潜热影响的可行性。

大气视热源（Q_1）和视水汽汇（Q_2）的分布通常被用来衡量地球上的加热机制[20, 53, 54]。然而，由于火星上的空气极其干燥（火星上 10～15 μm[55] 的全球平均水汽柱丰度远小于地球上的 21.6 mm[56]），地表压力要低得多（约 6 mbar），而且火星表面没有类似地球的水文循环和液态水[57]，因此其上的潜热释放（Q_2 的主要贡献者）被认为不像地球上的那么重要。火星上的加热机制主要是由于来自干燥地表的显热通量的供应，并且预期存在不伴随水汽源/汇的热源/汇。因此，Q_1 剖面将由湍流或干热对流引起的再分布过程决定。然后，将 Q_1 定义为式（7－1），并用于热力学分析[20, 58-60]：

$$Q_1 \equiv c_p\left(\frac{p}{p_0}\right)^{\kappa}\left(\frac{\partial\bar{\theta}}{\partial t}+\bar{v}\cdot\nabla\bar{\theta}+\bar{\omega}\frac{\partial\bar{\theta}}{\partial p}\right) \tag{7-1}$$

其中，c_p 是火星上的定压比热容[61]，840 J/（kg · K）；p 是压力；p_0 是表面压力（将平均半径 6.26 mbar 处的表面压力作为火星上的平均表面压力）；θ 是位温；v 和 ω 分别为水平（m/s）和垂直（Pa/s）风速；$\kappa = R/c_p$ 和 R 是火星上的气体常数[62]［假设为 188.86 J/（kg · K）］。

垂直积分 Q_1 的计算公式如下：

$$\langle Q_1\rangle = \frac{1}{g}\int_{P_0}^{P_1} Q_1\,\mathrm{d}P \tag{7-2}$$

其中，重力加速度 $g = 3.72\ \mathrm{m/s^2}$。

在讨论大气视热源时，我们根据地形和纬度将 TB 划分为三个区域：区域 A

(30~55°N)、区域 B(赤道至 30°N)和区域 C(-43°S 至赤道),经度范围均为 60~145°W。

区域 A 覆盖了大部分区域,包括阿刻戎堑沟群[63](Acheron Fossae)、阿尔巴山[64](Alba Mons)还有滕比台地[65](Tempe Terra)。阿尔巴山是火星上面积最大的火山,但其平均高度较低,最高峰仅高出周围地形 6 km。滕比台地和阿刻戎堑沟群则都以其高度而闻名,有小型盾状火山、熔岩流和其他火山结构。区域 A 的平均高程低于其他两个区域。

区域 B 最显著的地形包括奥林波斯山[66-69](Olympus Mons)、阿斯克劳山[67,70](Ascraeus Mons)还有孔雀山[71](Pavonis Mons)。奥林波斯山是一座巨大的盾状火山,是火星上最高的火山,也是目前太阳系中第二高的火山。在类地行星中,艾斯克雷尔斯山和帕弗尼斯山也是巨大的,它们位于 TB 的核心区域,与阿尔西亚山(Arsia Mons)一起组成了塔尔西斯山脉(Tharsis Montes)。卢娜高原[72](Lunae Planum)在区域 B 的东部地区,是 TB 和北部低地平原之间的过渡地带。这一地区还有一些小山,如比布利斯山丘(Biblis Tholus)和刻拉尼俄斯山丘[70](Ceraunius Tholus)等。

区域 C 的地形比其他两个区域更复杂。它主要由阿尔西亚山[73]、诺克提斯沟网[74](Noctis Labyrinthus)、北部的山谷和裂缝、中部的代达利亚高原[75,76](Daedalia Planum)和西奈高原[70](Sinai Planum),以及地堑填满的高地区域[克拉里塔斯堑沟群[77](Claritas Fossae)和科拉奇斯堑沟群[78](Coracis Fossae)]。总体上,区域 C 北高南低。值得注意的是,希腊盆地[79,80]是火星上最大的撞击盆地,也是目前太阳系中第三大的撞击盆地,位于区域 C 外同一纬度的 70.5°E 附近。

7.2.3.2 结果

首先,通过对比搭载 LMDZ6 的 Mars PCM - LMDZ、MCD(Mars Climate Database) V5.3 与综合火星大气再分析系统 EMARS(Ensemble Mars Atmosphere Reanalysis System) V1.0 的结果,验证模型的有效性。以北半球秋季 UT① = 0 时刻区域 C 中各个高度上的大气热源分布为例(图 7-4),三者的分布一致性较高。

其中 EMARS 结果的垂直剖面图见图 7-5,MCD 结果的垂直剖面图见图 7-6,Mars PCM - LMDZ 结果的垂直剖面图见图 7-7。可见,三者的一致度依然较高。

---

① UT(universal time)指世界时,也是火星 0°经线处的当地时(local time, LT)。

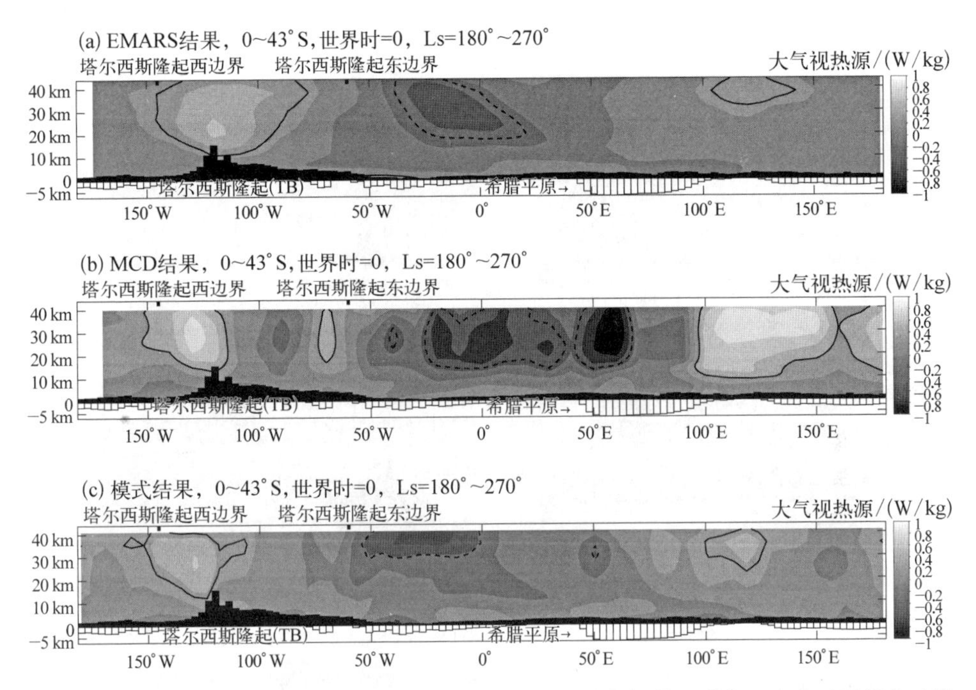

图 7-4　北半球秋季 UT=0 时刻区域 C 中各个高度上的大气热源分布。在此显示所有正值(黑线)的上四分位数和所有负值(黑色虚线)的下四分位数以突出大气热源或热汇较强的区域。每个区域地形的最高高度(黑条)和最低高度(白条)显示在底部

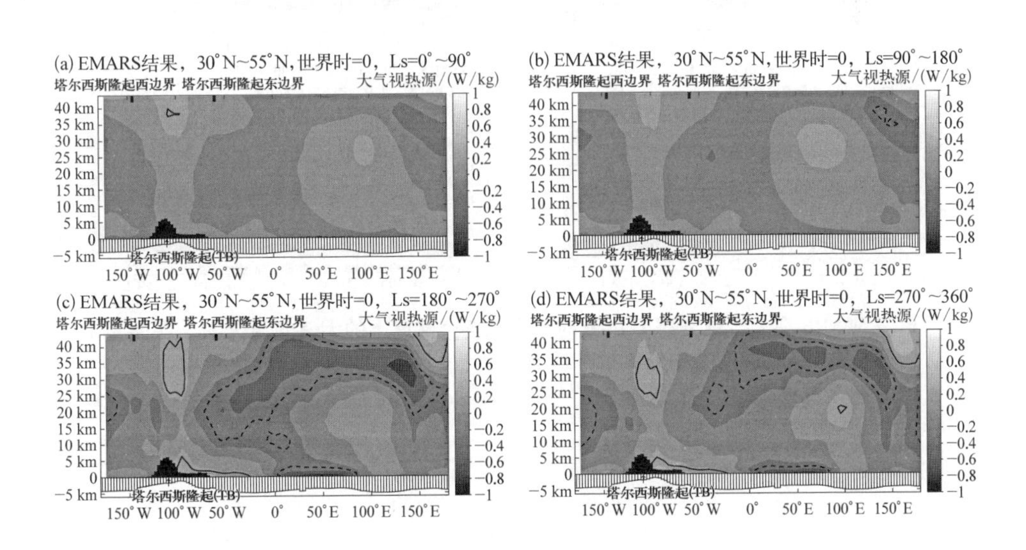

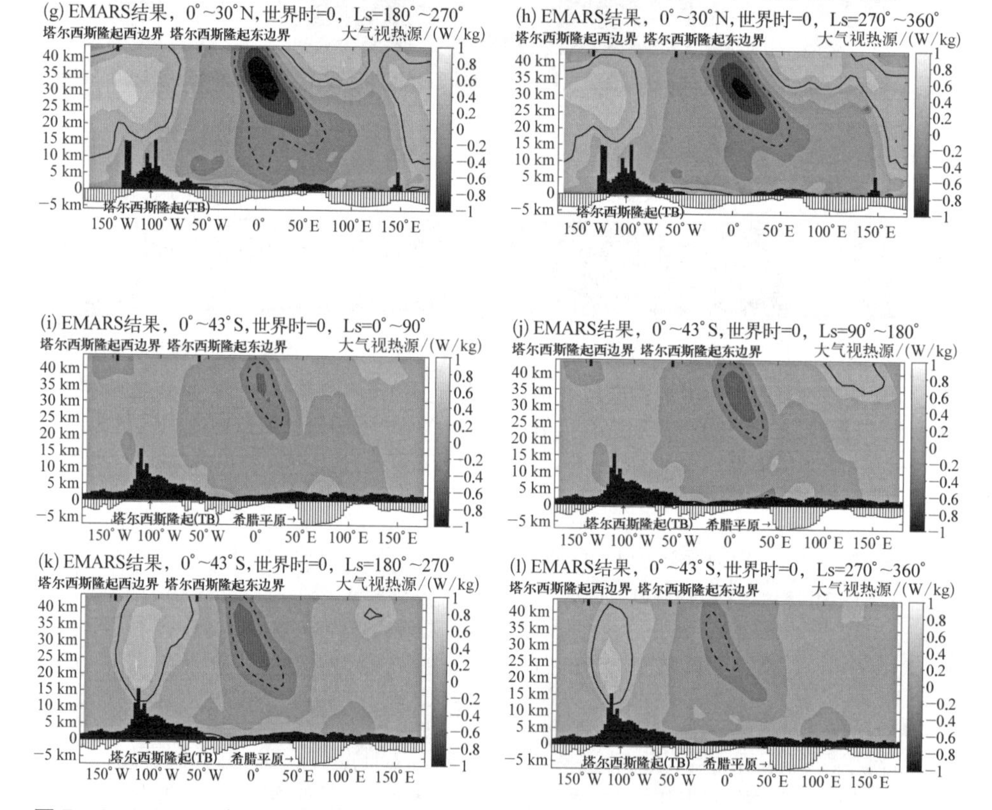

图 7－5 EMARS 在北半球秋季 UT＝0 时刻全球各个高度上的大气热源分布。在此显示所有正值(黑线)的上四分位数和所有负值(黑色虚线)的下四分位数以突出大气热源或热汇较强的区域。每个区域地形的最高高度(黑条)和最低高度(白条)显示在底部

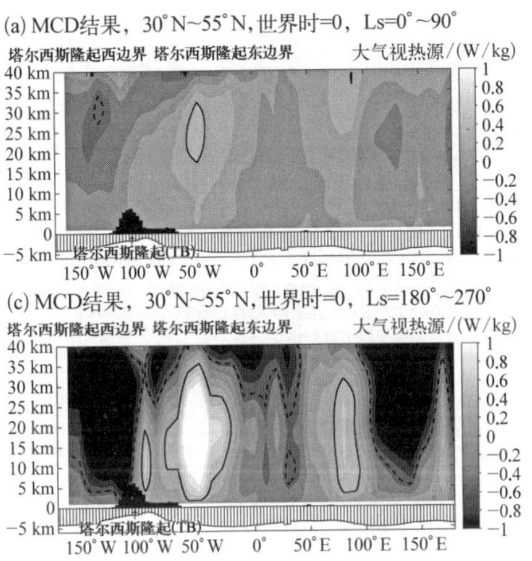
(a) MCD结果，30°N~55°N, 世界时=0，Ls=0°~90°
塔尔西斯隆起西边界 塔尔西斯隆起东边界
大气视热源/(W/kg)
塔尔西斯隆起(TB)

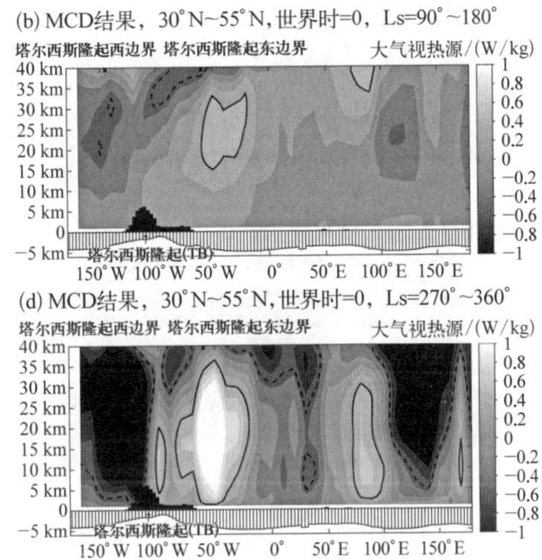
(b) MCD结果，30°N~55°N, 世界时=0，Ls=90°~180°
塔尔西斯隆起西边界 塔尔西斯隆起东边界
大气视热源/(W/kg)
塔尔西斯隆起(TB)
(c) MCD结果，30°N~55°N, 世界时=0，Ls=180°~270°
(d) MCD结果，30°N~55°N, 世界时=0，Ls=270°~360°

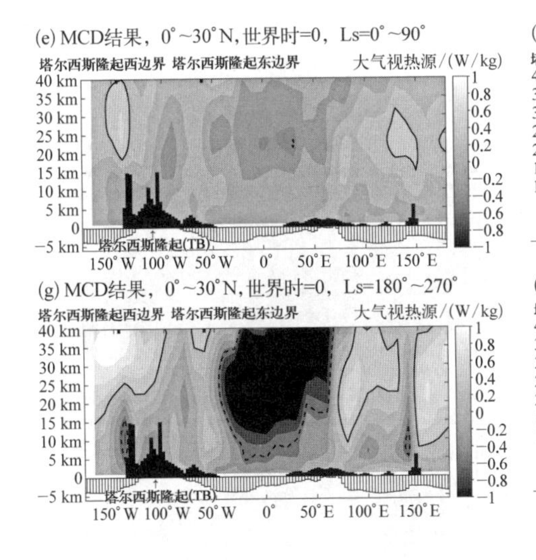
(e) MCD结果，0°~30°N, 世界时=0，Ls=0°~90°
(g) MCD结果，0°~30°N, 世界时=0，Ls=180°~270°
塔尔西斯隆起西边界 塔尔西斯隆起东边界
大气视热源/(W/kg)
塔尔西斯隆起(TB)

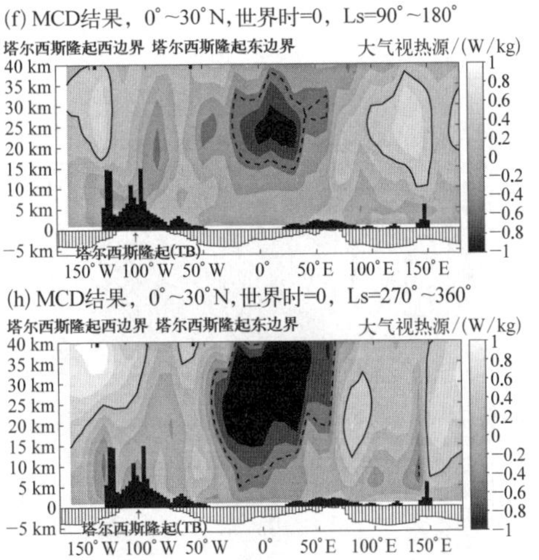
(f) MCD结果，0°~30°N, 世界时=0，Ls=90°~180°
(h) MCD结果，0°~30°N, 世界时=0，Ls=270°~360°
塔尔西斯隆起西边界 塔尔西斯隆起东边界
大气视热源/(W/kg)
塔尔西斯隆起(TB)

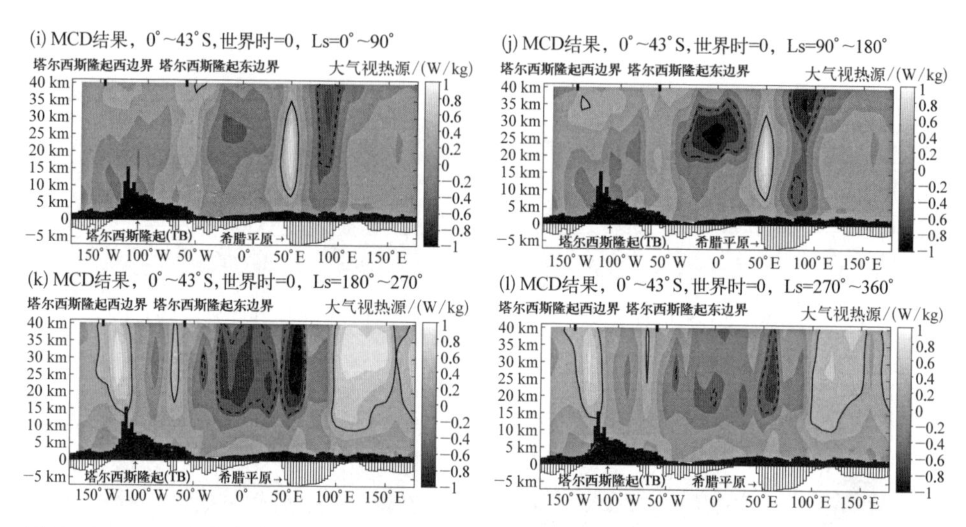

图 7-6　MCD 在北半球秋季 UT=0 时刻全球各个高度上的大气热源分布。在此显示所有正值(黑线)的上四分位数和所有负值(黑色虚线)的下四分位数以突出大气热源或热汇较强的区域。每个区域地形的最高高度(黑条)和最低高度(白条)显示在底部

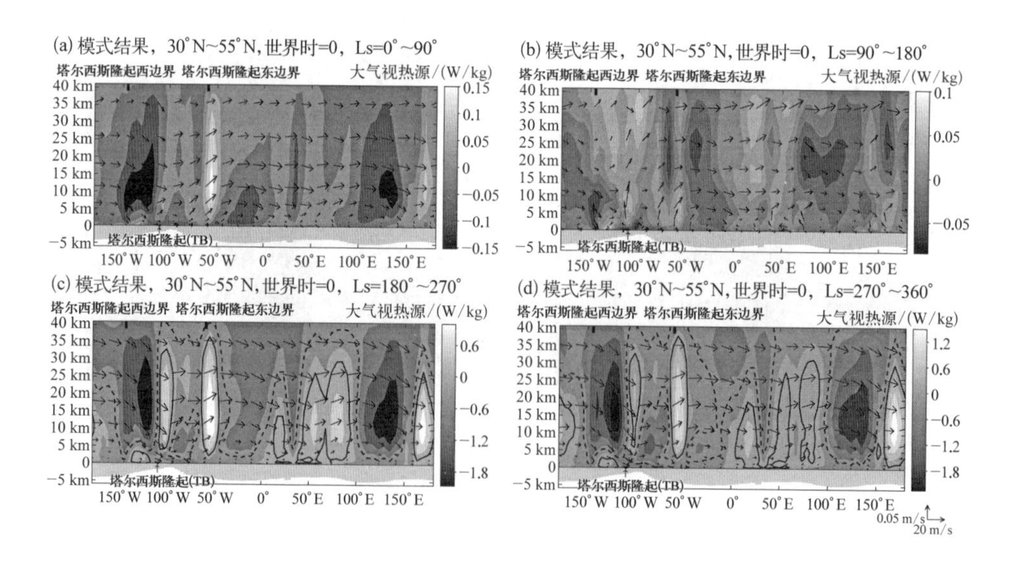

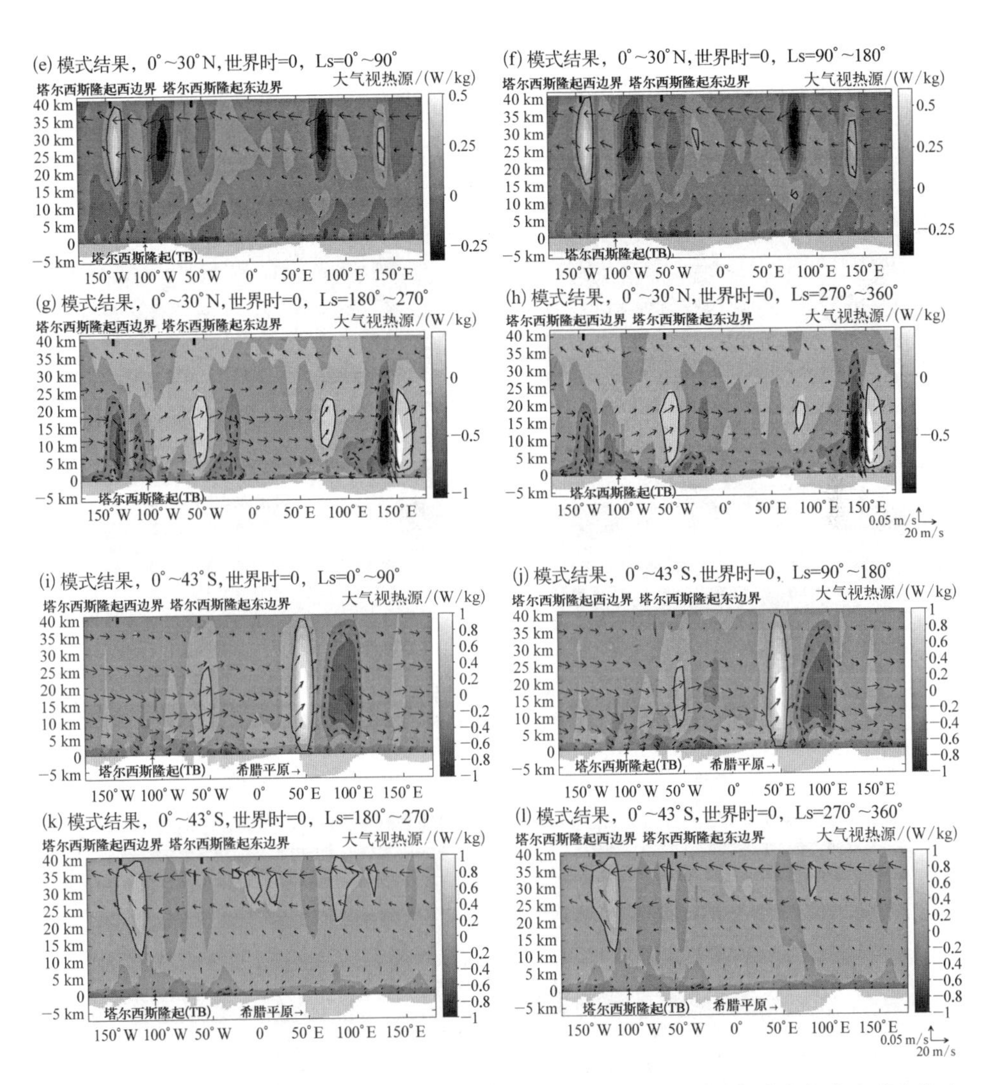

图 7－7　Mars PCM－LMDZ 模式在北半球秋季世界时 UT＝0 时刻全球中各个高度上的大气热源分布。在此显示所有正值（黑线）的上四分位数和所有负值（黑色虚线）的下四分位数以突出大气热源或热汇较强的区域。每个区域地形的最高高度（黑条）和最低高度（白条）显示在底部。右下方的箭头指示风速

对比各个季节 UT＝12 时刻（图 7－8）和 UT＝0 时刻（图 7－9）大气热源分布图可见，火星近地面大气热源显著受太阳直射点影响，这是由其低比热地表情况导致的。可见，在太阳辐射较强的 Ls＝180～360，即北半球秋冬季期间，大

气热源的全球分布大体上是相反的，这是由于 UT = 12 和 UT = 0 时刻太阳直射点分别位于火星对称位置的 180°经线和 0°经线上。

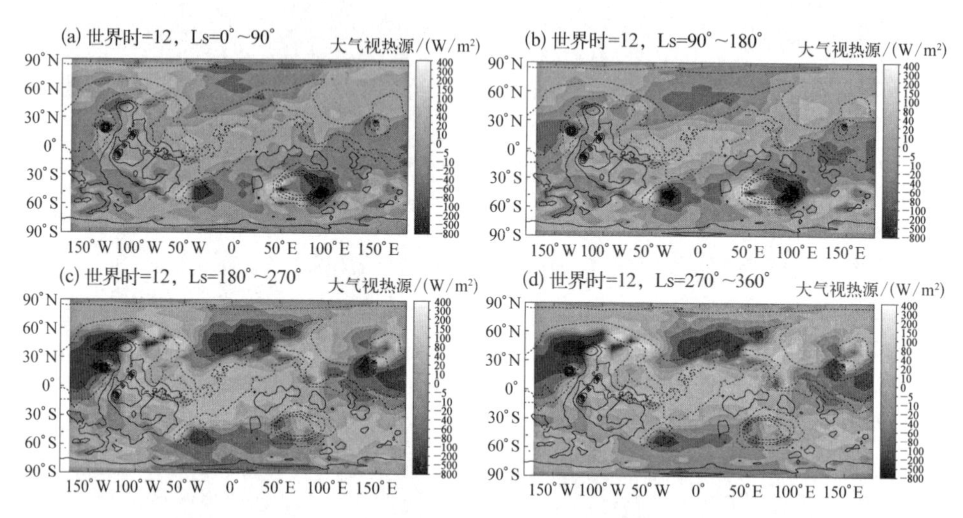

图 7-8 Mars PCM-LMDZ 的对流层整层垂直累积气候态大气热源在 UT=12 时刻时的季节分布

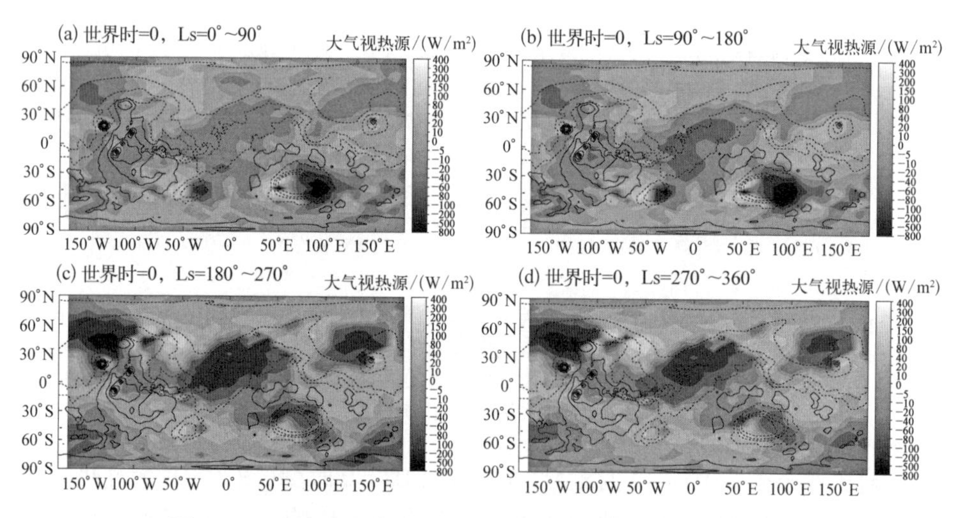

图 7-9 Mars PCM-LMDZ 的对流层整层垂直累积气候态大气热源在 UT=0 时刻的季节分布

实际研究中,对流层整层垂直累积气候态大气热源取日平均结果(图 7－10~图 7－12)。

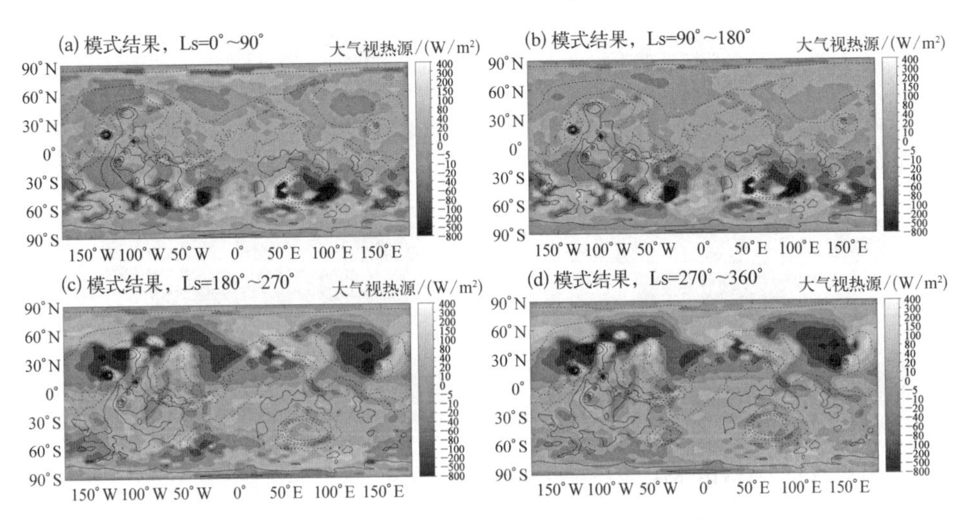

图 7－10　Mars PCM－LMDZ 的日平均对流层整层垂直累积气候态大气热源的季节分布

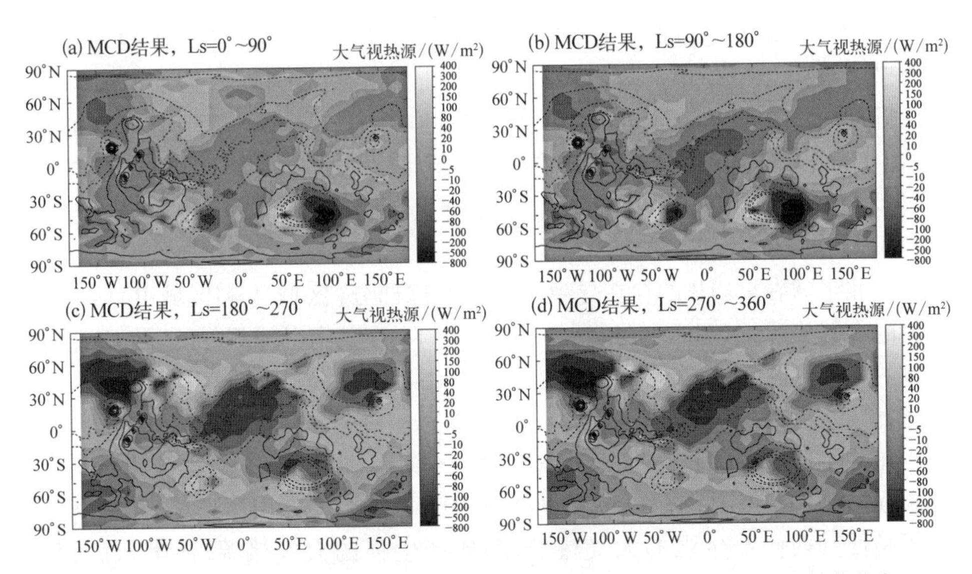

图 7－11　MCD V5.3 的日平均对流层整层垂直累积气候态大气热源的季节分布

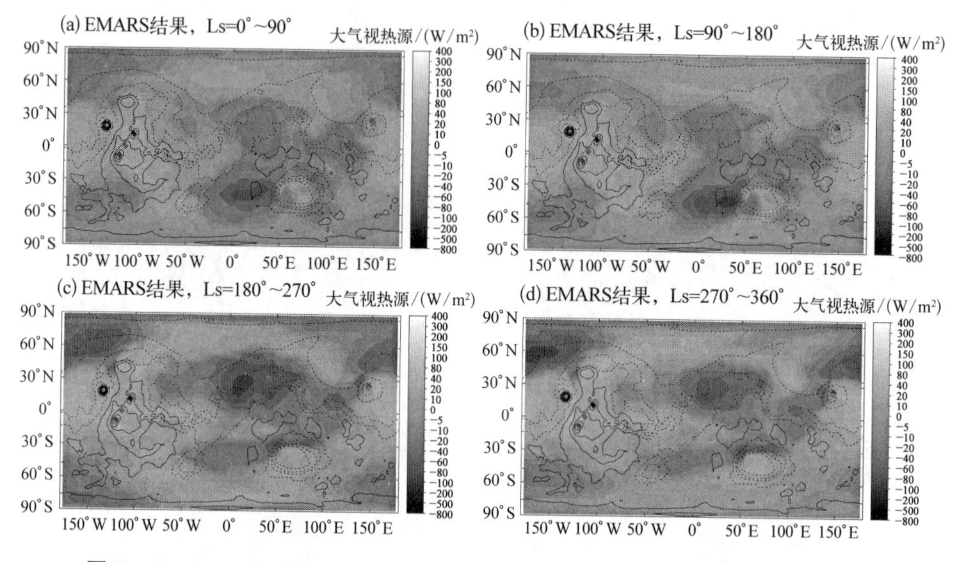

图 7-12 EMARS 的日平均对流层整层垂直累积气候态大气热源的季节分布

而由于TB移除导致的QE变化如图 7-13 所示，可见移除 TB 解释了图 7-11 中大部分 TB 区域的大气热源变化。

由图 7-10 可见，TB 在南半球和北半球的两部分区域上空大气热源在同一季节大致呈相反趋势。图 7-13 的模式准平衡态（QE）响应结果（QE 响应为去除 TB 带来的响应，而 TB 存在所导致的响应与 QE 响应符号相反）证实了，由 TB 引起的强迫在北半球春夏和北半球秋冬两个时间段内是相反的。同时，在同一季节中 TB 在南半球和北半球两部分区域的大气热源强迫也有明显不同。

在北半球春夏，TB 的存在导致了其北半球部分（区域 A 和区域 B）西侧产生弱的大气热源，东侧产生弱的大气热汇；而 TB 在其南半球部分（区域 C）上空导致的大气热源强迫则在强度上明显强于北半球，使其西侧产生强的大气热汇，东侧产生强的大气热源。

在北半球秋冬，TB 在其北半球部分（区域 A 和区域 B）上空产生的大气热源强迫则明显受到阿尔巴山和奥林波斯山两座大型火山的影响，但总体来说还是使其西侧产生强的大气热汇，东侧产生强的大气热源；而类似的，TB 在其南半球部分上空的强迫强度更低且方向相反。值得注意的是，在北半球

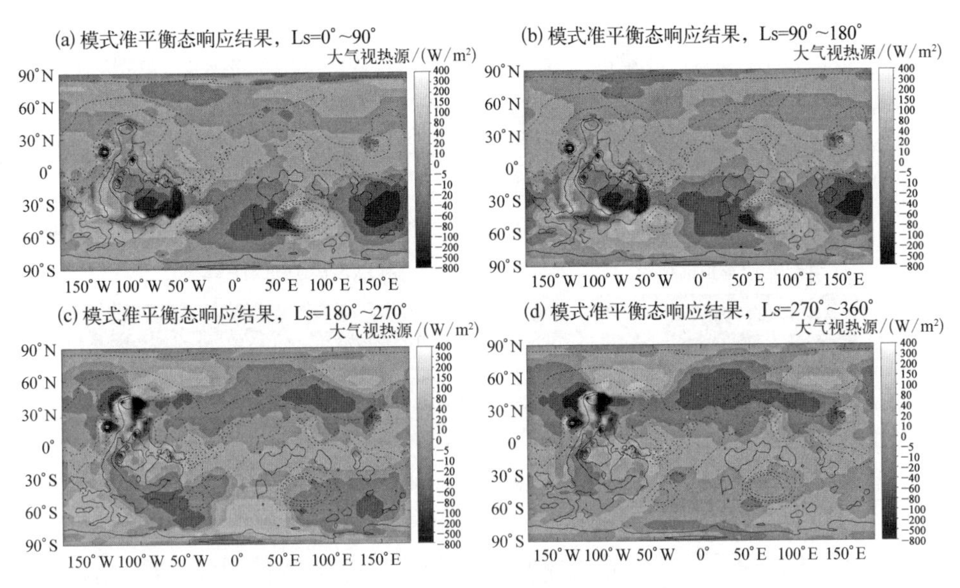

图 7－13　Mars PCM－LMDZ 结果显示在移除 TB 后的准平衡态响应季节分布，结果为日平均对流层整层垂直累积气候态大气热源

秋冬，区域 C 内的阿尔西亚山上空均存在以其为原点向南扩散的正 Q_1 强迫。以北半球冬季为例，区域 C 内大气热源剖面结构图的模式及数据集结果图如下。

首先，验证模式结果的可信度。真实地形模式代表真实地形条件下的 Mars PCM－LMDZ 模式结果。在图 7－14 和图 7－15 的结果中，均存在真实地形模式、EMARS 和 MCD 三者的平均大气热源结果在区域 C 内的对流层纬向分布一致；数值大小上，真实地形模式介于 EMARS 和 MCD 之间，这说明模式和数据集吻合良好。图 7－14 中，模式、EMARS 和 MCD 三者都在 130°W 附近存在强大气热源，中心高度约 30 km。我们也注意到，同纬度不同经度的其他区域，真实地形模式和 MCD 的对流层大气热源和热汇强度中心也集中在 30 km 高度附近，然而 EMARS 中这些强中心却在 35 km 附近。这一细微差异可能由于 TES 和 MCS 等观测在 EMARS 中的引入，也可能是由于 EMARS 所基于的 GFDL/NASA Mars Global Climate Model（GFDL/NASA MGCM）和 Mars PCM－LMDZ 的差异等其他原因导致的。模式的准平衡态响应（图 7－16）及各子实验结果（图 7－17）展示了移除塔尔西斯隆起对北半球冬季 30 km 处经向大气热源分布的影响。

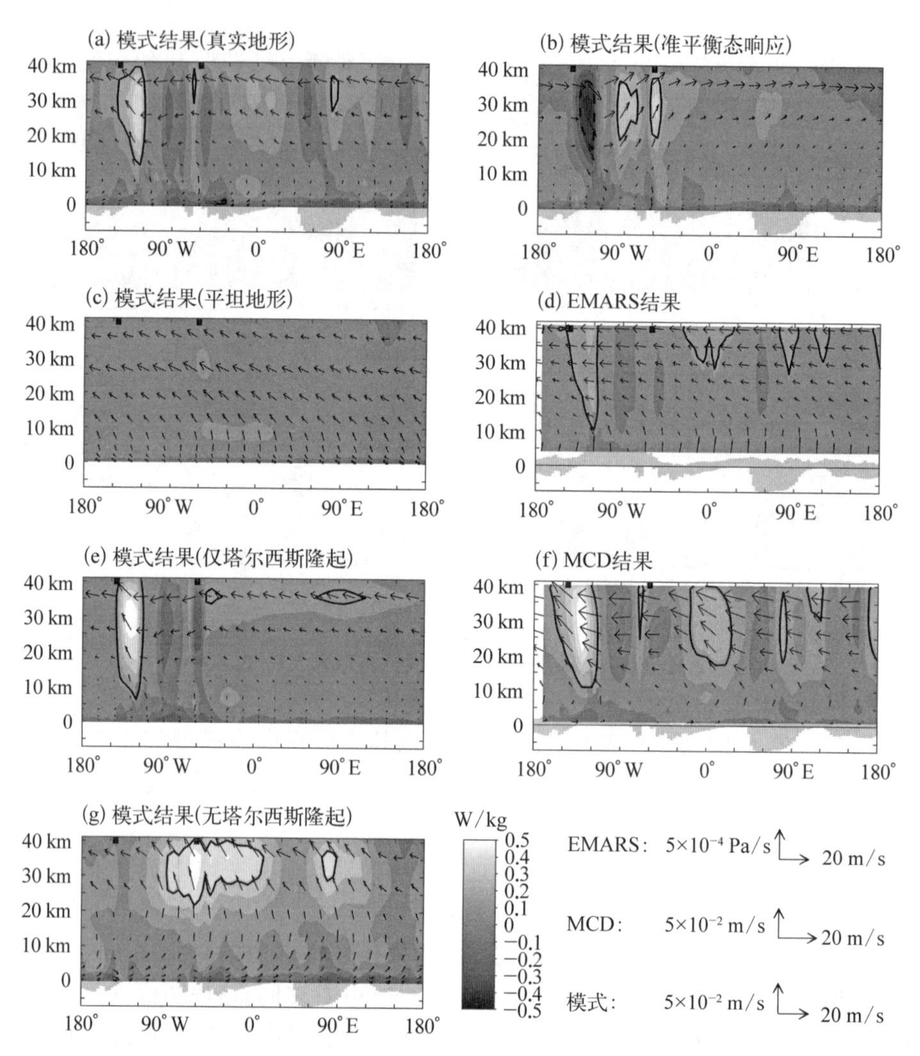

图 7－14 模式及数据集的区域 C 在北半球冬季（Ls＝270°～360°）内的气候态大气热源分布结果［高度坐标为当地高度（local height）］。(a) Mars PCM－LMDZ 的“真实”情况结果；(b) Mars PCM－LMDZ 的准平衡态（QE）响应结果；(c) Mars PCM－LMDZ 的零高程表面（AREOID 坐标）具有全球平坦地形的“平坦”情况；(d) EMARS 结果；(e) Mars PCM－LMDZ 的除 TB 地形外其余均为平坦地形的“仅塔尔西斯隆起”情况结果；(f) MCD 结果；(g) Mars PCM－LMDZ 的无 TB 地形的“无塔尔西斯隆起”情况结果。正值（黑线）的上四分位数和所有负值（黑色虚线）的下四分位数被标出，以突出大气热源或热汇较强的区域。每个区域地形的上边界和下边界以阴影显示在底部

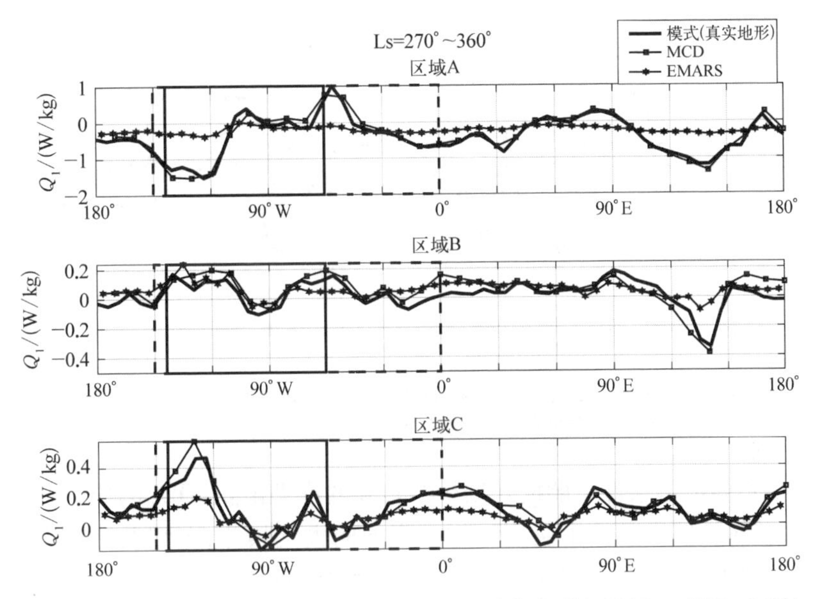

图 7－15　模式及数据集的不同区域在 30 km 处北半球冬季(Ls＝270°～360°)内的气候态大气热源分布结果

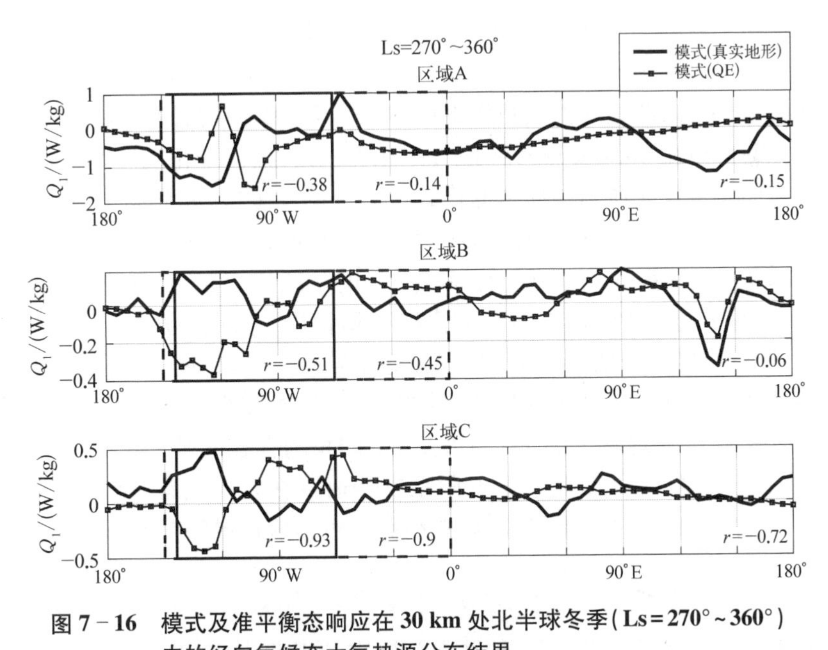

图 7－16　模式及准平衡态响应在 30 km 处北半球冬季(Ls＝270°～360°)内的经向气候态大气热源分布结果

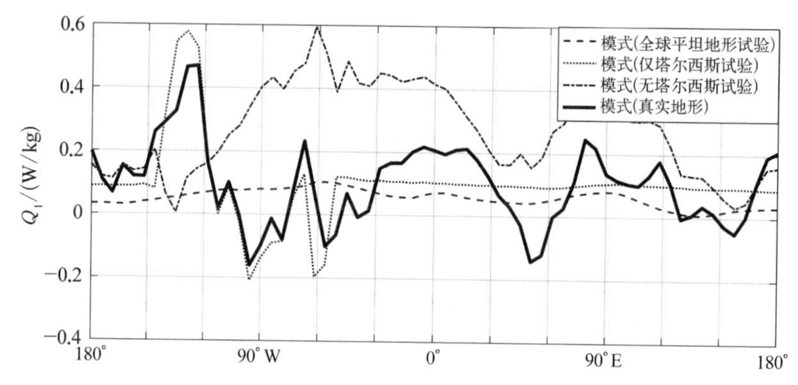

图 7-17 模式的四个子实验在 30 km 处北半球冬季(Ls=270°~360°)内的经向气候态大气热源分布结果

观察不同地形条件下的模式结果及实验的准平衡态(QE)响应,可以发现,TB 的存在使区域 C 西侧上空出现了一个强的大气热源,东侧上空出现了两个弱的大气热汇,中心高度均为 30 km,且大气热源的强度远大于大气热汇。在真实地形条件模式和仅 TB 条件模式中均出现了中心在 30 km 高度处,130°W 附近的强大气热源,以及 100°W 和 60°W 附近的弱大气热汇。

为证明此处的强大气热源和弱大气热汇是由 TB 的地形强迫主导的,在此计算大气热源的准平衡态(QE)气候响应。对比真实地形模式及其 QE 响应,可以发现图 7-14 内两者的大气热源剖面图和图 7-15 内两者的 30 km 纬向平均大气热源的分布在 60°W~145°W 内分布几乎一致,且符号相反。而在图 7-14 中真实地形模式及无塔尔西斯隆起模式所显示的结果中,并没有出现上述真实地形模式中 60°W~145°W 内的对流层大气热源分布。因此,TB 区域 C 上空的大气热源及热汇主要是由于 TB 的存在导致的。此外,为了确保模式结果的可靠性,我们基于 Mars PCM-LMDZ 的模拟和 EMARS 进行了检验[38](图 7-14)。

结果显示,尽管与地球的 TP 存在关键差异,但火星上的 TB 也存在强烈的陆地-大气耦合,以及其对大气环流、沙尘活动、气候和全球大气能量的独特机械和热力效应[37]。地球上的 TP 和火星上的 TB 均存在陆地-大气耦合的事实表明,陆地-大气耦合可能在整个太阳系中普遍存在。因此有必要对金星等其他类地行星高原进行进一步研究,以总结高原对类地行星气候的影响。

7.2.4 结论与讨论

地球上的大尺度高原地形,如被充分研究的青藏高原(TP),由于其机械和热力效应,是影响环流和气候的重要因素[81, 82]。同时,其他类地行星上的高原也被认为对现代气候的形成至关重要[24-26]。需要对它们进行深入研究,以获得类地行星高原对气候影响的一般规律。在火星上,TB 对火星气候的形成起着重要作用[22, 23, 83, 84]。但以往的研究主要集中在古气候和地形对火星气候影响的总体特征研究上。地形对地球以外的类地行星(包括 TB)的现代气候的影响有一个特殊的空白。我们的目标是研究 TB 如何影响火星的现代气候,以及高原气候对类地行星的影响如何影响行星的可居住性和气候变化。

目前研究中最重要的发现是: ① 在陆-气相互作用系统中,TB 的机械和热力强迫导致火星大气环流的改变;② 由于环流的变化,火星对流层变得更温暖,且大气中的沙尘更少。

基于火星 PCM - LMDZ,我们模拟了不同的火星大气。如果有一个词可以描述没有 TB 的火星,那么这个词是“更寒冷”,那时整个火星对流层的平均温度将降温超过 5 K。同时,由于没有 TB 的机械阻挡和热力强迫,高纬度西风更容易向热带扩展,不再分成几个分支。因此,中低纬度的纬向风向东显著增强,大部分时间,热带东风将被更强的热带西风所取代。较强的全球西风有利于沙尘的发展,导致大气沙尘含量较高,总体行星反照率较高,到达地面并被地面吸收的太阳短波辐射较少,对流层温度较低[地表至 40 km,图 7 - 3(b)]。由于增加的沙尘负载吸收了更多的太阳能,这也导致了更强的哈得来环流,这解释了中间层(约 40~100 km)的温度变化[图 7 - 3(b)]。

当太阳辐射较弱时,沙尘活动也较弱。而没有了上空沙尘的阻挡,到达高原表面的辐射将与到达相同高度的大气辐射大致相同。这时,高原由于地表的冷却速度比周围大气快而作为冷源存在,这与 TP 在地球北方冬季的作用相似,解释了秋冬一侧 TB 的冷源效应。

TB 的机械和热力强迫影响环流,导致陆-气相互作用。地形的影响主要表现为在水平方向上切割环流,使环流发生分支和转折。热力作用体现在垂直方向上风向的抬升和下沉。影响时间跨越全年,这是由 TB 的地理范围大造成的。TB 将把向赤道发展的西风分为三个分支。平均高度超过 7 km、纬度范围覆盖 43°S~55°N 的巨大尺度也使得分裂的支流无法迅速合并(被 TP 分开的西风支流在经过 TP 后合并),而是向三个不同的方向传播: 一个继续向前移动;一个绕过 TB 西部并入另一个半球高纬度的西风带;第三个使风向逆转,并入赤道东风。

TB 的热效应也很显著。TB 的存在使春夏一侧的部分产生强的大气热源。

如区域 C 西侧上空出现了一个强的大气热源,东侧上空出现了两个弱的大气热汇,中心高度均为 30 km。在低纬度地区,下沉气流在对流层环流中占主导地位。值得一提的是,二氧化硅、氧化铁(II)和氧化铝的无植被地表和大气中的低水汽含量使得潜热效应远不如地表感热效应明显。

地球上的青藏高原导致了北半球环流异常,并形成了南亚高压(SAH)和南亚夏季风(SASM)。火星在很大程度上不同于地球,例如上面提到的较弱的重力和较低的水蒸气含量。尽管存在一些差异,但火星上仍然存在的 TB 高原依旧塑造了全球环流,并导致火星对流层变得更温暖、沙尘更少。这证明整个太阳系的陆地-大气耦合和地形气候影响存在普遍性和多样性。其他类地行星的高原应当也会对环流和气候存在影响,虽然由于行星特征不同而导致具体影响不同,但这些都将加深我们对地形对环流和气候的影响的理解。

7.3 火星大气层结间相互作用

针对目前火星垂直相互作用领域研究不够充分的现状,本书通过对火星轨道卫星数据的处理及对火星气候模型的调试运行,分析重力波与沙尘暴的相互作用及机理,了解并掌握火星大气陆-气相互作用、层结耦合规律,揭示其主要作用机理及影响过程。

基于火星的行星气候模式 Mars PCM - LMDZ,对陆-气及大气层结耦合进行研究。通过对比搭载 LMDZ6 的 Mars PCM - LMDZ、MCD(Mars Climate Database) V5.3 与综合火星大气再分析系统 EMARS(Ensemble Mars Atmosphere Reanalysis System) V1.0 的结果,对塔尔西斯隆起造成的火星温度、沙尘、行星反照率、哈得来环流等的准平衡态变化进行研究。通过偏定向相干性方法分析由沙尘活动季节性变化引起的季节到次季节尺度的沙尘活动。关注沙尘信号以纬向风为中间介质传递到周日迁移潮汐波的上传现象。探索重力波拖曳作用对沙尘及纬向风的影响。

7.3.1 火星大气层结间相互作用简介

7.3.1.1 研究意义

关于大气层结间的定性研究已有不少,但定量的研究较少。数项基于观测的研究认为,火星上大气层结耦合的重要性至少与地球上相同[5],或预计将比地球上的对应过程更强[50, 85]。大气层结耦合在火星上发挥着如此重要的作用,是因为火星上有更极端的气象条件(如更低的大气压)、更粗糙的地形、更小的行星半径、更强烈的纬向风、更持久的昼夜上下坡流现象[86]。火星的中层大气通过波(例如重力波、行星波和潮汐)、沙尘、环流以及与火星碳循环相关的大气季节性膨胀/收缩与下层大气相互作用。火星上的垂直相互作用导致化学物质(如水、臭氧)、热结构(如极地变暖)和中尺度云(如水和二氧化碳)的再分布。以上的定性结论已有坚实的物理基础,然而,为了使读者对火星大气层结间相互作用强度与周期有一个直观的认知,有必要进行定量的频域分析。

传统研究中火星大气中的经向环流比纬向环流受到了更多的关注,这是由于其更显著的动力学现象,包括全球尺度的哈得来环流[5, 50, 87, 88]和引起极地变暖(polar warmming, PW)的热力学效应[6, 51]。然而,纬向风也被发现在火星大气层的大气层结耦合中起着至关重要的作用,并且也可能在动态垂直相互作用过程中起到中间作用。值得关注的是,纬向风在不同大气水平之间的垂直相互作用中所起的作用目前还未得到充分的研究,因为纬向风在不同大气层次间垂直相互作用中的作用并未得到足够关注。在沙尘和热力潮汐的垂直相互作用中,纬向风是两个潮汐之间信号传输的重要环节,而重力波通过减缓风来抵消沙尘对纬向风的调制。此外,由于缺乏垂直相互作用研究中的信号分析,沙尘、潮汐和环流之间的相互作用以及沙尘对纬向风的影响在频域上与纬向风半年振荡(SAO)的关系尚未得到充分研究。因此,在分析这种垂直相互作用过程时,有必要将纬向风和重力波作为一个整体来考虑。

因此,深入了解火星垂直相互作用过程,是当下针对火星全球尺度大气动力学过程研究的关键之一。

7.3.1.2　研究现状

地球上关于垂直相互作用的研究较为系统。大气层的垂直相互作用产生于内部的辐射、动力和化学过程。“垂直”一词指的是互动的两个方向:向上和向下。在地球上,向上的影响通常是由向上传播的波(如行星波和重力波)引起的,包括平流层突然增温(SSW)[51]、准两年振荡(QBO)[89]和半年振荡(SAO)[90, 91]。相比之下,向下的影响往往是中高层大尺度天气系统向下传播影响的结果,如SSW事件期间扰动极涡导致的对流层天气系统异常。中层大气(地球上的平流层和中间层,火星上约70~120 km高度)对于理解低层和高层大气之间的联系非常重要。在地球中层大气中,动力垂直相互作用占主导地位,环流主要是波驱动的[92]。夏季至冬季极区经向环流[93]由重力波驱动，而 Brewer-Dobson 环流（BDC）主要由罗斯贝波（Rossby Wave, RW）驱动[94]。同时，纬向平均环流在不同时间尺度上经历了从 SSW 的几天到 QBO 的近 29 个月的时间变化。

而在火星上，预计垂直相互作用强于地球上的垂直相互作用[50, 85, 95-97]。研究已发现，平均纬向风中 QBO 调制的波数管道准定常行星波（SPW1）和平均风的多普勒频移效应对向上传播的潮汐有显著影响[98-100]。垂直相互作用在火星上的重要性已被证明，并被先前的研究[5, 87, 101]观测到至少与地球上的垂直相互作用同等重要。垂直相互作用在火星上起着如此重要的作用，这是由于火星的气象条件（如低平均表面压力）更强、地形更粗糙[102]、半径更小、纬向风比地球[85]更强（如更持久的白天上坡和夜间下坡气流[86, 103]）。它通过不同的机制，包括极地变暖（PW）[8]和 SAO[104]。研究还表明沙尘暴有可能引起 PW，从而通过影响风场改变哈得来环流，导致冬季半球极地下沉经向环流的绝热加热[8]。在上述过程中，经向哈得来环流起到了连接行星环绕尘事件和 PW 事件的中间作用。

由于缺乏垂直相互作用研究中定量的频域分析，沙尘、潮汐和环流如何在频域中相互作用尚未得到充分研究。总体而言，火星中层大气通过波（如重力波、行星波和潮汐）、沙尘、环流以及与火星碳循环相关的大气季节扩张/收缩与低层大气相互作用。这导致化学物种（如水、臭氧等）、热力结构（如极地增温）和中尺度云团（如 H_2O 和 CO_2）的重新分布。通常，火星大气中的经向环流比纬向环流受到更多的关注，这主要是由于更多可观测到的动力学现象，包括全球尺度的哈得来环流圈[5, 50, 87, 88, 105]及其引起热层中的 PW[6, 51, 106]的热力学效应。纬向风在火星大气的垂直相互作用中也被发现是至关重要的，并且可能在动力学垂直相互作用过程中也起着中间作用。Miyamoto 等提出纬向风受到行星环绕沙尘事件的强烈影响，将其影响从低层大气传输到中间层[3]。然而，尚未有关于沙尘、潮汐和环流的频域分析。

本章重点关注沙尘和潮汐的垂直相互作用，同时讨论了纬向风和重力波在这种垂直相互作用中扮演的角色。纬向风作为大气环流的主要含动量分量[87]，对热量和动量的分布都至关重要。它们通过多普勒频移效应[1, 85]调制潮汐，影响沙尘暴[105, 107]的爆发、传播和发展，并吸收重力波（重力波）拖曳[108, 109]的动量和能量，同时将重力波过滤到特定频率[110]。重力波、沙尘和潮汐反过来对纬向风也有影响。潮汐热量和动量通量的辐合对纬向风[101, 111-113]有很强的强迫作用。火星上的强迫比地球上强，特别是在沙尘辐射强迫[114]、潮汐通量的纬向平均辐合在全球范围内增强的火星尘暴季节。此外,重力波拖曳的阻尼作用与纬向风[2, 115]密切相关,Gilli 等发现在平均流速与给定相速度(流向的速度被减速/加速)的反差较大的地方,重力波拖曳特别强,如纬向冬季急流的上部[2]。

简而言之,在沙尘和热力潮汐的垂直相互作用中,纬向风是两个潮汐之间信号传输的重要环节,而重力波则通过减缓风来抵消沙尘对纬向风的调制。此外,由于缺乏垂直相互作用研究中的信号分析,沙尘、潮汐和环流之间的相互作用以及沙尘对纬向风的影响与纬向风 SAO 在频域上的关系尚未得到充分研究。因此,在分析这种垂直相互作用过程时,有必要将纬向风和重力波作为一个整体来考虑。

传统观点定性证明了沙尘和潮汐存在垂直相互作用,纬向风场能够显著影响热力潮汐的垂直传播。但我们将定量地回答沙尘信号在什么频率域、什么条件下和热力潮汐具有何种强度的相互作用,以及纬向风在其中具体的作用。基于火星行星气候模式,我们通过偏定向相干(PDC)分析发现了由沙尘活动的季节变化引起的季节至次季节尺度的沙尘信号。以纬向风为中间介质,将季节至次季节的沙尘信号传递给迁移日潮(DW1)。当背景沙尘含量足够高时,信号会增强,这对半年振荡的半年信号同等重要。重力波拖曳可以降低纬向风速,这抵消了沙尘对它们的调制作用,因此,重力波的影响在季节到次季节区间较明显,而在半年及更长尺度上则不显著。

7.3.2 火星大气层结间相互作用数值模拟

7.3.2.1 研究思路

采用以 LMDZ 为内核的行星气候模式 Mars PCM - LMDZ 开展 6 个长度为 10 火星年的火星大气模拟实验。利用行星气候模式对大气层结耦合进行模拟。基于被广泛使用的火星气候数据库(MCD) V6.1 下的 3 个初始场(冷、热及气候态条件),通过控制重力波模块模拟重力的存在与否(有/无重力波),从而实现对大气层结间波动信号耦合的模拟。基于偏定向相干性(partial directed coherence, PDC)对 Mars PCM - LMDZ 模拟结果进行分析,探讨层结耦合在频域的表现形式,并将其与固有大气现象进行对比。

7.3.2.2 数值模式参数配置

最新版本的 Mars PCM - LMDZ 模型较初始版本有了全方位的改良,包括对辐射传输[37]、沙尘循环[116-118]、重力波[2, 119]、水循环[120, 121]、PBL 混合[122]、光化学[123]及其他物理过程[124]的改进。我们在全球范围内进行火星 PCM－LMDZ 模拟，沿两个水平和垂直维度（模式顶位于距地表约 249.5 km 高度）包含 64×48×49 个网格点。

模式输出分辨率（非计算分辨率）如下：空间分辨率为纬度 5.625°（经度）×3.75°（纬度），具有 49 个混合西格玛压力层；时间分辨率为每 1.5 h 世界时，世界时为 0°经度线上的当地时间。虽然我们只使用了前 29 层（至 102.5 km）进行分析，但为了保证在分析中排除模型边缘效应，将模型顶部设置为较低的外层（249.5 km）。随着平均温度的变化，模拟大气的几何深度会随着季节的变化而变化，但总体而言，模式顶部的气压范围在 10^{-3}～10^{-2} Pa。

实验中 6 次模拟的初始条件采用了三种沙尘情景，即火星气候数据库（MCD）V6.1[125]提供的沙尘柱不透明度季节演变和空间变化模型中的背景，包括标准的“气候态”“冷”和“暖”沙尘背景。标准“气候态”沙尘情景是由无全球沙尘暴（即 24、26、27、29、30、31 火星年）的观测年平均值构建的合成情景。在“冷”情景下，每个位置的沙尘不透明度被设置为 24～31 火星年期间观测到的最小值，并进一步减少了 50%，代表异常晴朗的大气。“暖”情景对应有沙尘但没有全球沙尘暴的大气层，每个地点和一年中太阳光的不透明度设置为火星 7 年观测到的最大值，范围为 24～31。上述火星年的沙尘观测在 MCD V6.1 由 Montabone 等编译[41]。

在 PCM 中用于生成地形重力波的地形被平滑到模型的水平分辨率，次网格尺度的山脉效应被参数化[37]与低层拖曳方案[126]和重力波拖曳方案[127, 128]。在这些方案中，假定在山顶上方观测到的所有应力减小都是由于波动破碎引起的，尽管有时部分被俘获的非地形重力波也解释了应力减小。此外，假定面积平均的动量通量与中心断面上方测量的线平均值相当。因此，方案对动量通量的模拟只是定性地与观测一致。在重力波拖曳方案中使用了单一重力波假设，其中重力波仅在垂直平面中从模型表面传播。

在此，我们采用 Liu 等描述的非地形重力波的随机参数化方案[119]。该方案已在火星 PCM－LMDZ 上实现，并在 Gilli 等描述的原方案[2]基础上进行了修改。使用时假定源位于典型对流单体上方（约 250 Pa）且全天开启，可能无法完全捕捉多个源［例如，火星上的行星边界层[129]（PBL，白天可达 10 km，夜间较低）］对流、急流加速和沙尘对流的复杂特征及其季节变化。

我们通过 PCM 运行进行了“冷”“暖”和“气候态”情景中有/无重力波（图 7－18 和图 7－19）的六个实验（EXP1－EXP6），如表 7－1 模型配置表所示。利用模式结果中的温度、沙尘质量混合比(mr)和纬向风分析了火星上10个火星年(MY)内对流层沙尘(约40 km)、UTLM (20~50 km)中的纬向风和中层迁移日潮(DW1)(50~100 km)。

表7-1　模型配置表

参数配置模式	实验1	实验2	实验3	实验4	实验5	实验6
背景场	冷	冷	气候态	气候态	暖	暖
重力波	有	无	有	无	有	无

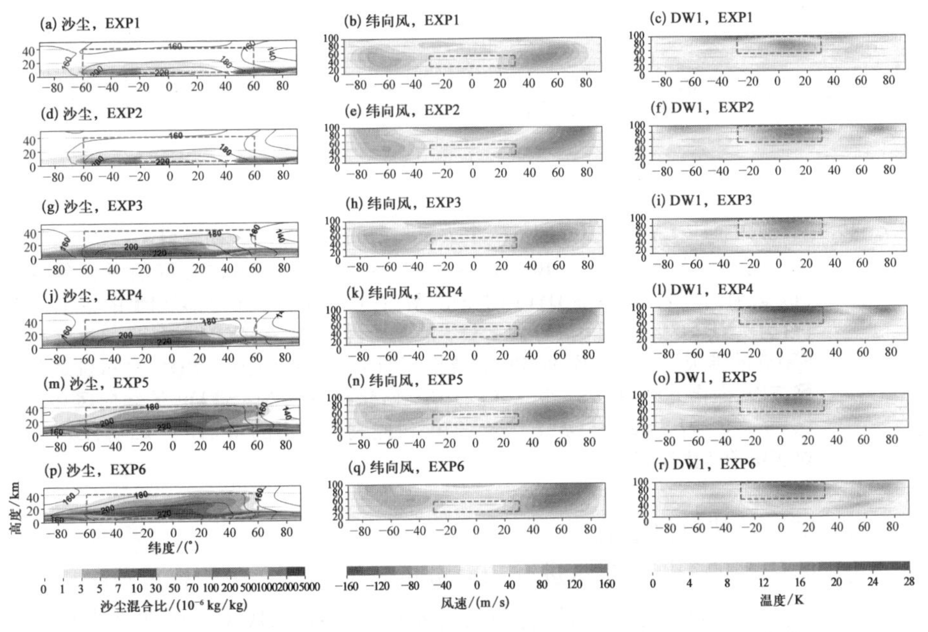

图7-18　Mars PCM-LMDZ模拟的第一个火星年期间的南半球春初期(Ls=180°~210°)的平均沙尘质量混合比(10^{-6} kg/kg,左,阴影)、温度(K,左,等值线)、纬向风(m/s,中间)和日迁移潮DW1的振幅(K,右),其中(a)~(c)为EXP1的结果,(d)~(f)为EXP2的结果,(g)~(i)为EXP3的结果,(j)~(l)为EXP4的结果,(m)~(o)为EXP5的结果,(p)~(r)为EXP6的结果。图中虚线框包围了PDC分析选取的数据范围,即南北纬60°、5~40 km的沙尘、南北纬30°、20~50 km的纬向风和南北纬30°、50~97.5 km的DW1。Ls=180°对应火星年中的第372太阳日,Ls=210°对应第422太阳日

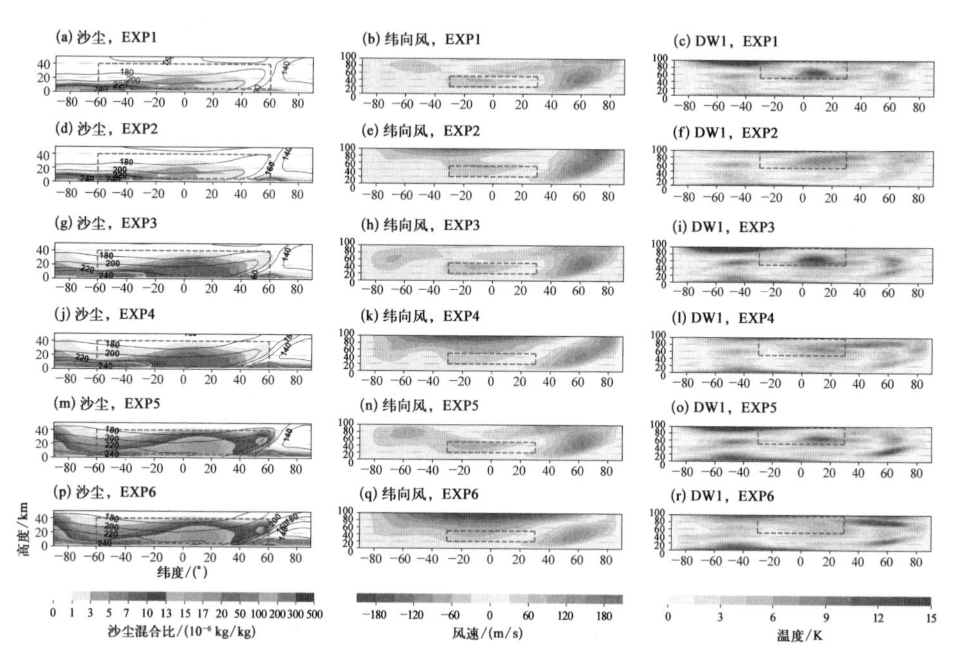

图 7-19 Mars PCM-LMDZ 模拟的第一个火星年期间的南半球春初期(Ls=270°~300°)的平均沙尘质量混合比(10^{-6} kg/kg,左,阴影)、温度(K,左,等值线)、纬向风(m/s,中间)和日迁移潮 DW1 的振幅(K,右),其中(a)(c)为 EXP1 的结果,(d)(f)为 EXP2 的结果,(g)(i)为 EXP3 的结果,(j)(l)为 EXP4 的结果,(m)(o)为 EXP5 的结果,(p)(r)为 EXP6 的结果。图中虚线框包围了 PDC 分析选取的数据范围,即南北纬 60°、5~40 km 的沙尘、南北纬 30°、20~50 km 的纬向风和南北纬 30°、50~97.5 km 的 DW1。Ls=270°对应火星年中的第 515 太阳日,Ls=300°对应第 562 太阳日

7.3.2.3 数值模拟结果

为了验证模型输出,在继续进行 PDC 分析之前,我们首先检查了潮汐和沙尘的大致分布。对于潮波,模拟结果与前人研究基本一致。DW1 的形态结构和振幅分布与 Forbes 等[85]中的图 2c、Lee 等[130]中的图 5 和 Scott 等[131]中的图 4 相似。

图 7-18 显示,在南方春季,赤道 DW1 振幅极大值位于 70 km 附近,振幅较小的非赤道极大值出现在同一高度的高纬度地区。火星气候探测仪(MCS)观测资料(Wu 等[132]中的图 4a)中 DW1 振幅极大值高度的季节变化是由南侧春季[图 7-19(i)]的 DW1 极大值比南侧夏季[图 7-18(i)]的 DW1 极大值偏低所再现的。

同时,模式模拟的沙尘分布与观测吻合较好。在 Ls = 180 ~ 210°和 270 ~ 300°时,南半球沙尘比北半球[图 7 - 18(g)和图 7 - 19(g)]发展并到达更高的高度,而后者由于太阳辐射更强而发展得更旺盛。我们的结果还表明,在“暖”沙尘背景[图 7 - 18(m)与(p)]下,无论是否有重力波存在,40 km 高度上的平均沙尘质量混合比都能达到 5×10^{-6} kg/kg,并在热带附近对环流和潮汐施加显著的热力强迫[133, 134]。

7.3.3　火星大气层结间相互作用原理

7.3.3.1　方法

采用 Mars PCM - LMDZ 开展 6 个 10 年的火星大气模拟实验。基于被广泛使用的火星气候数据库(MCD) V6.1 下的 3 个初始场(冷、热及气候态条件),通过控制重力波模块模拟重力的存在与否(有/无重力波),从而实现对大气层结间波动信号耦合的模拟。基于偏定向相干性(partial directed coherence, PDC)对模拟结果进行分析,探讨层结耦合在频域的表现形式,并将其与固有大气现象进行对比。通过 6 次数值模拟试验得到的温度计算潮汐,而纬向风速、沙尘混合比和潮汐用于偏定向相干分析。

在此,我们使用世界时而不是当地时间来计算潮汐,因为在使用当地时间时无法避免混叠现象(aliasing)。Banfield 等[135]使用了当地时间,因为所使用的太阳同步轨道探测器只能在两个当地时间附近进行观测。而 Fan 等[136, 137]所使用的观测结果则是全地方时覆盖的,因此他们使用了世界时来计算潮汐。由于 Mars PCM - LMDZ 模型结果也具有全地方时覆盖,因此使用世界时更为合适。综上,大气潮汐根据以下公式计算[85, 130–132, 138]:

$$T(\lambda, \phi, h, t_{\mathrm{UT}}) = \sum_{s} \sum_{\sigma} T_{\sigma,s}(\phi, h)\cos[s\lambda + \sigma\Omega t_{\mathrm{UT}} - \varphi_{\sigma,s}(\phi, h)] \tag{7-3}$$

其中,λ、ϕ、h、t_{UT} 分别是温度数据(T)的四个维度,即经度、纬度、高度和世界时(火星 0°经线当地时间);s 为纬向波数;σ 为频率(单位为 sol^{-1});$T_{\sigma,s}$ 和 $\varphi_{\sigma,s}$ 分别为波(σ, s)对应的振幅和相位,波数 m 通过 $m = |\sigma - s|$ 计算得到。

波形的名称缩写如下:“D”和“S”分别为日波和半日波,“E”和“W”分别为向东和向西传播的波,数字表示纬向波数。本书使用的 DW1 为向西传播的迁移日潮。对每个波动模态采用快速傅里叶变换(FFT)方法,从火星温度中提取气候态波。此处六个实验的模型结果拥有均匀的时空覆盖,因此适合 FFT 方法[139]。使用的潮汐通过模型的温度结果计算得到。东向和西向的潮汐被分开考虑,因为它们由于纬向风而表现出相反的趋势。

计算得到的潮汐和沙尘、纬向风一起作为输入,被偏定向相干技术分析后显示出它们之间垂直相互作用的时间和强度。偏定向相干(partial directed coherence, PDC)是一种由偏相干[140]因子分解得到的多元时间序列技术。研究表明 PDC 捕获了某些类型的非线性相互作用[141, 142]。在神经科学[143, 144]和气象学[145]的高度非线性时间序列数据中得到了成功的应用。在这里,我们利用广义偏定向相干性(generalized partial directed coherence, gPDC)寻找对流层低层(<40 km 左右)的沙尘含量与火星热带 UTLM (20~50 km)的纬向风以及中间层(50~100 km)的潮汐之间的相关性。具体研究范围在图 7-18 和图 7-19 中已经给出。

与两个或多个不同过程的可预测性有关的因果关系的定义目前被称为格兰杰因果关系[141]。格兰杰因果关系可以确定相互作用的方向和频谱。例如,基于格兰杰因果关系[145]研究了地球上平流层和热带对流层之间的相互作用。PDC 是由偏相干[140]的因式分解得到的一种多元时间序列技术,它在频域[141]中密切体现了格兰杰因果关系的思想。在分析不同频谱特征变量之间的相互作用时应选择 gPDC 来寻找不同垂直大气层次之间的相关性,如沙尘和风[146]。PDC 的多变量分析评估了中间层和对流层之间相互作用的每个可能方向,揭示了从大气接收或传输的影响,因此,甚至可以发现反馈影响。值得注意的是,PDC 与格兰杰因果关系具有双重性,$\pi_{ij}(\lambda)$ 的零对应于不存在联系,这与格兰杰因果关系条件类似。

以下定义是针对二元时间序列的,但很容易推广到多元(本书的三个变量)时间序列。在此,我们考虑一个向量值信号采用 p 阶向量自回归模型,简称 VAR $[p]$,由以下方程定义:

$$\begin{bmatrix} X_1(t) \\ X_2(t) \end{bmatrix} = \sum_{k=1}^{p} \begin{bmatrix} a_{11}(k) & a_{12}(k) \\ a_{21}(k) & a_{22}(k) \end{bmatrix} \begin{bmatrix} X_1(t-k) \\ X_2(t-k) \end{bmatrix} + \begin{bmatrix} \varepsilon_1(t) \\ \varepsilon_2(t) \end{bmatrix},$$

$$A(k) = \begin{bmatrix} a_{11}(k) & a_{12}(k) \\ a_{21}(k) & a_{22}(k) \end{bmatrix} \tag{7-4}$$

其中,$a_{ij}(k)$ 为 VAR (p)系数,表示 $X_j(t)$ 对 $X_i(t)$ 的 k 阶滞后影响,t 表示时间

变量。随机成分 $\varepsilon_i(t)$ 是零均值,而协方差矩阵为 $\boldsymbol{C}=[\sigma_{ij}]$ 的新息过程具有代表性:

$$\operatorname{cov}(\varepsilon_i(t),\ \varepsilon_j(s))=0,\ t\neq s,\ i,\ j=1,\ 2 \tag{7-5}$$

若 $a_{ij}(k)\neq 0$ 且统计显著,则 $X_j(t)$ 对 $X_i(t)$ 存在格兰杰因果关系。这种因果关系意味着 $X_j(t)$ 确实有助于预测 $X_i(t)$,反之亦然。使用 VAR (p)模型来制定和验证原假设。

$$\begin{aligned} &\mathrm{H}_0:\ a_{ij}(k)=0,\quad k=1,\ \cdots,\ p \\ &\mathrm{H}_1:\ k\in\{1,\ \cdots,\ p\},\quad a_{ij}(k)\neq 0 \end{aligned} \tag{7-6}$$

如果 $X_j(t)$ 的过去有助于预测 $X_i(t)$ 的未来,那么我们可以说 $X_j(t)$ 是 $X_i(t)$ 的格兰杰原因。再次,我们考虑一个式(7-4)中定义的具有 p 阶向量自回归过程 VAR (p)的二元时间序列 $\boldsymbol{X}(t)=[X_1(t),\ X_2(t)]^{\mathrm{T}}$,系数 $a_{ij}(k)$ 描述了 $X_j(t)$ 对 $X_i(t)$ 的滞后效应。式(7-4)中 $A(k)$ 的频域表示可以记为 $\bar{A}(\lambda)$,即

$$\bar{A}_{ij}(\lambda)=\delta_{ij}-\sum_{k=1}^{p}a_{ij}(k)\mathrm{e}^{-j_{ip}2\pi\lambda k} \tag{7-7}$$

其中,δ_{ij} 为克罗内克符号;$j_{ip}=\sqrt{-1}$;p 为模型阶数;λ 为傅里叶频率(Hz)。然后,将特定频率 λ 上 $X_j(t)$ 对 $X_i(t)$ 的 gPDC 信息流记为 $\pi_{ij}(\lambda)$,即

$$\pi_{ij}(\lambda)=\frac{1}{s}\frac{\bar{A}_{ij}(\lambda)}{\sqrt{\bar{\boldsymbol{a}}_j^{\mathrm{H}}(\lambda)\boldsymbol{S}\,\bar{\boldsymbol{a}}_j(\lambda)}} \tag{7-8}$$

其中,s 为 $\sigma_{ij}^{-1/2}$;$\bar{A}(\lambda)$ 的列记为 $\bar{\boldsymbol{a}}_j(\lambda)$;$\bar{\boldsymbol{a}}_j^{\mathrm{H}}(\lambda)$ 为厄密转置;$\boldsymbol{S}$ 为$(I_K\odot C)^{-1}$ for PDC,I_K 为 $K\times K$ 单位矩阵(K 是可变的信号数,这里 $K=2$),C 为随机分量的协方差矩阵。根据 $|\pi_{ij}(\lambda)|^2$ 的渐近正态分布计算 95%置信区间:

$$\sqrt{n_s}(|\hat{\lambda}_{ij}(\lambda)|^2-|\pi_{ij}(\lambda)|^2)\rightarrow N(0,\ \gamma^2(\lambda)) \tag{7-9}$$

式中,n_s 为可用观测数,频率相关的 γ^2 由下式为

$$\gamma^2=\boldsymbol{g}_a\boldsymbol{\Omega}_a\boldsymbol{g}_a^{\mathrm{T}} \tag{7-10}$$

当协方差矩阵 $\boldsymbol{C}$ 作为已被之前的 $[\sigma_{ij}]$ 作为先验已知给出时,可知其中

$$\boldsymbol{\Omega}_a = \begin{bmatrix} \boldsymbol{Co}(\lambda) \\ -\boldsymbol{Si}(\lambda) \end{bmatrix} \begin{bmatrix} \boldsymbol{\Omega}_\alpha & \boldsymbol{\Omega}_\alpha \\ \boldsymbol{\Omega}_\alpha & \boldsymbol{\Omega}_\alpha \end{bmatrix} \begin{bmatrix} \boldsymbol{Co}(\lambda) \\ -\boldsymbol{Si}(\lambda) \end{bmatrix}^{\mathrm{T}} \tag{7-11}$$

且

$$\begin{aligned} &\boldsymbol{Co}(\lambda) = [\boldsymbol{Co}_1(\lambda) \quad \cdots \quad \boldsymbol{Co}_p(\lambda)] \\ &\boldsymbol{Si}(\lambda) = [\boldsymbol{Si}_1(\lambda) \quad \cdots \quad \boldsymbol{Si}_p(\lambda)] \\ &\boldsymbol{\Omega}_\alpha = \boldsymbol{\Gamma}_x^{-1} \otimes C \end{aligned} \tag{7-12}$$

对于

$$\begin{aligned} &\boldsymbol{Co}_r(\lambda) = \mathrm{diag}([\cos(2\pi r\lambda)\cdots\cos(2\pi r\lambda)]) \\ &\boldsymbol{Si}_r(\lambda) = \mathrm{diag}([\sin(2\pi r\lambda)\cdots\sin(2\pi r\lambda)]) \\ &\boldsymbol{\Gamma}_x = E[\bar{X}\bar{X}^{\mathrm{T}}] \end{aligned} \tag{7-13}$$

式中, $\boldsymbol{Co}_r$ 和 $\boldsymbol{Si}_r$ 为 $K^2 \times K^2$ 维矩阵。

公式中的 $\boldsymbol{g}_a$ 为

$$\boldsymbol{g}_a = 2\frac{\boldsymbol{a}^{\mathrm{T}}\boldsymbol{I}_{ij}^c S_n \boldsymbol{I}_{ij}^c}{\boldsymbol{a}^{\mathrm{T}}\boldsymbol{I}_j^c S_d \boldsymbol{I}_j^c \boldsymbol{a}} - 2\frac{\boldsymbol{a}^{\mathrm{T}}\boldsymbol{I}_{ij}^c S_n \boldsymbol{I}_{ij}^c \boldsymbol{a}}{(\boldsymbol{a}^{\mathrm{T}}\boldsymbol{I}_j^c S_d \boldsymbol{I}_j^c \boldsymbol{a})^2}\boldsymbol{a}^{\mathrm{T}}\boldsymbol{I}_j^c S_d \boldsymbol{I}_j^c \tag{7-14}$$

其中,

$$\begin{aligned} &\boldsymbol{a}(\lambda) = \begin{bmatrix} \mathrm{vec}(\boldsymbol{I}_{pK^2}) \\ 0 \end{bmatrix} - \begin{bmatrix} \boldsymbol{Co}(\lambda) \\ -\boldsymbol{Si}(\lambda) \end{bmatrix} \mathrm{vec}[\boldsymbol{A}(1)\boldsymbol{A}(2)\cdots\boldsymbol{A}(p)] \\ &\boldsymbol{I}_{ij}^c = \begin{bmatrix} \boldsymbol{I}_{ij} & 0 \\ 0 & \boldsymbol{I}_{ij} \end{bmatrix}, \quad \boldsymbol{I}_j^c = \begin{bmatrix} \boldsymbol{I}_j & 0 \\ 0 & \boldsymbol{I}_j \end{bmatrix} \\ &Sn = Sd = \boldsymbol{I}_{2K} \otimes \boldsymbol{I}_K \text{ for PDC}, \ \boldsymbol{I}_{2K} \otimes (\boldsymbol{I}_K \odot C)^{-1} \text{ for gPDC} \end{aligned} \tag{7-15}$$

此处 $\boldsymbol{I}_N$ 为 $N \times N$ 的单位矩阵, $\boldsymbol{I}_{ij}$ 除位于 $(l, m) = ((j-1)K + i, (j-1)K + i)$ 的系数等于 1 外,其余系数均为 0, $\boldsymbol{I}_j$ 则仅位于 $(l,m) = (j-1)K + 1 \leqslant l = m \leqslant jK$ 的系数非零。vec 表示 vec 矩阵-列叠加算子, $\boldsymbol{A}(p)$ 定义为

$$\boldsymbol{A}(p) = \begin{bmatrix} a_{11}(p) & a_{12}(p) \\ a_{21}(p) & a_{22}(p) \end{bmatrix} \tag{7-16}$$

显著性水平通过以下分布收敛计算:

$$n_s \bar{\boldsymbol{a}}_j^{\mathrm{H}}(\lambda)\boldsymbol{S}\bar{\boldsymbol{a}}_i(\lambda)(|\hat{\pi}_{ij}(\lambda)|^2 - |\pi_{ij}(\lambda)|^2) \xrightarrow{\mathrm{d}} l_1 Y_1 + l_2 Y_2 \quad (7-17)$$

其中，l_1 和 l_2 是可以从数据中估计的权重；Y_1 和 Y_2 是两个独立的 χ_1^2 分布的随机变量，本式是在 H_0 的 null 假设下给出的。

在此考虑潮汐[$X_1(t)$]、沙尘[$X_2(t)$]和纬向风[$X_3(t)$] 3 个变量($K=3$)。因此，式中的信号。将式(7-4)改写为 $\boldsymbol{X}(t)=[X_1(t), X_2(t), X_3(t)]^{\mathrm{T}}$ 的三变量形式，$a_{ij}(k)$ 和 $\varepsilon_i(t)$ 应跟随变化。所有数据按质量垂直加权，经向加权因子为 $\cos\phi$，其中 ϕ 为进行 PDC 分析前的纬度。利用四阶 VAR [3]过程的 gPDC[146, 147]了解火星大气过程(纬向风、潮汐和沙尘变化)之间的相互联系。此处，我们使用了 AsympPDC 包 3.0 版本的 MATLAB 工具箱生成的 gPDC 的计算。PDC 作为线性测度存在问题，在某些情况下表现不佳[142]。

然而，研究表明 PDC 捕获了某些类型的非线性相互作用，尽管它没有捕获时间尺度之间更间歇和/或非高斯行为的各种非线性耦合特征。PDC 的作用与互信息率(MIR)的概念相同，在高斯过程的情况下，它将解释两个或多个信号之间的所有信息流。反之，在一般非高斯情况下，PDC 估计的 MIR 与实际 MIR 的差异存在一个界限。在这个界限下，差异是可以接受的，PDC 结果在一定程度上可以反映真实的相互作用[148]。虽然 PDC 是一种随机线性方法，但已成功应用于神经科学等高度非线性时间序列数据，并被证明可以正确重构非线性振子网络的拓扑结构[144]。因此，它足以捕捉火星上垂直相互作用等非线性问题引起的信号之间的相互作用。

对流层沙尘[图 7-18(j)和图 7-19(j)]、纬向风[图 7-18(k)和图 7-19(k)]、中高层潮汐[图 7-18(l)和图 7-19(l)]的分析范围在纬度-高度平面上的投影用虚线框表示。模式输出的结果变量(沙尘、风和潮汐)在每个时间步长被平均到图 7-18 和图 7-19 中框选范围内的一个值，以构建用于 PDC 分析的时间序列数据。选取方框范围说明在低纬度地区沙尘信号如何通过纬向风作为中间介质传递到上层的 DW1 上。在垂直方向上，大部分沙尘活动发生在 40 km[117, 149, 150]以下，而南半球春夏季公认的强 DW1 中心则在中间层[85, 132, 151]中上处(约 80 km)。因此，我们选择 5~40 km(0~5 km 被排除以避免地表影响)和 50~97.5 km 分别作为沙尘和 DW1 的分析范围。纬向的分析范围则选取对流层高层和中间层低层(20~50 km)。纬度方向上，我们重点关注低纬度垂直相互作用；因此，选择 -30°~30°纬度作为 DW1 和纬向风的分析范围。特别地，火星上中纬度沙尘的季节变化不可忽略[150, 152, 153]。因此，沙尘的分析范围被设置为-60°~60°纬度。

PDC 方法直观地定量展示了沙尘、纬向风、潮汐和重力波之间相互作用的频率和强度。从单元 a 到单元 b 的 PDC 值代表了 a 对 b 的影响，而功率谱密度(power spectral density，PSD)代表了能量密度，两者都在频域内。PDC 值和 PSD 需要一起被考虑，而不是分开考虑，因为单独看其中一个对分析相互作用没有多大意义。一般来说，如果 a 到 b 的 PDC 值和 a 的 PSD 在同一频率下都很高，我们认为 a 对 b 有显著影响。然而，如果它们在不同频率下都很高，那么影响就相对不显著。例如，在气候态(EXP3)，纬向风 PSD 集中在半年周期尺度[图 7-20(q)]，而纬向风到 DW1 的 PDC 值在同频率为 0.5 [图 7-20(e)]，因此我们认为在 EXP2 中纬向风对 DW1 有显著的半年影响。

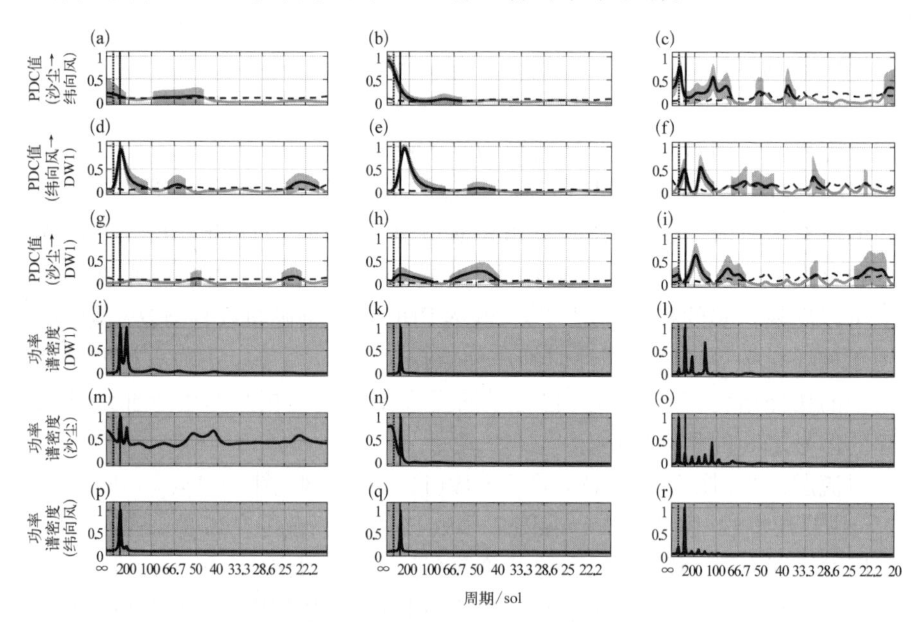

图 7-20　有重力波条件下的 EXP1、EXP3、EXP5 中 PDC 值和功率谱密度 PSD 的频域分布图

注："冷"(a，低沙尘)、"气候态"(b)和"暖"(c，高沙尘)背景下由沙尘(dust)到纬向风(u)方向的 PDC 值；"冷"(d)、"气候"(e)、"暖"(f)背景下由纬向风到 DW1 方向的 PDC 值；在"冷"(g)、"气候"(h)和"暖"(i)背景下，由沙尘到 DW1 方向的 PDC 值。"冷"(j，低沙尘)、"气候态"(k)和"暖"(l，高沙尘)背景下的 DW1 功率谱密度；"冷"(m，低沙尘)、"气候态"(n)和"暖"(o，高沙尘)背景下的沙尘功率谱密度；"冷"(p，低沙尘)、"气候态"(q)和"暖"(r，高沙尘)背景下的纬向风功率谱密度。垂直实线和虚线分别表示半年和年周期。在顶部 3 行中，x 轴表示频率对应的周期，y 轴为 PDC 的值。灰色线条代表具有统计学意义(格兰杰意义)的 PDC 值。灰色阴影区域为 99%置信区间。弯曲虚线显示了置信下限。曲线表示 PSD。在底部 3 行中，y 轴为 PSD。"冷"(低沙尘)、"气候态"和"暖"(高沙尘)背景分别为表 7-1 模型配置表中的 EXP1、EXP3 和 EXP5。面板中的子图出自图 7-21、图 7-22 和图 7-23。

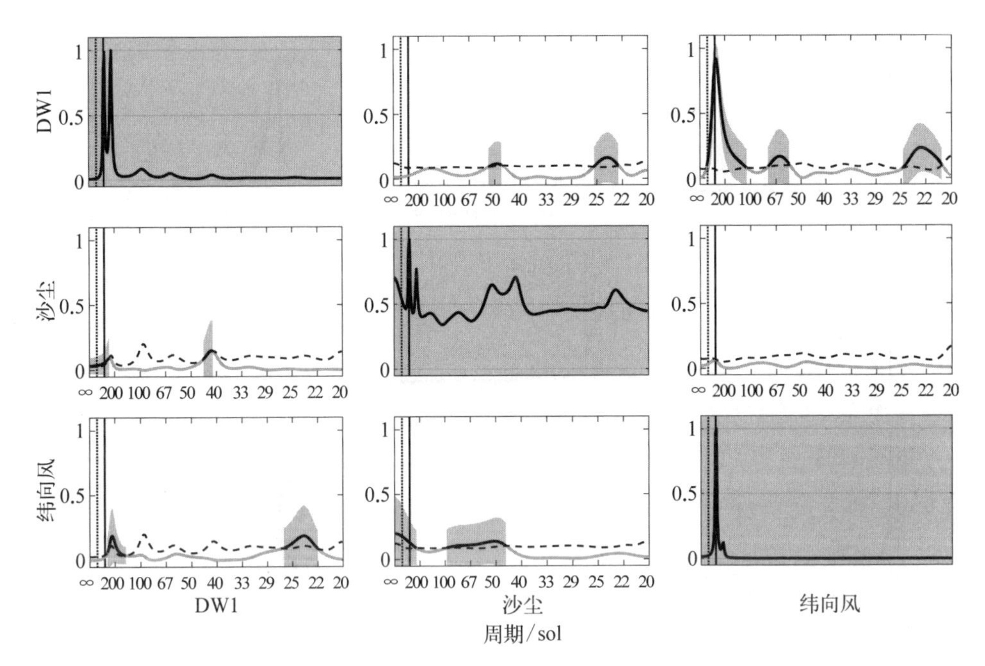

图 7－21 PDC 分析下，10 个火星年时间尺度下表 7－1 模型配置表所示 Mars PCM－LMDZ 的 EXP1 试验（具有重力波的"冷"背景）计算的 DW1 振幅、沙尘质量混合比和纬向风之间的相互作用示意图

注：中心对角线上的子图表示各时间序列的 PSD，其他子图表示各时间序列（PDC 方向是从列中指示的时间序列到行中指示的时间序列）之间的 PDC 值。对于每个子图，x 轴表示频率对应的周期，y 轴表示 PDC 的值。灰色线条代表具有统计学意义（格兰杰意义上）的 PDC 值。灰色阴影区域为 99%置信区间。弯曲虚线显示了置信下限。垂直的灰色和黑色虚线分别表示半年和年周期。

相比之下，纬向风对沙尘的 PDC 值在该频率（图 7－22）几乎为 0，因此纬向风对沙尘的影响不显著。

上述 PDC 的结果更偏重于从数学角度展现垂直相互作用过程，为兼顾物理层面的定性分析，我们采用变换欧拉平均（TEM）公式[3, 154]讨论赤道纬向风变化的来源，公式表示如下：

$$\partial\bar{u}/\partial t = (\rho_0 a)^{-1}\ \nabla\cdot \boldsymbol{F} - \bar{v}^*\bar{u}_\phi a^{-1} - \bar{w}^*\bar{u}_z \tag{7-18}$$

其中，平均（ * ）经向环流 $(0,\ \bar{v}^*,\ \bar{w}^*)$ 的残差被定义为

$$\begin{aligned}\bar{v}^* &= \bar{v} - \rho_0^{-1}(\rho_0\,\overline{v'\theta'}/\bar{\theta}_z)_z \\ \bar{w}^* &= \bar{w} + a^{-1}(\overline{v'\theta'}/\bar{\theta}_z)_\phi\end{aligned} \tag{7-19}$$

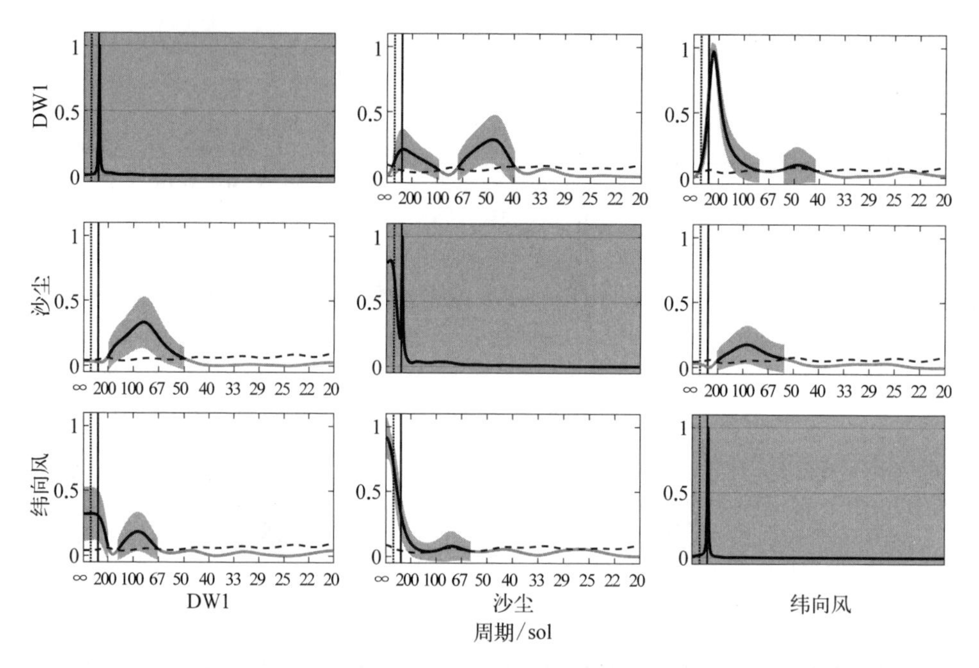

图 7-22 与图 7-21 相似，但对应于表 7-1 模型配置表所示 Mars PCM-LMDZ 的 EXP3 实验（含重力波的“气候态”情景）的计算结果

在球形情况下，上横线表示纬向平均，即

$$\bar{u}(\phi, z, t) = \frac{1}{2\pi}\int_0^{2\pi} u(\lambda_{lon}, \phi, z, t)\,d\lambda_{lon} \tag{7-20}$$

其中，λ_{lon} 为经度；ϕ 为纬度；z 为高度（AREOID 坐标）；t 为时间。点号表示与纬向平均值的偏差：

$$u'(\lambda_{lon}, \phi, z, t) = u - \bar{u} \tag{7-21}$$

式中，a 为火星半径；p 压力下的基本密度为 $\rho_0 = p/RT_s$；参考温度为 $T_s = Hg/R \approx 193.83$ K，g 为火星表面附近的重力加速度，使用的标高 H 为 Mars PCM-LMDZ[37] 中定义的 10 km，R 为火星上干空气的气体常数[约 191.92 J/(K · kg)，由 ROGERS 根据平均分子量 43.3 g/mol 计算[155]]。此处，TEM 方程右边第一项表示所有分解波引起的 Eliassen-Palm（EP）通量 $\boldsymbol{F}$ 散度的加速率。EP 通量 $\boldsymbol{F} = (0, F^{\phi}, F^{z})$ 为

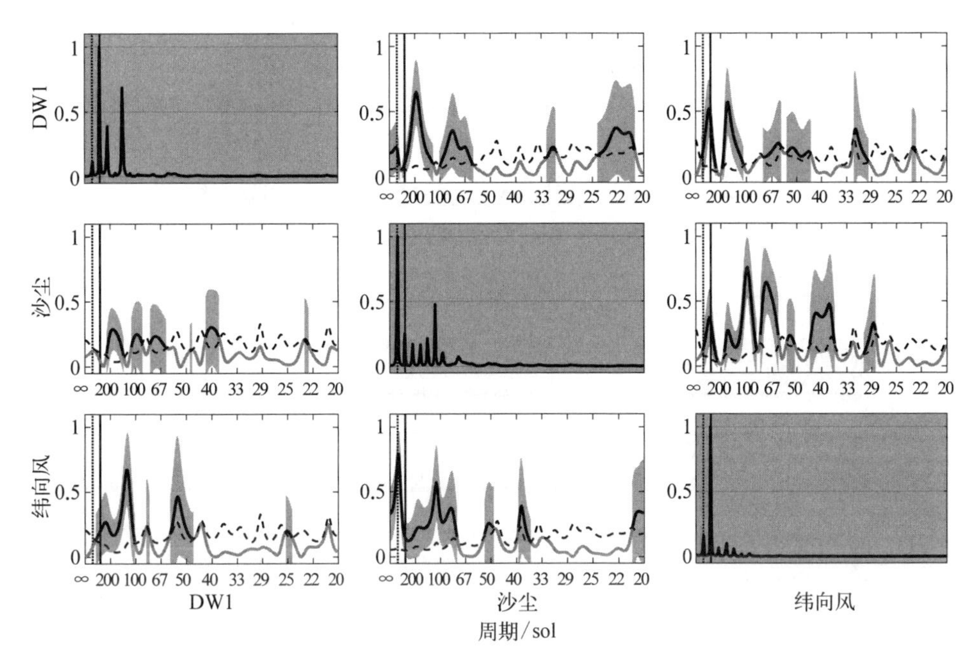

图 7-23　与图 7-21 相似,但对应于表 7-1 模型配置表所示 Mars PCM-LMDZ 的 EXP5 实验(含重力波的"暖"情景)的计算结果

$$
\begin{aligned}
F^{\phi} &= \rho_0 a\cos\phi(\overline{u_z}\,\overline{v'\theta'}/\bar{\theta}_z - \overline{v'u'}) \\
F^{z} &= \rho_0 a\cos\phi([f - (a\cos\phi)^{-1}(\bar{u}\cos\phi)_{\phi}]\,\overline{v'\theta'}/\theta_z - \overline{w'u'})
\end{aligned}
\tag{7-22}
$$

其中,θ 是潜在温度;f 是科里奥利参数;ϕ 是纬度,由于赤道上 $\phi=0$, $f=0$, 所以 EP 通量 $\boldsymbol{F}$ 在球面、对数压力坐标中的非纬向涡旋的散度

$$
\nabla\cdot\boldsymbol{F} = (a\cos\phi)^{-1}\frac{\partial}{\partial\phi}(F^{(\phi)}\cos\phi) + \frac{\partial F^{(z)}}{\partial z}
$$

又可写为

$$
\nabla\cdot\boldsymbol{F} = \rho_0\partial(\overline{u_z}\,\overline{v'\theta'}\bar{\theta}_z^{-1} - \overline{v'u'})/\partial\phi + \rho_0\partial(\overline{u_{\phi}}\,\overline{v'\theta'}\bar{\theta}_z^{-1} - a\,\overline{w'u'})/\partial z
\tag{7-23}
$$

7.3.3.2　结果

通过 PDC 方法展示了沙尘、纬向风、潮汐和重力波之间的耦合。PDC 结果

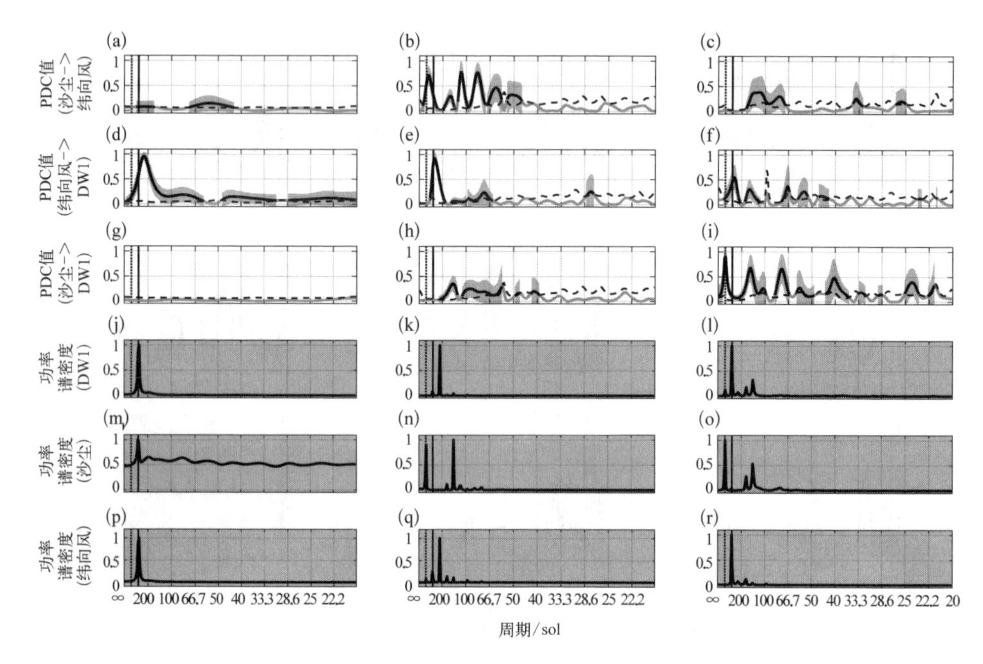

图 7-24 与图 7-20 类似,但无重力波(包括地形重力波和非地形重力波)。这里的"冷"(低沙尘)、"气候态"和"暖"(高沙尘)尘背景分别指表 7-1 模型配置表中的 EXP2、EXP4 和 EXP6。面板中的子图选自图 7-25、图 7-26 和图 7-27

表明,无论重力波和沙尘条件如何,纬向风对 DW1 都有显著的半年影响。

在半年尺度上,我们还可以发现,在冷背景下,虽然纬向风与沙尘没有显著的相互作用,但其对 DW1 的影响依然显著。这在很大程度上可以解释为 SAO 的影响[91, 104, 156]。纬向风的 SAO 在半年频率上主导其对 DW1 的影响,而这一半年尺度的影响相对独立于背景沙尘含量。而在季节至次季节尺度上,沙尘则显著影响着纬向风。这种影响随着背景沙尘的增加而增强,并可进一步传递到 DW1。因此,季节至次季节的纬向风对 DW1 的影响也因沙尘的增加而增强,尤其在暖背景[图 7-24(f)与图 7-20(f)]下。在暖背景 EXP6 和气候态背景 EXP4 中,我们均发现季节到次季节尺度沙尘对纬向风和 DW1 存在显著影响,而纬向风对 DW1 的影响较弱。因此,可以判断存在从沙尘到纬向风再到 DW1 的影响链,而纬向风在季节到次季节尺度上对 DW1 的影响显著但显得较弱,这是由于其在频域上与 SAO 的纬向风对 DW1 的半年影响共同被标准化处理,所以相比之下较小导致的。

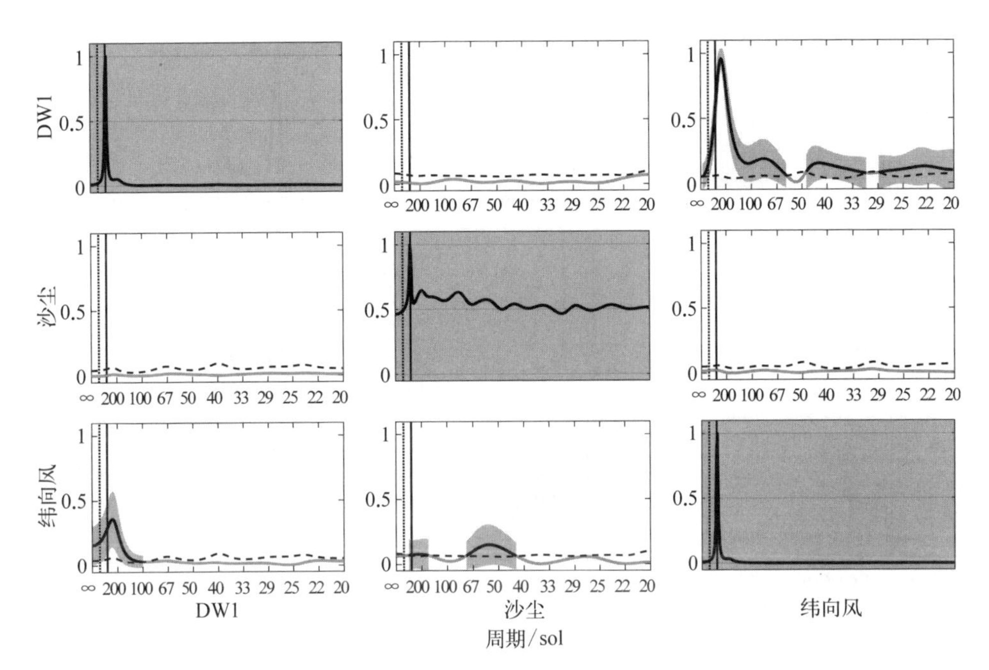

图 7-25　PDC 分析下,10 个火星年时间尺度下表 7-1 模型配置表所示 Mars PCM-LMDZ 的 EXP2 试验(无重力波的"冷"背景)计算的 DW1 振幅、沙尘质量混合比和纬向风之间的相互作用示意图。中心对角线上的子图表示各时间序列的 PSD,其他子图表示各时间序列(PDC 方向是从列中指示的时间序列到行中指示的时间序列)之间的 PDC 值。对于每个子图,*x* 轴表示频率对应的周期,*y* 轴表示 PDC 的值。灰色线条代表具有统计学意义(格兰杰意义上)的 PDC 值。灰色阴影区域为 99%置信区间。弯曲虚线显示了置信下限。垂直的灰色和黑色虚线分别表示半年和年周期

综上,我们发现了沙尘信号在季节到次季节尺度上通过其对纬向风的热力强迫调制作用对中间层 DW1 产生的影响,以及这种影响与纬向风 SAO 的相对大小。我们发现,沙尘活动的自然频率在季节到次季节尺度之间。此处,季节到次季节尺度的周期来源于沙尘分布季节变化导致的热力强迫周期性变化,而通过热力强迫的这一变化,沙尘将这种高频能量施加在平均风场上,从而影响大气环流。如图 7-20 和图 7-24 所示,就季节到次季节影响而言,① 沙尘对纬向风、② 纬向风对 DW1、③ 沙尘对 DW1 的影响在沙尘含量高时比沙尘含量较低更为显著,即就影响强度而言 EXP6 > EXP4 > EXP2 (无重力波),同时 EXP5 > EXP3 > EXP1 (有重力波)。高沙尘活动暖背景下,沙尘、纬向风和

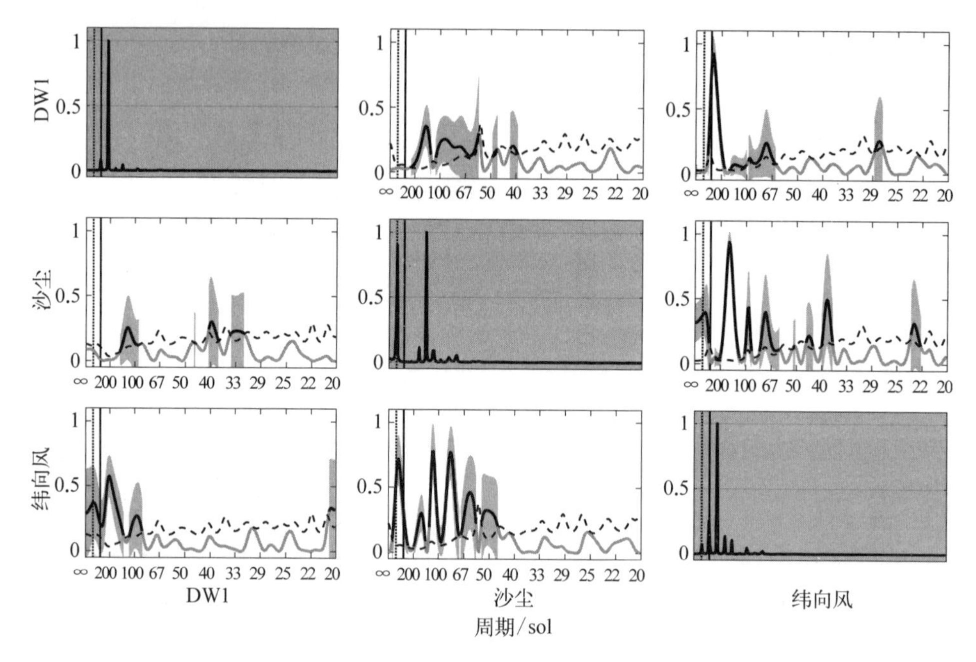

图 7-26　与图 7-25 相似，但对应于表 7-1 模型配置表所示 Mars PCM-LMDZ 的 EXP4 实验（含重力波的“气候态”情景）的计算结果

热力潮汐功率谱密度及 PDC 值在季节到次季节尺度的高度一致性证明了上述影响链，即在季节和次季节尺度上存在从沙尘到纬向风和到 DW1 的影响链。随着敏感性实验中重力波的去除，气候态和暖背景下季节至次季节沙尘对 DW1 的影响显著增强，而纬向风相关的功率谱密度和 PDC 值在半年尺度则保持稳定，这表明纬向风场的 SAO 在一定程度上独立于全球增温。

7.3.4　结论与讨论

以往的研究提到纬向风速受沙尘热力强迫[3, 150, 157]变化的调制，但调制的频率以及沙尘变率如何影响调制强度尚未得到充分研究。我们基于 PDC 的频域分析结果发现，随着背景沙尘含量改变，沙尘对 DW1 和纬向风的影响在季节到次季节上不断增强，以至于在暖背景下，此影响甚至几乎与纬向风的 SAO 同等显著。凭借定量的频域分析在比较两个影响强弱方面的优势，我们区分了纬向风的 SAO 和沙尘对纬向风的影响：纬向风的 SAO 在半年尺度上主导纬向风的功率谱密度和纬向风至 DW1 的 PDC 值，这在很大程度上是由于地形二分性[3, 104]

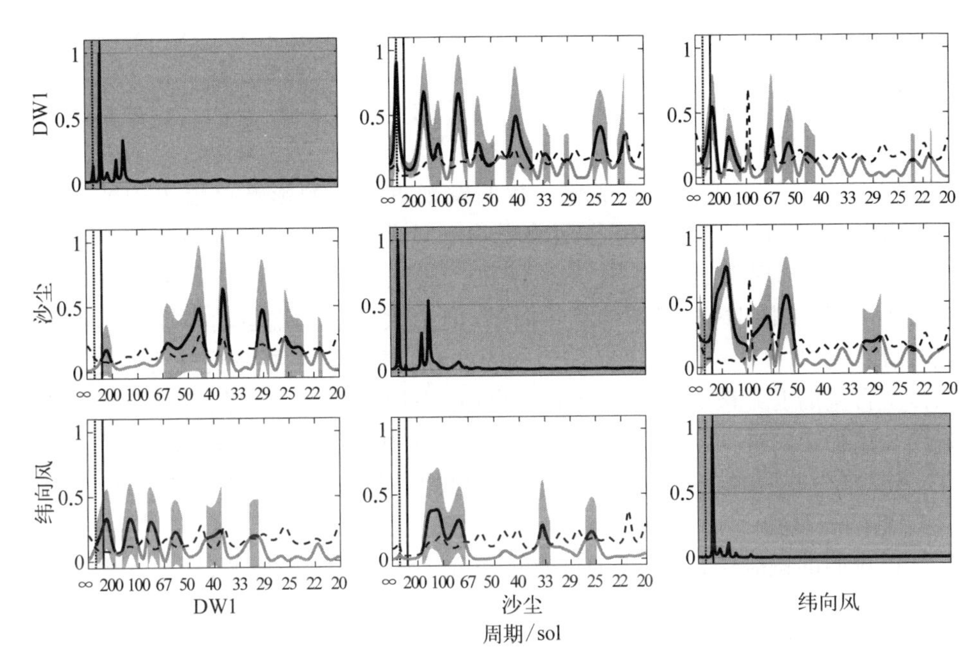

图 7-27 与图 7-25 相似,但对应于表 7-1 模型配置表所示 Mars PCM-LMDZ 的 EXP6 实验(含重力波的“气候态”情景)的计算结果

(topography dichotomy)导致火星气候的强“利手性”(handedness)造成的;而沙尘则在季节到次季节尺度上通过热力强迫对纬向风进行调制。

我们发现,纬向风通过潮汐穿过自身后发生的多普勒频移潮将季节到次季节的沙尘暴信号从低层大气(约小于 40 km)传输到中间层(50~100 km)的潮汐。随着沙尘含量的增加,这种通过纬向风的相互作用在垂直相互作用中逐渐占据主导地位,三者的 PDC 值和 PSD 分布趋于一致。在“暖”背景下,活跃的沙尘活动导致沙尘对纬向风[图 7-24(c)]的季节到次季节尺度的影响。此类季节至次季节尺度的影响在“冷”、“气候态”背景下弱于 SAO,但在“暖”背景下同样重要,仅略弱于 SAO 引起的半年尺度影响。

此外,热力作用将沙尘能量传递给纬向风和 DW1,导致 DW1[图 7-24(i)]和纬向风[图 7-24(o)]的季节-次季节周期能量峰值。三个要素[图 7-24(g)(j)(m)]的 PSD 共同的半年周期峰值代表了“冷”(低沙尘)背景下 SAO 的主导。平均风的 SAO 在半年尺度上调制潮汐的传播[91, 104, 156]。背景纬向风对潮汐的传播具有半年尺度的强迫作用,主导了地球[158, 159]的中层低热层(MLT)区域和火星[104, 160, 161]的中间层和对流层上层全日潮的季节变化。我们观察到纬向风和潮汐相互作用的半年峰值总是存在的,尽管它们的强度随着沙尘和重力波[图7-24(d)~(f)和图7-20(d)~(f)]的变化而变化。而且,这些都是纬向风SAO的结果。

PDC也解释了重力波的变化。我们发现重力波的影响仅限于季节到次季节和年度区域,对半年相互作用的影响不显著。这体现在更显著的季节到次季节沙尘对DW1的影响,这是由于重力波拖曳减弱导致的。重力波通过与显著变化的纬向风相联系的绝热向下/向上大尺度垂直运动驱动大尺度供热/制冷[2, 113, 115, 162]。在1 Pa以上(约50 km),重力波主要减缓风的强度。背景沙尘含量的上升被认为有利于经向环流的发展但抑制重力波,而重力波源的减弱和更稳定的平均纬向气流则减少了沙尘暴中的重力波拖曳事件[2, 110]。因此,去除重力波后的东风[图7-28(d)与(f)]被加速到比原来[图7-28(c)与(e)]更高的速度。

在我们的试验中,关闭重力波直接消除了纬向风的减速源,导致沙尘对纬向风的影响增强。因此由于重力波拖曳的减少,沙尘活动活跃的南方春季东风更强。根据变换欧拉平均(TEM)公式,式(7-18)中的 $\bar{v}^* \bar{u}_\phi a^{-1}$ 代表经向环流对西风加速率的调制。基于沙尘暴中项的变化[3, 9],线性潮汐模型证明了空气中沙尘越多,在较高的高度上加热越多,而在近地面加热越少,温度越低。这样的逆温改变了大气的对流、斜压和正压稳定性,改变了与经向温度梯度有关的风切变,导致经向环流增强。增强的经向环流由角动量守恒的科里奥利力驱动,使得赤道上空的东风更强[157, 163, 164]。上述因果关系在以往研究中已被发现,但它们在频域上如何相互作用尚未得到解答。我们的工作通过PDC技术的频域分析,在时间尺度上确定了这种沙尘影响发生于季节至次季节区间。

以往的研究认为,空气中沙尘越多,经向环流越强,重力波越弱,因此东风越强。这些也在我们的结果中显示出纬向风变化更快,在210°Ls的“暖”背景[图7-28(e)与(f)]中表现为近-2 (m/s)/(°)的加速度。皮尔森(Pearson)相关分析表明,在南方春季,沙尘与西风带呈负相关。较强的向上传播的季节到次季节沙尘信号影响并使西风带减速为东风带。在气候态[EXP3,图7-28(c)]和暖[EXP5,图7-28(e)]背景下,前期南半球春季(180°~200°Ls)有更多的沙尘活动。然而,PDC不仅告诉了我们整体的关系,还告诉了信号在频域的相互作用。更多的季节至次季节PSD峰值[图7-20(o)]以及从沙尘到纬向风[图7-20(c)]和从纬向风到DW1[图7-20(f)]的更显著的PDC值是垂直相

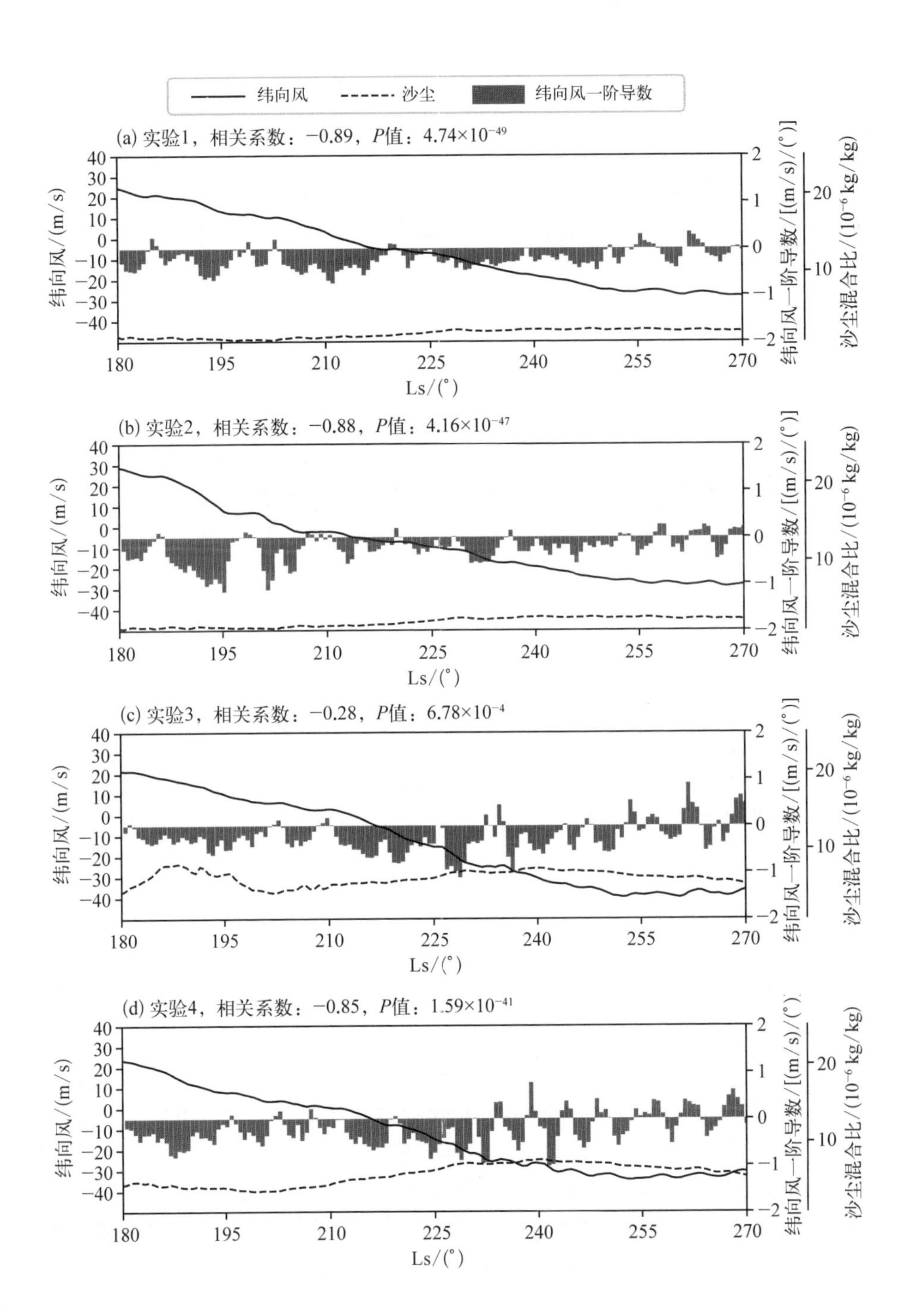
纬向风
沙尘
纬向风一阶导数
(a) 实验1，相关系数：−0.89，P值：4.74×10^−49
(b) 实验2，相关系数：−0.88，P值：4.16×10^−47
(c) 实验3，相关系数：−0.28，P值：6.78×10^−4
(d) 实验4，相关系数：−0.85，P值：1.59×10^−41
纬向风/(m/s)
纬向风一阶导数/[(m/s)/(°)]
沙尘混合比/(10^−6 kg/kg)
Ls/(°)

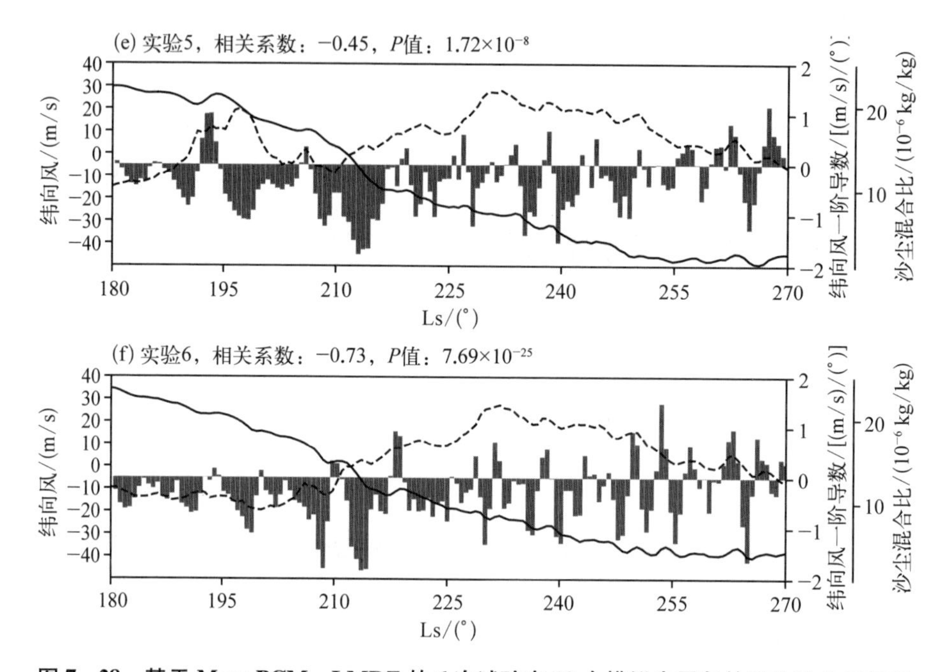

图 7-28 基于 Mars PCM-LMDZ 的 6 次试验在 10 个模拟火星年的平均沙尘质量混合比(10^{-6} kg/kg，60°S～60°N，5～40 km，虚线)，纬向风(m/s，30°S～30°N，20～50 km，实线)及其一阶导数[灰色柱(m/s)/(°)]。皮尔森相关系数(*r*)及其 *P* 值见子图标题。正(负) PCC 表示当一个变量变化时,另一个变量同(反)方向变化。PCC 越接近 1,二者变化越一致。若 *P* 值远小于 0.05,则相关性显著

互作用中更多高频能量的结果。增加的重力波导致更频繁的区域性沙尘暴,如 Ls＝180°～200°的风暴,这增强了高频域的沙尘能量。

为了确定沙尘、潮汐和环流如何在频域中相互作用,以及背景沙尘和重力波的变化如何影响相互作用,我们通过 PDC 方法对相互作用进行了信号分析。我们发现沙尘活动的自然频率是季节到次季节尺度的。沙尘将这种高频能量施加在平均风上。纬向风通过多普勒频移将季节性到次季节性的沙尘暴信号传输到上空的潮汐。背景沙尘的季节变化导致了季节到次季节的信号。当背景沙尘含量足够高时,季节到次季节信号会增强。此外,沙尘热力强迫在近地面空气附近冷却并导致地形效应的减弱,包括引起 SAO 的火星地形二分性,因此 SAO 引起的半年影响会减弱。因此,季节至次季节纬向风对 DW1 的影响增强,而半年尺度纬向风对 DW1 的影响减弱至与高背景沙尘同等重要的状态。

重力波的影响仅限于季节至次季节和年度频域，对半年相互作用的影响不显著。重力波拖曳作用表现为降低纬向风速，抵消了沙尘对纬向风速的调制作用。然而，当沙尘活动足够强时，沙尘活动产生的斜压性和对流稳定性使得重力波生成源减弱，对流稳定性增强导致平均纬向流稳定，重力波拖曳作用大大减弱。

7.4　本章小结

本章旨在探讨火星上的垂直相互作用过程，包括陆-气相互作用和大气层结间相互作用。同时探讨了这些过程对于火星气候的影响。

首先，我们分析了高原地形对现代气候的影响，以及这种影响如何影响行星宜居性和气候变化。研究表明，地球上的大尺度高原地形，如青藏高原，由于其机械和热力效应，是影响环流和气候的重要因素。同时，其他类地行星上的高原也被认为对现代气候的形成至关重要。然而，以往的研究主要集中在古气候和地形对火星气候影响的总体特征研究上，缺乏对现代气候的研究。因此，本章通过模拟不同的火星大气，研究了 TB 如何影响火星的现代气候。模拟结果显示，TB 的机械和热力强迫导致火星大气环流的改变，使火星对流层变得更温暖，且大气中的沙尘更少。如果没有 TB 的存在，整个火星对流层的平均温度将降温超过 5 K。如果没有 TB 的机械阻挡和热力强迫，高纬度西风更容易向热带扩展，中低纬度的纬向风向东显著增强，大部分时间，热带东风将被更强的热带西风所取代。较强的全球西风有利于沙尘的发展，导致大气沙尘含量较高，总体行星反照率较高，到达地面并被地面吸收的太阳短波辐射较少，对流层温度较低。由于增加的沙尘负载吸收了更多的太阳能，这也导致了更强的哈得来环流，这解释了中间层的温度变化。另外，春夏半球部分的 TB 产生强的大气热源。在低纬度地区，下沉气流在对流层环流中占主导地位。二氧化硅、氧化铁(II)和氧化铝的无植被地表和大气中的低水汽含量使得潜热效应远不如地表感热效应明显。

总的来说，TB 通过机械和热力强迫影响环流，导致陆-气相互作用。地形的影响主要表现为在水平方向上切割环流，使环流发生分支和转折。热力作用体现在垂直方向上风向的抬升和下沉。其他类地行星的高原应当也会对环流和气候存在影响，虽然由于行星特征不同而导致具体影响不同，但这些都将加深我们对地形对环流和气候的影响的理解。未来,我们将继续探索类地行星上高原地形对气候的影响,以及这种影响如何影响行星宜居性和气候变化。

其次,我们探讨了沙尘、纬向风和潮汐在火星大气中的相互作用。以往的研究表明,纬向风速主要受热力强迫的影响,受到沙尘变率的调制。然而,调制的频率以及强度尚未得到充分的量化研究。本章通过改变背景沙尘含量,发现季节到次季节尺度下沙尘对 DW1 和纬向风的影响最为显著。纬向风通过穿过自身的多普勒频移潮将季节到次季节的沙尘暴信号从低层大气传输到中间层的潮汐。随着沙尘含量的增加,这种相互作用在垂直相互作用中逐渐占据主导地位,三者的 PDC 值和 PSD 分布趋于一致。在暖背景下,沙尘对纬向风的 SAO 几乎同等重要。此外,本章区分了纬向风的 SAO 和沙尘对纬向风的影响。纬向风的 SAO 导致纬向风的半年尺度功率谱密度和纬向风至 DW1 的 PDC 值。沙尘通过热力强迫对纬向风进行调制。

火星上的垂直相互作用过程与在地球上同等重要,且同样复杂。下一步工作可围绕除塔尔西斯隆起外的其他地形与火星气候的联系进行研究,也可着眼于其他大气层结间相互作用过程。

参考文献

[1] FORBES J M, VINCENT R A, SCIENCE S. Effects of mean winds and dissipation on the diurnal propagating tide: An analytic approach [J]. Planetary Space Science, 1989, 37(2): 197 - 209.

[2] GILLI G, FORGET F, SPIGA A, et al. Impact of gravity waves on the middle atmosphere of Mars: A non-orographic gravity wave parameterization based on global climate modeling and MCS Observations [J]. Journal of Geophysical Research: Planets, 2020, 125(3): 1 - 31.

[3] MIYAMOTO A, NAKAGAWA H, KURODA T, et al. Intense zonal wind in the martian mesosphere during the 2018 planet-encircling dust event observed by ground-based infrared heterodyne spectroscopy [J]. Geophysical Research Letters, 2021, 48(11): E92413.

[4] BARNES J R, POLLACK J B, HABERLE R M, et al. Mars atmospheric dynamics as simulated by the NASA Ames General Circulation Model: 2. Transient baroclinic eddies [J]. Journal of Geophysical Research: Planets, 1993, 98(E2): 3125 - 3148.

[5] LEOVY C. Weather and climate on Mars [J]. Nature, 2001, 412(6843): 245 - 249.

[6] MEDVEDEV A S, HARTOGH P. Winter polar warmings and the meridional transport on Mars simulated with a general circulation model [J]. Icarus, 2007, 186(1): 97-110.

[7] KLEINBÖHL A, JOHN WILSON R, KASS D, et al. The semidiurnal tide in the middle atmosphere of Mars [J]. Geophysical Research Letters, 2013, 40(10): 1952-1959.

[8] JAIN S K, BOUGHER S W, DEIGHAN J, et al. Martian thermospheric warming associated with the planet encircling dust event of 2018 [J]. Geophysical Research Letters, 2020, 47(3): 3-6.

[9] GURWELL M A, BERGIN E A, MELNICK G J, et al. Mars surface and atmospheric temperature during the 2001 global dust storm [J]. Icarus, 2005, 175: 23-31.

[10] SÁNCHEZ-LAVEGA A, RÍO-GAZTELURRUTIA T, HERNÁNDEZ-BERNAL J, et al. The onset and growth of the 2018 Martian global dust storm [J]. Geophysical Research Letters, 2019, 46(11): 6101-6108.

[11] RUDDIMAN W F, KUTZBACH J E. Late Cenozoic plateau uplift and climate change [J]. Transactions of the Royal Society of Edinburgh: Earth Sciences, 2011, 81(4): 301-314.

[12] WU G, DUAN A, LIU Y, et al. Tibetan Plateau climate dynamics: Recent research progress and outlook [J]. National Science Review, 2015, 2(1): 100-116.

[13] WANG M, WANG J, DUAN A, et al. Quasi-biweekly impact of the atmospheric heat source over the Tibetan Plateau on summer rainfall in Eastern China [J]. Climate Dynamics, 2019, 53(7-8): 4489-4504.

[14] WU G X, LIU Y M. Thermal adaptation, overshooting, dispersion, and subtropical anticyclone Part I: Thermal adaptation and overshooting. [J]. Chin Journal of the Atmospheric Sciences, 2000, 24: 433-446.

[15] YA G, HUIJUN W, SHUANGLIN L. Influences of the Atlantic Ocean on the summer precipitation of the southeastern Tibetan Plateau [J]. Journal of Geophysical Research: Atmospheres, 2013, 118(9): 3534-3544.

[16] KONG W, CHIANG J C H. Interaction of the westerlies with the Tibetan Plateau in determining the Mei-Yu termination [J]. Journal of Climate, 2020, 33(1): 339-363.

[17] SUN H, LIU X. Impacts of dynamic and thermal forcing by the Tibetan Plateau on the precipitation distribution in the Asian arid and monsoon regions [J]. Climate Dynamics, 2021, 56(7-8): 2339-2358.

[18] DUAN A, ZHANG Q, LIU Y, et al. The influence of mechanical and thermal forcing by the Tibetan Plateau on Asian climate [J]. Journal of Hydrometeorology, 2007, 8(4): 770-789.

[19] HSU H H, LIU X. Relationship between the Tibetan plateau heating and East Asian summer monsoon rainfall [J]. Geophysical Research Letters, 2003, 30(20): 2066.

[20] YANAI M, LI C, SONG Z. Seasonal heating of the Tibetan plateau and its effects on the

evolution of the Asian summer monsoon [J]. Journal of the Meteorological Society of Japan. Ser. II, 1992, 70(1B): 319 - 351.

[21] DUAN A, ZHANG Q, LIU Y, et al. The influence of mechanical and thermal forcing by the Tibetan plateau on Asian climate [J]. J. Hydrometeorol, 2007, 8(4): 770 - 789.

[22] RODRIGUEZ J A, FAIRÉN A G, TANAKA K L, et al. Tsunami waves extensively resurfaced the shorelines of an early Martian ocean [J]. Scientific Reports, 2016, 6: 25106.

[23] HARTMANN W K. A traveler's guide to Mars: The mysterious landscapes of the Red Planet [M]. New York: Workman Publishing, 2003.

[24] WORDSWORTH R D, KERBER L, PIERREHUMBERT R T, et al. Comparison of "warm and wet" and "cold and icy" scenarios for early Mars in a 3 - D climate model [J]. Journal of Geophysical Research: Planets, 2015, 120(6): 1201 - 1219.

[25] PHILLIPS R J, ZUBER M T, SOLOMON S C, et al. Ancient geodynamics and global-scale hydrology on Mars [J]. Science, 2001, 291(5513): 2587 - 2591.

[26] BULLOCK M. The recent evolution of climate on Venus [J]. Icarus, 2001, 150(1): 19 - 37.

[27] WORDSWORTH R D, KERBER L, PIERREHUMBERT R T, et al. Comparison of "warm and wet" and "cold and icy" scenarios for early Mars in a 3 - D climate model [J]. Journal of Geophysical Research: Planets, 2015, 120(6): 1201 - 1219.

[28] RICHARDSON M I, WILSON R J. A topographically forced asymmetry in the martian circulation and climate [J]. Nature, 2002, 416(6878): 298 - 301.

[29] TAKAHASHI Y O. Topographically induced north-south asymmetry of the meridional circulation in the Martian atmosphere [J]. Journal of Geophysical Research, 2003, 108(E3): 5018 - 5020.

[30] YANG H, SHEN X, YAO J, et al. Portraying the impact of the Tibetan plateau on global climate [J]. Journal of Climate, 2020, 33(9): 3565 - 3583.

[31] WILLIAMS J P, NIMMO F, MOORE W B, et al. The formation of Tharsis on Mars: What the line-of-sight gravity is telling us [J]. Journal of Geophysical Research, 2008, 113 (E10): E10011.

[32] MOORE P, HUNT G. Atlas of the Solar System [M]. Chicago: Rand McNally, 1983.

[33] BIBRING J P, ERARD S. The Martian surface composition [J]. Space Science Reviews, 2001, 96(1/4): 293 - 316.

[34] HABERLE R M. The atmosphere and climate of Mars [M]. Oxford: Academic Press, 2003.

[35] BATTALIO M, WANG H. The Mars Dust Activity Database (MDAD): A comprehensive statistical study of dust storm sequences [J]. Icarus, 2021, 354: 114059 - 114060.

[36] FORGET F, MILLOUR E, BIERJON A, et al. Challenges in Mars climate modelling with

the LMD Mars global climate model, now called the Mars "Planetary Climate Model" (PCM); proceedings of the Seventh International Workshop on the Mars Atmosphere: Modelling and Observations [C]. HAL, 2022: 1102.

[37] FORGET F, HOURDIN F, FOURNIER R, et al. Improved general circulation models of the Martian atmosphere from the surface to above 80 km [J]. Journal of Geophysical Research: Planets, 1999, 104(E10): 24155 – 24175.

[38] GREYBUSH S J, KALNAY E, WILSON R J, et al. The ensemble Mars atmosphere reanalysis system (EMARS) version 1.0 [J].Geoscience Data Journal, 2019, 6(2): 137 – 150.

[39] CLANCY R T, SANDOR B J, WOLFF M J, et al. An intercomparison of ground-based millimeter, MGS TES, and Viking atmospheric temperature measurements: Seasonal and interannual variability of temperatures and dust loading in the global Mars atmosphere [J]. Journal of Geophysical Research: Planets, 2000, 105(E4): 9553 – 9571.

[40] MILLOUR E, FORGET F, SPIGA A, et al. The Mars Climate Database (version 5.3); proceedings of the From Mars Express to ExoMars Scienfic Workshop [C]. Paris: LMD, 2018: ESA – ESAC.222.

[41] MONTABONE L, FORGET F, MILLOUR E, et al. Eight-year climatology of dust optical depth on Mars [J]. Icarus, 2015, 251: 65 – 95.

[42] WOLFF M J, SMITH M D, CLANCY R T, et al. Wavelength dependence of dust aerosol single scattering albedo as observed by the Compact Reconnaissance Imaging Spectrometer [J]. Journal of Geophysical Research, 2009, 114(E2): E00D4.

[43] WOLFF M J, SMITH M D, CLANCY R T, et al. Constraints on dust aerosols from the Mars Exploration Rovers using MGS overflights and Mini-TES [J]. Journal of Geophysical Research: Planets, 2006, 111(E12): E12S7.

[44] SMITH M D. Interannual variability in TES atmospheric observations of Mars during 1999 – 2003 [J]. Icarus, 2004, 167(1): 148 – 165.

[45] FENTON L K, GEISSLER P E, HABERLE R M. Global warming and climate forcing by recent albedo changes on Mars [J]. Nature, 2007, 446(7136): 646 – 649.

[46] KAWASHIMA S, ISHIDA T, MINOMURA M, et al. Relations between surface temperature and air temperature on a local scale during winter nights [J]. Journal of Applied Meteorology and Climatology, 2000, 39(9): 1570 – 1579.

[47] LINDZEN R S, HOU A V. Hadley circulations for zonally averaged heating centered off the equator [J]. Journal of the Atmospheric Sciences, 1988, 45(17): 2416 – 2427.

[48] PLUMB R A, ZALUCHA A M, WILSON R J. An analysis of the effect of topography on the Martian hadley cells [J]. Journal of the Atmospheric Sciences, 2010, 67(3): 673 – 693.

[49] BOUGHER S W, BELL J M, MURPHY J R, et al. Polar warming in the Mars thermosphere:

Seasonal variations owing to changing insolation and dust distributions [J]. Geophysical Research Letters, 2006, 33(2): L02203.

[50] WILSON R J. A general circulation model simulation of the Martian polar warming [J]. Geophysical Research Letters, 1997, 24(2): 123 - 126.

[51] MCCLEESE D, SCHOFIELD J, TAYLOR F, et al. Intense polar temperature inversion in the middle atmosphere on Mars [J]. Nature Geoscience, 2008, 1(11): 745 - 749.

[52] SAGAN C, POLLACK J B. Windblown dust on Mars [J]. Nature, 1969, 223(5208): 791 - 794.

[53] LI T, HSU P C. Interactions between boreal summer intraseasonal oscillations and synoptic-scale disturbances over the Western North Pacific. Part Ⅱ: Apparent heat and moisture sources and eddy momentum transport [J]. Journal of Climate, 2011, 24(3): 942 - 961.

[54] LIANG W, YANG Z, LUO J, et al. Impacts of the atmospheric apparent heat source over the Tibetan plateau on summertime ozone vertical distributions over Lhasa [J]. Atmospheric and Oceanic Science Letters, 2021, 14(3): 100047.

[55] TROKHIMOVSKIY A, FEDOROVA A, KORABLEV O, et al. Mars' water vapor mapping by the SPICAM IR spectrometer: Five Martian years of observations [J]. Icarus, 2015, 251: 50 - 64.

[56] LIANG J. Climate change [M]. 杭州：浙江大学出版社, 2013.

[57] HABERLE R M. Solar system/sun, atmospheres, evolution of atmospheres: Planetary Atmospheres: Mars [M]. Oxford: Academic Press, 2015.

[58] YANAI M. A detailed analysis of Typhoon formation [J]. Journal of the Meteorological Society of Japan. Ser. Ⅱ, 1961, 39(4): 187 - 214.

[59] YANAI M, ESBENSEN S, CHU J H. Determination of bulk properties of tropical cloud clusters from large-scale heat and moisture budgets [J]. Journal of the Atmospheric Sciences, 1973, 30(4): 611 - 627.

[60] YANAI M, TOMITA T. Seasonal and interannual variability of atmospheric heat sources and moisture sinks as determined from NCEP - NCAR reanalysis [J]. Journal of Climate, 1998, 11: 463 - 482.

[61] LINDNER B L. Ozone heating in the Martian atmosphere [J]. Icarus, 1991, 93(2): 354 - 361.

[62] JUSTH H, CIANCIOLO A D, HOFFMAN J. Mars Global Reference Atmospheric Model (Mars-GRAM): User guide [M]. Washington: NASA, 2021.

[63] KRONBERG P, HAUBER E, GROTT M, et al. Acheron Fossae, Mars: Tectonic rifting, volcanism, and implications for lithospheric thickness [J]. Journal of Geophysical Research, 2007, 112(E4): E04005.

[64] IVANOV M A, HEAD J W. Alba Patera, Mars: Topography, structure, and evolution of a

unique late Hesperian – early Amazonian shield volcano [J]. Journal of Geophysical Research, 2006, 111(E9): E09003.

[65] VAN GASSELT S, HAUBER E, ROSSI A, et al. Periglacial geomorphology and landscape evolution of the Tempe Terra region, Mars [J]. Geol. Soc. Lond. Spec. Publ, 2011, 356(1): 43 – 67.

[66] MORRIS E C, TANAKA K L. Geologic maps of the Olympus Mons region of Mars [M]. Flagstaff: USGS Astrogeology Science Center, 1994.

[67] PLESCIA J B. Morphometric properties of Martian volcanoes [J]. Journal of Geophysical Research, 2004, 109(E3): E03003.

[68] MOUGINIS-MARK P. Olympus Mons volcano, Mars: A photogeologic view and new InSights [J]. Geochemistry, 2018, 78(4): 397 – 431.

[69] BORGIA A, MURRAY J B. Is Tharsis Rise, Mars, a spreading volcano? [M]. Boulder: Geological Society of America, 2010.

[70] CARR M H. The surface of Mars [M]. United Kingdom: Cambridge University Press, 2007.

[71] SURVEY G, SCOTT D H, DOHM J M, et al. Geologic map of Pavonis Mons volcano, Mars [M]. Flagstaff: USGS Astrogeology Science Center, 1998.

[72] THEILIG E, GREELEY R. Plains and channels in the Lunae Planum—Chryse Planitia region of Mars [J]. Journal of Geophysical Research, 1979, 84(B14): 7994 – 8010.

[73] GANESH I, CARTER L M, SMITH I. SHARAD mapping of Arsia Mons caldera [J]. Journal of Volcanology and Geothermal Research, 2020, 390(E1): 106748 – 106755.

[74] WEITZ C, BERMAN D, RODRIGUEZ A, et al. Geologic mapping and studies of diverse deposits at noctis labyrinthus, Mars [C]. Flagstaff: USGS Astrogeology Science Center, 2019: 7011 – 7020.

[75] GIACOMINI L, CARLI C, SGAVETTI M, et al. Spectral analysis and geological mapping of the Daedalia Planum lava field (Mars) using OMEGA data [J]. Icarus, 2012, 220(2): 679 – 693.

[76] CROWN D, BERMAN D. Geologic mapping of MTM-35137 quadrangle: Daedalia Planum region of Mars [C]. The Woodlands: Lunar and Planetary Institute, 2012: Abstract 2055.

[77] SCOTT D H, TANAKA K L. Geologic map of the Western Equatorial Region of Mars: IMAP 1802 – A [M]. Flagstaff: USGS Astrogeology Science Center, 1986.

[78] TANAKA K L, DOHM J M. Complex structure of the Thaumasia region of Mars [C]. Houston: Lunar and Planetary Institute, 1993: 1399 – 1400.

[79] LEONARD G J, TANAKA K L. Geologic map of the Hellas Region of Mars: IMAP 2694 [M]. Flagstaff: USGS Astrogeology Science Center, 2001.

[80] GREELEY R, GUEST J E. Geologic map of the Eastern Equatorial Region of Mars [M].

Flagstaff: USGS Astrogeology Science Center, 1987.

[81] RUDDIMAN W F, KUTZBACH J E. Late Cenozoic plateau uplift and climate change [J]. Trans. R. Soc. Edinb. Earth. Sci., 2011, 81(4): 301 - 314.

[82] WU G, DUAN A, LIU Y, et al. Tibetan plateau climate dynamics: Recent research progress and outlook [J]. Natl. Sci. Rev., 2015, 2(1): 100 - 116.

[83] BAKER V R. The channels of Mars [M]. Brighton: Adam Hilger, 1982.

[84] CARR M H, HEAD III J W. Geologic history of Mars [J]. Earth and Planetary Science Letters, 2010, 294(3 - 4): 185 - 203.

[85] FORBES J M, ZHANG X, FORGET F, et al. Solar tides in the middle and upper atmosphere of Mars [J]. Journal of Geophysical Research: Space Physics, 2020, 125(9): 8140 - 8145.

[86] BANFIELD D, SPIGA A, NEWMAN C, et al. The atmosphere of Mars as observed by InSight [J]. Nature Geoscience, 2020, 13(3): 190 - 198.

[87] HABERLE R M, POLLACK J B, BARNES J R, et al. Mars atmospheric dynamics as simulated by the NASA Ames General Circulation Model: 1. The zonal-mean circulation [J]. Journal of Geophysical Research: Planets, 1993, 98(E2): 3093 - 3123.

[88] WANG H. Cyclones, tides, and the origin of a cross-equatorial dust storm on Mars [J]. Geophysical Research Letters, 2003, 30(9): 3 - 5.

[89] PEÑA-ORTIZ C, SCHMIDT H, GIORGETTA M A, et al. QBO modulation of the semiannual oscillation in MAECHAM5 and HAMMONIA [J]. Journal of Geophysical Research, 2010, 115(D21): 4 - 6.

[90] BURRAGE M D, VINCENT R A, MAYR H G, et al. Long-term variability in the equatorial middle atmosphere zonal wind [J]. Journal of Geophysical Research: Atmospheres, 1996, 101(D8): 12847 - 12854.

[91] GARCIA R R, DUNKERTON T J, LIEBERMAN R S, et al. Climatology of the semiannual oscillation of the tropical middle atmosphere [J]. Journal of Geophysical Research: Atmospheres, 1997, 102(D22): 26019 - 26032.

[92] SATO K, HIRANO S. The climatology of the Brewer - Dobson circulation and the contribution of gravity waves [J]. Atmospheric Chemistry and Physics, 2019, 19(7): 4517 - 4539.

[93] KARLSSON B, MCLANDRESS C, SHEPHERD T G. Inter-hemispheric mesospheric coupling in a comprehensive middle atmosphere model [J]. Journal of Atmospheric and Solar-Terrestrial Physics, 2009, 71(3 - 4): 518 - 530.

[94] BÜHLER O, GERBER E P, COHEN N Y. What drives the Brewer - Dobson circulation? [J]. Journal of the Atmospheric Sciences, 2014, 71(10): 3837 - 3855.

[95] MURPHY J R, MARTIN T Z. Lower and upper Martian atmosphere coupling: Observed (TMHSA) and numerically modeled thermal tidal response during the Mars Odyssey

mission aerobraking phase [J]. Bulletin of the American Astronomical Society, 2004, 36(E1): 21 - 37.

[96] ENGLAND S L, LIU G, KUMAR A, et al. Atmospheric tides at high latitudes in the Martian upper atmosphere observed by MAVEN and MRO [J]. Journal of Geophysical Research: Space Physics, 2019, 124(4): 2943 - 2953.

[97] LIU J, JIN S, LI Y. Seasonal variations and global wave distributions in the Mars thermosphere from MAVEN and multisatellites accelerometer-derived mass densities [J]. Journal of Geophysical Research: Space Physics, 2019, 124(11): 9315 - 9334.

[98] HAGAN M E, BURRAGE M D, FORBES J M, et al. QBO effects on the diurnal tide in the upper atmosphere [J]. Earth, Planets and Space, 2014, 51(7 - 8): 571 - 578.

[99] EKANAYAKE E M P, ASO T, MIYAHARA S. Background wind effect on propagation of nonmigrating diurnal tides in the middle atmosphere [J]. Journal of Atmospheric and Solar-Terrestrial Physics, 1997, 59(4): 401 - 429.

[100] LASKAR F I, CHAU J L, STOBER G, et al. Quasi-biennial oscillation modulation of the middle- and high-latitude mesospheric semidiurnal tides during August-September [J]. Journal of Geophysical Research: Space Physics, 2016, 121(5): 4869 - 4879.

[101] MIYAHARA S. Zonal mean winds induced by solar diurnal tides in the lower thermosphere [J]. Journal of the Meteorological Society of Japan Ser II, 1981, 59(3): 303 - 319.

[102] KURODA T, MEDVEDEV A S, YIǦIT E, et al. Global distribution of gravity wave sources and fields in the Martian atmosphere during equinox and solstice inferred from a high-resolution General Circulation Model [J]. Journal of the Atmospheric Sciences, 2016, 73(12): 4895 - 4909.

[103] SAVIJARVI H, SIILI T. The Martian slope winds and the nocturnal PBL jet [J]. Journal of The Atmospheric Sciences, 1993, 50: 77 - 88.

[104] KURODA T, MEDVEDEV A S, HARTOGH P, et al. Semiannual oscillations in the atmosphere of Mars [J]. Geophysical Research Letters, 2008, 35(23): 2 - 6.

[105] HABERLE R M, LEOVY C B, POLLACK J B. Some effects of global dust storms on the atmospheric circulation of Mars [J]. Icarus, 1982, 50(2): 322 - 367.

[106] BARNES J R, HABERLE R M, WILSON R J, et al. The global circulation [M]. Cambridge: Cambridge University Press, 2017.

[107] SCHNEIDER E K. Martian great dust storms: Interpretive axially symmetric models [J]. Icarus, 1983, 55(2): 302 - 331.

[108] MEDVEDEV A S, YIǦIT E, HARTOGH P. Estimates of gravity wave drag on Mars: Indication of a possible lower thermospheric wind reversal [J]. Icarus, 2011, 211(1): 909 - 912.

[109] MEDVEDEV A S, YIĞIT E, HARTOGH P, et al. Influence of gravity waves on the Martian atmosphere: General circulation modeling [J]. Journal of Geophysical Research: Planets, 2011, 116(E10).

[110] KURODA T, MEDVEDEV A S, YIĞIT E. Gravity wave activity in the atmosphere of Mars during the 2018 global dust storm: Simulations with a high-resolution model [J]. Journal of Geophysical Research: Planets, 2020, 125(11).

[111] FELS S B, LINDZEN R S. The interaction of thermally excited gravity waves with mean flows [J]. Geophysical Fluid Dynamics, 2008, 6(2): 149-191.

[112] HAMILTON K P. Numerical studies of wave-mean flow interaction in the stratosphere, mesosphere and lower thermosphere [D]. New Jersey: Princeton University, 1981.

[113] HE Y, ZHU X, SHENG Z, et al. Statistical characteristics of inertial gravity waves over a tropical station in the Western Pacific Based on high-resolution GPS radiosonde soundings [J]. Journal of Geophysical Research: Atmospheres, 2021, 126(11): e2021JD034719.

[114] ZUREK R W. Atmospheric Tidal forcing of the zonal-mean circulation: The Martian dusty atmosphere [J]. Journal of Atmospheric Sciences, 1986, 43(7): 652-670.

[115] MEDVEDEV A S, GONZÁLEZ-GALINDO F, YIĞIT E, et al. Cooling of the Martian thermosphere by CO_2 radiation and gravity waves: An intercomparison study with two general circulation models [J]. Journal of Geophysical Research: Planets, 2015, 120(5): 913-927.

[116] MADELEINE J B, FORGET F, MILLOUR E, et al. Revisiting the radiative impact of dust on Mars using the LMD Global Climate Model [J]. Journal of Geophysical Research: Planets, 2011, 116(E11): 1-13.

[117] SPIGA A, FAURE J, MADELEINE J-B, et al. Rocket dust storms and detached dust layers in the Martian atmosphere [J]. Journal of Geophysical Research: Planets, 2013, 118(4): 746-767.

[118] WANG C, FORGET F, BERTRAND T, et al. Parameterization of rocket dust storms on mars in the LMD Martian GCM: Modeling details and validation [J]. Journal of Geophysical Research: Planets, 2018, 123(4): 982-1000.

[119] LIU J, MILLOUR E, FORGET F, et al. New parameterization of non-orographic gravity wave scheme for LMD Mars GCM and its impacts on the upper atmosphere [C]. Paris: LMD, 2022: 2105-2110.

[120] MADELEINE J B, FORGET F, MILLOUR E, et al. The influence of radiatively active water ice clouds on the Martian climate [J]. Geophysical Research Letters, 2012, 39(23): 1-5.

[121] NAVARRO T, MADELEINE J B, FORGET F, et al. Global climate modeling of the Martian water cycle with improved microphysics and radiatively active water ice clouds

[J]. Journal of Geophysical Research: Planets, 2014, 119(7): 1479 - 1495.

[122] COLAÏTIS A, SPIGA A, HOURDIN F, et al. A thermal plume model for the Martian convective boundary layer [J]. Journal of Geophysical Research: Planets, 2013, 118(7): 1468 - 1487.

[123] GONZáLEZ-GALINDO F, CHAUFRAY J Y, LÓPEZ-VALVERDE M A, et al. Three-dimensional Martian ionosphere model: I. The photochemical ionosphere below 180 km [J]. Journal of Geophysical Research: Planets, 2013, 118(10): 2105 - 2123.

[124] FORGET F, MILLOUR M. Sixth International Workshop on the Mars Atmosphere: Modelling and Observations [C]. Granada: LMD, 2017

[125] MILLOUR E, FORGET F, SPIGA A, et al. Mars climate database [M]. Paris: LMD, 2018.

[126] LOTT F, MILLER M J. A new subgrid-scale orographic drag parametrization: Its formulation and testing [J]. 1997, 123(537): 101 - 127.

[127] BAINES P G, PALMER T. Rationale for a new physically-based parameterization of subgridscale orographic effects [R] Techniacal Memorandum 169. Shinfield: European Centre for Medium-Range Weather Forecasts, 1990.

[128] MILLER M J, PALMER T N, SWINBANK R. Parametrization and influence of subgridscale orography in general circulation and numerical weather prediction models [J]. Meteorology and Atmospheric Physics, 1989, 40(1 - 3): 84 - 109.

[129] SPIGA A. The planetary boundary layer of Mars [J]. Oxford Research Encyclopedia of Planetary Science, 2019, 49(RG3005): 1 - 46.

[130] LEE C, LAWSON W G, RICHARDSON M I, et al. Thermal tides in the Martian middle atmosphere as seen by the Mars Climate Sounder [J]. Journal of Geophysical Research, 2009, 114(E3): 1 - 6.

[131] SCOTT D G, ELSAYED R T, DARRYN W W. Observations of planetary waves and nonmigrating tides by the Mars Climate Sounder [J]. Journal of Geophysical Research: Planets, 2012, 117(E3): 1 - 3.

[132] WU Z, LI T, DOU X. Seasonal variation of Martian middle atmosphere tides observed by the Mars Climate Sounder [J]. Journal of Geophysical Research: Planets, 2015, 120(12): 2206 - 2223.

[133] GUZEWICH S D, WILSON R J, MCCONNOCHIE T H, et al. Thermal tides during the 2001 Martian global-scale dust storm [J]. Journal of Geophysical Research: Planets, 2014, 119(3): 506 - 519.

[134] WU Z, LI T, ZHANG X, et al. Dust tides and rapid meridional motions in the Martian atmosphere during major dust storms [J].Nature Communications, 2020, 11(1): 614 - 616.

[135] BANFIELD D, CONRATH B J, GIERASCH P J, et al. Traveling waves in the Martian atmosphere from MGS TES Nadir data [J]. Icarus, 2004, 170(2): 365 - 403.

[136] FAN S, GUERLET S, FORGET F, et al. Thermal tides in the martian atmosphere near northern summer solstice observed by acs/tirvim onboard TGO [J]. Geophysical Research Letters, 2022, 49(7): 3 - 9.

[137] FAN S T, FORGET F, SMITH M D, et al. Migrating thermal tides in the Martian atmosphere during aphelion season observed by EMM/EMIRS [J]. Geophysical Research Letters, 2022, 49(18): 9494 - 9450.

[138] ZUREK R W. Diurnal tide in the Martian atmosphere [J]. Journal of the Atmospheric Sciences, 1976, 33(2): 321 - 337.

[139] SALBY M L. Sampling theory for asynoptic satellite observations. Part ii: Fast fourier synoptic mapping [J]. Journal of Atmospheric Sciences, 1982, 39(11): 2601 - 2614.

[140] BACCALÁ L A, SAMESHIMA K. Partial directed coherence: A new concept in neural structure determination [J]. Biological Cybernetics, 2001, 84(6): 463 - 474.

[141] GRANGER C. Investigating causal relations by econometric models and cross-spectral methods [J]. Econometrica, 1969, 37(1): 424 - 438.

[142] SUGIHARA G, MAY R, YE H, et al. Detecting causality in complex ecosystems [J]. Science, 2012, 338(6106): 496 - 500.

[143] SATO J R, TAKAHASHI D Y, ARCURI S M, et al. Frequency domain connectivity identification: An application of partial directed coherence in fMRI [J]. Human Brain Mapping, 2010, 30(2): 452 - 461.

[144] BIAZOLI C, STURZBECHER M, WHITE T, et al. Application of Partial Directed Coherence to the analysis of Resting-State EEG-fMRI data [J]. Brain connectivity, 2013, 3(1): 1 - 6.

[145] RAPHALDINI B, TERUYA A S W, LEITE DA SILVA DIAS P, et al. Stratospheric ozone and quasi-biennial oscillation (QBO) interaction with the tropical troposphere on intraseasonal and interannual timescales: A normal-mode perspective [J]. Earth System Dynamics, 2021, 12(1): 83 - 101.

[146] BACCALA L A, SAMESHIMA K, TAKAHASHI D Y. Generalized partial directed coherence [C]. Wales: Cardiff University, 2007: 163 - 166.

[147] SCHELTER B, TIMMER J, EICHLER M. Assessing the strength of directed influences among neural signals using renormalized partial directed coherence [J]. Journal of Neuroscience Methods, 2009, 179(1): 121 - 130.

[148] TAKAHASHI D Y, BACCALÁ L A, SAMESHIMA K. Information theoretic interpretation of frequency domain connectivity measures [J]. Biological Cybernetics, 2010, 103(6): 463 - 469.

[149] MEDVEDEV A, KURODA T, HARTOGH P. Influence of dust on the dynamics of the Martian atmosphere above the first scale height [J]. Aeolian Research, 2013, 3: 145 - 156.

[150] HAIDER S A, SIDDHI Y S, MASOOM J, et al. Impact of dust loading on ozone, winds and heating rates in the atmosphere of mars: Seasonal variability, climatology and SPICAM observations [J]. Planetary and Space Science, 2022, 212(1).

[151] WU Z, LI T, DOU X. What causes seasonal variation of migrating diurnal tide observed by the Mars Climate Sounder? [J]. Journal of Geophysical Research: Planets, 2017, 122(6): 1227 - 1242.

[152] WILSON R J. The effects of atmospheric dust on the seasonal variation of martian surface temperture [C]. Columbia: USRA, 2005.

[153] BADRI K, SMITH M D, EDWARDS C S, et al. The diurnal and seasonal variation of dust aerosol as observed by EMIRS [C]. Paris: LMD, 2022: 2204 - 2210.

[154] O'NEILL A, CHARLTON-PEREZ A J, POLVANI L M. Middle atmosphere | Stratospheric Sudden Warmings [M]. New York: Elsevier, 2015.

[155] ROGERS R. Martian hydrate feasibility: Extending extreme seafloor environments [M]. Houston: Gulf Professional Publishing, 2015.

[156] RUAN T, LEWIS N T, LEWIS S R, et al. Investigating the semiannual oscillation on Mars using data assimilation [J]. Icarus, 2019, 333: 404 - 414.

[157] MEDVEDEV A S, YIǦIT E, KURODA T, et al. General circulation modeling of the Martian upper atmosphere during global dust storms [J]. Journal of Geophysical Research: Planets, 2013, 118(10): 2234 - 2246.

[158] ACHATZ U, GRIEGER N, SCHMIDT H. Mechanisms controlling the diurnal solar tide: Analysis using a GCM and a linear model [J]. Journal of Geophysical Research: Space Physics, 2008, 113(A8): 3 - 7.

[159] MCLANDRESS C. The seasonal variation of the propagating diurnal tide in the mesosphere and lower thermosphere. Part ii: The role of tidal heating and zonal mean winds [J]. Journal of the Atmospheric Sciences, 2002, 59(5): 907 - 922.

[160] WILSON, HAMILTON K. Comprehensive model simulation of thermal tides in the Martian atmosphere [J]. Journal of the Atmospheric Sciences, 1996, 53(9): 1290 - 1326.

[161] WU Z, LI T, HEAVENS N G, et al. Earth-like thermal and dynamical coupling processes in the Martian climate system [J]. Earth-Science Reviews, 2022, 229: 104023 - 104030.

[162] ZHANG J, SHENG Z, MA Y, et al. Analysis of the positive arctic oscillation index event and its influence in the winter and spring of 2019/2020 [J]. Frontiers in Earth Science, 2021, 8(1): 1 - 10.

[163] WILSON R. The Martian atmosphere during the viking mission, I: Infrared measurements

of atmospheric temperatures revisited [J]. Icarus, 2000, 145(2): 555 - 579.

[164] WILSON R J. Evidence for diurnal period Kelvin waves in the Martian atmosphere from Mars Global Surveyor TES data [J]. Geophysical Research Letters, 2000, 27(23): 3889 - 3892.

第八章　总结与讨论

本书主要完成了三个方面的内容：第一，研究了不同尺度火星大气波动的特性；第二，对主流火星大气模式及数据集进行了整理并对火星大气波动进行了数值模拟研究；第三，对火星大气垂直相互作用（本书主要关注陆-气相互作用和大气层结间相互作用）进行了数值模拟研究，全书知识框架如图 8－1 所示。

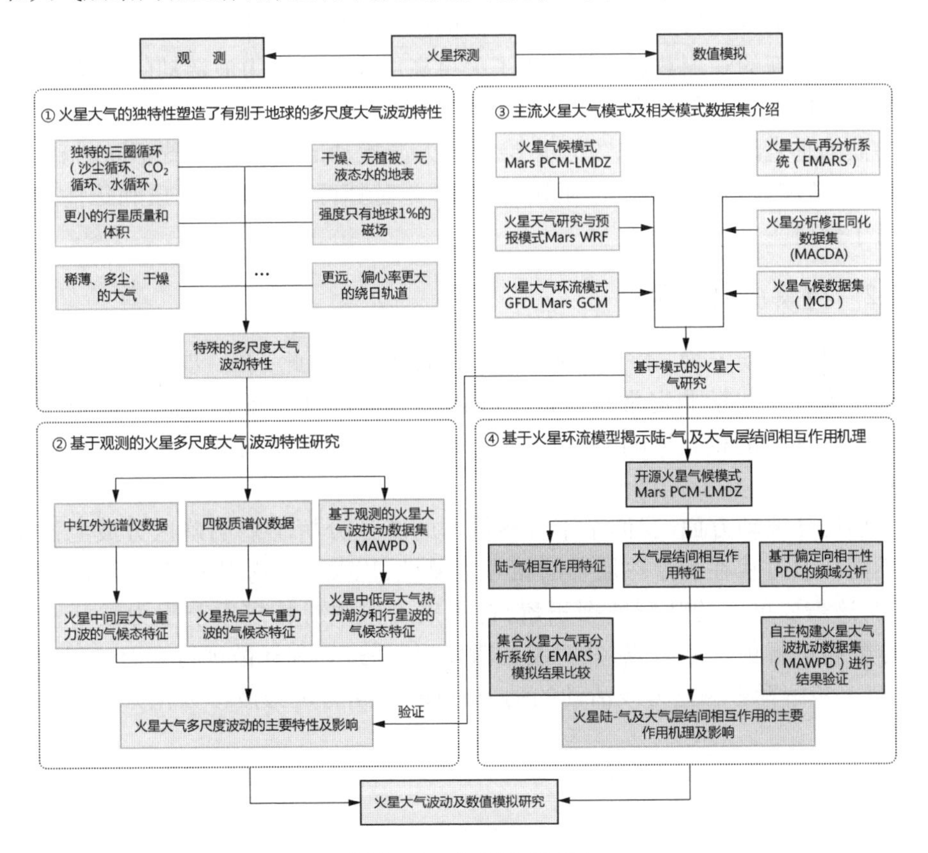

图 8－1　全书知识框架

8.1 火星大气波动特性研究

8.1.1 已完成工作

通过分析火星大气波扰动数据集中的热力潮汐结果,对火星大气中的热力潮汐和行星波特性进行了深入探讨。主要研究纬向波数 1~5 的非对称热力潮汐(周日西向热力潮汐 DW1~DW5、周日东向热力潮汐 DE1~DE5、半周日西向热力潮汐 SW1~SW5、半周日东向热力潮汐 SE1~SE5)以及对称热力潮汐(DS0、SS0)等共计 22 种热力潮汐波的共性特征与非共性特性。同时,还分析了纬向波数 1~5 的 5 种定常行星波(SPW1~SPW5)的波动特征。最后,针对沙尘暴期间这些波动的变化特点及这些变化特点的意义进行了探讨。

基于最新的观测数据我们分析了火星高层大气中重力波活动的气候特征,解释了全球性沙尘暴发生期间中层大气重力波的增强现象,并分析了火星热层重力波的垂直波数谱特征,发现热层中重力波扰动的谱密度随着不同的高度、纬度、季节和地方时而显示出明显的变化,并对其可能的波源性质和传播过程进行了探讨。

8.1.2 待解决的问题

大尺度波动方面,本书未讨论非定常行星波,因此,下一步工作将继续关注火星大气中包括非定常行星波等在内的其他波动特征,并探讨其与气候、沙尘暴等现象的相互影响,以期为火星探测和气候模型研究提供更多有益的信息。

小尺度波动方面,我们基于观测数据的统计分析不能明确区分波源性质和不同耗散过程在火星热层中的相对重要性,以及沙尘暴影响重力波的动力机制,这需要更多的观测数据积累,在未来工作中对特定季节重力波活动的全球分布进行更精细研究,并对波的激发、传播过程和耗散进行全面的理论建模,进一步解释影响重力波活动的动力过程,以期为重力波参数化方案的改进提供参考。

8.2　火星大气波动模拟研究

8.2.1　已完成工作

介绍了目前的主流火星气候模式，包括法国动力气象实验室行星气候模式、火星天气研究与预报模型、地球物理流体动力学实验室的火星大气环流模式。此外，本书还介绍了相关的基于火星大气模式的主流数据集，包括部分基于模式的再分析数据集和完全基于模式的数据集。并以法国动力气象实验室行星气候模式为例，检验了基于数值模式的火星大气热力潮汐、行星波和沙尘模拟结果，并分析主要大气特征，发现这些结果和前人基于观测或模式所得结果吻合。

8.2.2　待解决的问题

目前主流火星的大气模式都是格点模式，而谱模式在火星上并没有得到很好的发展。这很大程度上是由于谱模式更难在不同行星大气上构建适应版本进行并行使用导致的。下一步，发展可并行、易移植的谱模式将是一个有意义的工作，因为谱模式相比于格点模式具有较好的计算精度和良好的稳定度，同时可以自动滤去高频噪声，而且时间步长可控。

数据集方面，目前大多数火星大气数据集都是使用资料同化方法融合模式和观测结果而构建的，也有完全基于模式构建的。这是由于火星的观测资料相对稀缺。完全基于观测的火星大气波扰动数据集分辨率相比模式数据集仍存在差距。基于模式构建的数据集分辨率虽高，却不可避免受到模式精度的局限性影响，其可靠性仍有待讨论，无法完全支撑起理论研究。在未来，当火星大气有了更多的探测数据时，有必要构建更高分辨率的观测数据集。

8.3　火星大气垂直相互作用模拟研究

8.3.1　已完成工作

本书基于 Mars PCM－LMDZ 火星气候模式开展的数值模拟实验，研究了火星上的垂直相互作用过程，包括陆-气相互作用和大气层结间相互作用。同时探讨了这些过程对于火星气候的影响。

首先，通过模式模拟进行控制变量实验，基于4次100个火星年长度的陆-气相互作用数值模拟结果，对高原地形的气候影响，以及这种影响如何影响行星宜居性和气候变化进行了探讨，发现TB通过机械和热力强迫影响环流，导致陆-气相互作用。最终解答了TB如何通过陆-气相互作用影响火星现代气候形成的原理性问题，该成果有望被应用到行星宜居性和气候变化领域。

其次，同样基于模式进行控制变量实验，基于PDC技术对6次10个火星年长度的大气层结间相互作用数值模拟结果进行频域分析，定量探讨了沙尘、纬向风和潮汐在火星大气中的相互作用，以及重力波在其中扮演的作用。我们发现纬向风通过穿过自身的多普勒频移潮将季节到次季节的沙尘暴信号从低层大气传输到中间层的潮汐，从而定量地回答了沙尘信号在什么频率域、什么条件下和热力潮汐具有何种强度的相互作用，以及纬向风在其中具体的作用。此外，本书区分了SAO和沙尘对纬向风的影响。

8.3.2 待解决的问题

火星上的其他地形（如希腊盆地等）和其他地外行星上的地形存在的陆-气相互作用尚未被充分研究，而大气层结间相互作用的量化分析也依然较少。未来，我们将继续探索类地行星上的陆-气相互作用及大气层结间相互作用，特别是高原地形对气候的影响以及大气层结间相互作用的量化分析，以及这种影响如何影响行星宜居性和气候变化。